Fósiles

Dirección editorial:
Isabel Ortiz

Traducción:
M.ª Teresa López

Corrección de textos:
Mónica Basterrechea

Diagramación:
Nathalie Lachaud, Francis Rosignol,
Isabelle Véret, José Luis Escribano

Tikal Ediciones
Campezo, 13 - 28022 Madrid
Tel: 91 3009100 - Fax: 91 3009110
www.susaeta.com

Fósiles

TIKAL

PICTOGRAMAS

Modo de vida de los organismos

 Fijo

 Aéreo

 Enterrado

 Nadador

 Vágil

 Anfibio

Facies

Costas (0-50 m de profundidad)

 Aguas continentales estancadas

Talud continental (50-2.000 m de profundidad)

 Llanuras

Fosa (más de 2.000 m de profundidad)

 Bosque de frondosas

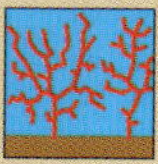 Facies coralígena

 Bosque de coníferas

 Aguas continentales corrientes

 Bosque hullero

Clima

 Desértico

 Templado cálido

 Polar

 Ecuatorial

 Templado frío

SUMARIO

INTRODUCCIÓN

Mucho antes de que el hombre apareciese sobre la Tierra, existieron en ella otros seres vivos. Esta afirmación, que hoy nos parece tan obvia, no lo fue tanto en otras épocas y desató una gran controversia entre renombrados científicos y personajes ilustres.

Leonardo da Vinci, Bernard Palissy y, mucho antes que ellos, Aristóteles defendieron ardientemente la idea según la cual los curiosos fragmentos que salían de la Tierra señalaban la presencia de animales o plantas desaparecidos mucho tiempo atrás. Estos vestigios de vidas anteriores fueron recogidos y descritos por diversos observadores.

En el siglo XVII se admitió el origen orgánico de los fósiles, pero sin extraer de ello ningún interés práctico. A partir del siglo XVIII, algunas mentes preclaras como Werner plantearon la idea de que si los terrenos contenían fósiles de origen marino era porque habían sido depositados por el mar.

Fue en esta época cuando empezaron a estudiarse las diferencias entre los fósiles recogidos en distintas capas geológicas y, por ende, a establecerse una clasificación cronológica de estas capas. Georges Leclerc, conde de Buffon, expuso una teoría de la historia de la Tierra basándose en la interpretación de los fósiles. Los cambios de la fauna a lo largo de la historia de la Tierra llevaron a Cuvier a realizar estudios sistemáticos de los animales desaparecidos. Pese a la amplitud de sus trabajos, se limitó a describir los fósiles y compararlos entre sí. A la hora de explicar esta sucesión en el tiempo de las diferentes formas fósiles, recurrió a la hipótesis del catastrofismo, consistente en que, tras sucesivos cataclismos, se renovaba la fauna.

Georges Cuvier (1769-1832)

Jean-Baptiste de Monet, caballero de Lamarck (1744-1829)

Estratos sedimentarios fosilíferos

Con ello, Cuvier ponía de manifiesto la influencia de los textos bíblicos, que sólo admitían creaciones espontáneas: de ahí la teoría de las sucesivas creaciones que propuso. Sin embargo, a partir de esa misma época, otros autores apuntaron la existencia de formas intermedias entre las sucesivas faunas. Así fue como surgió la idea de una relación entre los diversos grupos animales. A los conceptos de creacionismo y fijismo se opusieron los de transformismo y evolucionismo.

Los grandes defensores de estas nuevas hipótesis fueron Geoffroy Saint-Hilaire y, especialmente, Lamarck, quien se opuso enérgicamente a las ideas de Cuvier y su concepto de fijismo. Para él, las especies estaban en continua transformación y este proceso explicaba la aparición progresiva de nuevas formas. El célebre Darwin daría la razón de forma magistral a Lamarck.

Cuando los propios orígenes del hombre empezaron a investigarse en estas huellas del pasado, la controversia resurgió con violencia, reavivada por todas las ideas religiosas y filosóficas imperantes en la época. De este modo, a partir del siglo XIX, la interpretación de los fósiles abría el camino a las grandes divisiones que todavía hoy conocemos en la Paleontología, la ciencia que estudia los fósiles: Cuvier inauguraba la Paleontología descriptiva y comparada, mientras que Lamarck creaba la Paleontología evolutiva.

La tentativa de datar las sucesivas capas gracias a los fósiles preparaba el nacimiento de la Paleontología estratigráfica con Oppel y Alcide d'Orbigny. En 1830, Charles Lyell añadía la Paleogeografía. Basándose en el principio según el cual las mismas causas producen los mismos efectos, independientemente del momento en que se produzcan, Lyell mostraba la posibilidad de reconstruir la historia de las condiciones geográficas pasadas basándose en el estudio de las sucesivas capas geológicas y los fósiles que contenían.

No es difícil ver la importancia que tuvieron los fósiles, no sólo en la evolución de las teorías interpretativas de la historia de la Tierra, sino también en el pensamiento de la humanidad.

Además de proporcionar una considerable cantidad de argumentos, los fósiles impulsaron también la teoría de la deriva de los continentes.

La Paleontología generó una gran preocupación: el hombre dejaba de ser el centro del universo y su papel en el mundo se tambaleaba. Aun cuando su finalidad es el estudio de las formas vivientes del pasado y sus condiciones de vida, la Paleontología tiene por delante un brillante porvenir. Las cuestiones que plantea son fascinantes y para poder responder de forma satisfactoria tiene que recurrir a otras ramas del saber, como la Botánica, la Zoología, la Geología (de la que es indisociable), la Climatología y otros campos de investigación. Además, ha modificado profundamente la noción del tiempo y su apreciación. Si hasta ahora el hombre había empleado su propia escala midiendo el tiempo en años, ahora la Paleontología le obligaba a pensar en millones (e incluso cientos de millones) de años, devolviéndole a la dura conciencia de lo efímero de su estancia en la Tierra.

La Paleontología conoció un considerable desarrollo a partir del siglo XIX y desde entonces las técnicas de estudio no han dejado de perfeccionarse. Todavía hoy, las investigaciones prosperan y aportan ricas enseñanzas. La evolución de las técnicas de observación y análisis permite un estudio cada vez más preciso de los microfósiles y la inmunología misma contribuye actualmente a las investigaciones paleontológicas. Incluso se han empleado dientes de hombres fósiles para, inyectados en animales de laboratorio, analizar los anticuerpos sintetizados y compararlos con los obtenidos a partir de dientes humanos actuales.

EL ESTUDIO DE LOS FÓSILES

El estudio de los fósiles reviste un gran interés. Utilizados para datar los estratos en los que se encuentran, sirven como referencia en la cronología de los depósitos de estas capas. Las agrupaciones de fósiles son las más interesantes para el paleontólogo cuando éste busca referencias estratigráficas; y es que determinadas agrupaciones resultan tan características, que proporcionan información mucho más precisa que si encontrásemos una especie aislada.

A medida que el geólogo dispone de técnicas cada vez más sofisticadas para datar los sedimentos, podríamos pensar que la utilización de los fósiles como elementos de datación o referencias tiende a desaparecer. Sin embargo, son los aliados más habituales del geólogo sobre el terreno. Un buen conocimiento de su cronología de aparición constituye una baza importante para comprender rápidamente el orden de los depósitos y su historia. Así como la datación exacta se ve facilitada por los métodos de geocronología absoluta, no es menos cierto que los fósiles siguen siendo para el geólogo un método valioso para datar los sedimentos. Mientras la cronología ab-

Foraminíferos vistos al microscopio con luz polarizada

soluta necesite de la cronología relativa, ésta se seguirá usando, pues permite la reconstrucción de la historia de los acontecimientos que se han desarrollado sobre la Tierra, y los fósiles son testimonio de estos acontecimientos pasados; además, se pueden ordenar cuando se hallan presentes en las series sedimentarias.

Las características paleontológicas de los terrenos son determinantes para establecer una cronología relativa cuando los criterios litológicos no son suficientes. Sin embargo, hay que apuntar que sólo determinados fósiles permiten este trabajo cronológico. Volveremos más tarde sobre este apartado y destacaremos cuáles son las características de estos fósiles de valor estratigráfico.

El principio según el cual dos capas del mismo contenido paleontológico tienen la misma edad plantea algunos problemas: en efecto, hay que recurrir a especies o grupos variados para que este principio tenga una cierta validez.

En ocasiones, terrenos muy alejados en el espacio presentan grupos faunísticos sin ninguna relación que permita compararlos. Las correlaciones entre estas capas espacialmente alejadas son sólo posibles gracias a la observación de faunas fósiles, que pueden jugar el papel de intermediarias entre estas capas alejadas. Del mismo modo, la correlación entre faunas fósiles continentales y marinas plantea numerosos problemas.

Zócalo cristalino azoico (granito)

Los trilobites son característicos de la era primaria.

Hechas estas salvedades, podemos decir que el empleo de fósiles en el establecimiento de la cronología relativa sigue siendo fundamental, sin olvidar que las migraciones de faunas a lo largo de millones de años reducen la validez de esta cronología relativa. Evidentemente, los fósiles no son de ninguna ayuda en aquellos estratos que no los contienen. Para el estudio de dichos es-

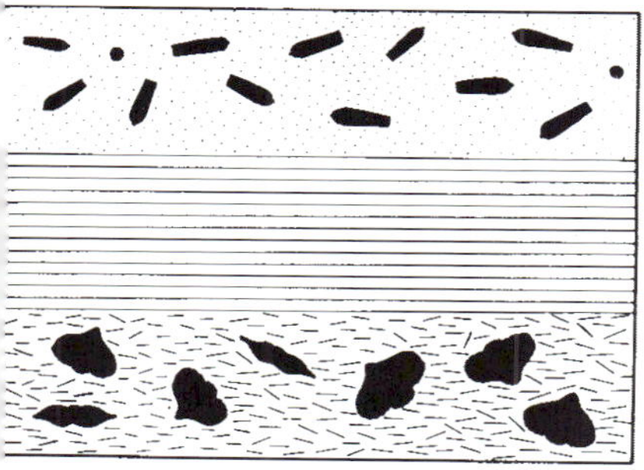

Las dos capas fosilíferas permiten estimar la edad del depósito de la capa azoica entre –60 y –90 millones de años.

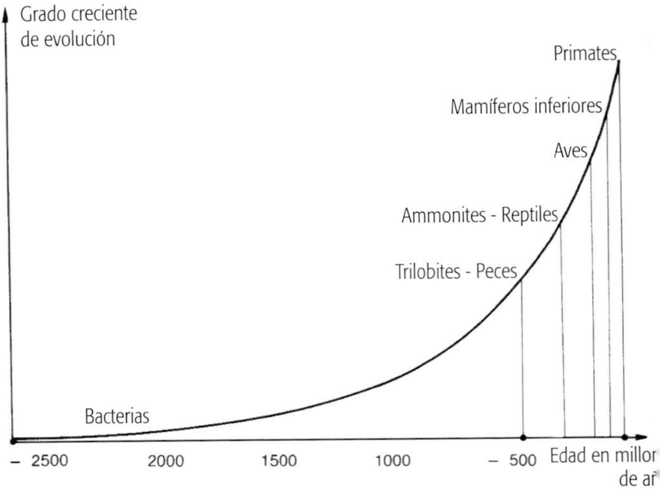

La velocidad evolutiva de los seres vivos conoce una brusca aceleración a partir del Mesozoico (mayor pendiente de la curva).

tratos, que reciben el nombre de azoicos y que en su mayoría son terrenos ígneos, existe la radiocronología, es decir, la cronología absoluta basada en la radiactividad de determinados elementos químicos contenidos en estos terrenos.

Entre las diferentes capas azoicas pueden existir, sin embargo, zonas fosilíferas cuyo estudio contribuye a establecer la datación. La evolución de los fósiles en el tiempo no tiene por qué ser regular y algunas especies pueden desaparecer bruscamente al tiempo que otras aparecen. Los trilobites, por ejemplo, desaparecieron rápidamente a finales del Paleozoico. Estas brutales rupturas en la evolución de grandes grupos permiten crear rupturas mayores o de orden superior. Así, la desaparición de los ammonites y de los grandes reptiles marcan el final del Mesozoico.

Además de estas grandes extinciones en la historia de los seres vivos, existen evoluciones y variaciones de menor amplitud en el seno de los numerosos grupos faunísticos que permiten definir divisiones menos importantes o de orden inferior.

Podemos preguntarnos por qué los animales evolucionan o desaparecen a veces de forma tan repentina.

Su evolución se puede interpretar en términos de mutaciones. El soporte de estas mutaciones está constituido por el material ge-

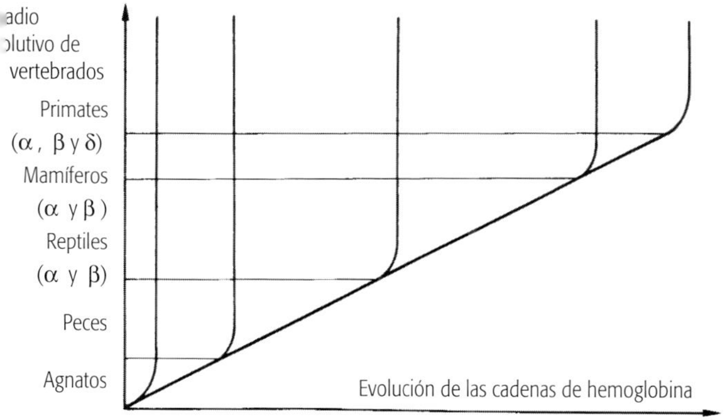

Evolución de la hemoglobina en los principales grupos de vertebrados. Los agnatos poseen una única cadena de aminoácidos en su hemoglobina. Es de tipo α. Los peces tienen cuatro cadenas de tipo α en su hemoglobulina. El tipo α se encuentra en todos los vertebrados, si bien sucesivamente aparecen nuevos tipos. Así, los primates cuentan con la hemoglobulina más sofisticada, con cadenas α, β y δ.

nético: un gen mutado dejará de ser funcional o, por el contrario, será responsable de la síntesis de una nueva proteína, lo que conferirá al animal mutante un nuevo «carácter». La selección actuará en el sentido de la conservación de este carácter o bien en el de la desaparición del que lo posee.

Los factores responsables de estas mutaciones pueden ser variados, pero las radiaciones cósmicas debieron de jugar un papel importante en los fenómenos de mutación en el transcurso de la historia de los seres vivos. De hecho, en determinadas épocas geológicas, las capas que protegen la superficie de la Tierra de las radiaciones cósmicas (cinturón de Van Allen) tendieron a desaparecer.

En estas épocas, las numerosas mutaciones condujeron a la aceleración de la diversificación de determinadas especies y a la desaparición de otras. Las desapariciones bruscas son a veces difíciles de explicar cuando afectan a grupos enteros, como los grandes reptiles al final del Mesozoico. ¿Posibles causas? Mutaciones, cambios climáticos, esterilidad, gigantismo, agotamiento de los recursos de alimento... Aunque cada una de estas hipótesis dispone de su cortejo de argumentos, su desaparición continúa siendo un enigma.

Exceptuando estos periodos críticos, la evolución no se detiene. La idea del fijismo que desarrolla Cuvier, salvo por los grandes cataclismos, ha quedado obsoleta. La evolución es un fenómeno permanente, aun cuando su velocidad no es uniforme.

Esto significa que las divisiones que introduce la noción de discontinuidad son arbitrarias y sólo deben tomarse como puntos de referencia. Estas divisiones se basan en formaciones características y atañen tanto a los tiempos geológicos como a los terrenos sedimentarios depositados durante el intervalo de tiempo comprendido entre dos divisiones.

La división mayor dentro de los tiempos geológicos es la era, caracterizada a escala paleontológica por grandes cambios de fauna y flora.

El Paleozoico, la era de los trilobites y los fusulínidos, precede a la aparición de los ammonites, que caracterizan la era secundaria o Mesozoico. Precisamente esta era finaliza con la desaparición de los ammonites y la aparición de los nummulites, cuyo apogeo se sitúa en el Cenozoico.

Existe otra división aún más importante, entre los tiempos casi desprovistos de fósiles (Precámbrico) y aquellos en los que ya aparece abundante registro fósil, divididos estos últimos en Paleozoico, Mesozoico y Cenozoico. Cabe puntualizar, no obstante, que algunos terrenos precámbricos contienen fósiles invertebrados primitivos.

Si bien los criterios paleontológicos son primordiales en la división del tiempo geológico, también se tienen en cuenta otros, como los estratigráficos (discordancias) o las orogenias.

Las eras, a su vez, se dividen en periodos, que son divisiones establecidas de acuerdo con datos sedimentarios y con la presencia de fósiles característicos. En determinados casos, sólo el criterio paleontológico determina la división y el nombre del periodo. Así, el periodo de la creta (Cretácico) se basa en un criterio litológico y constituye una división dentro del Mesozoico. A este periodo le sigue el nummulítico, definido por un grupo fósil concreto.

Los periodos se subdividen en pisos. Un piso puede considerarse como la división elemental en estratigrafía. Esta división es la unidad fundamental cuando el geólogo reconstruye la historia de los depósitos sedimentarios. La división del tiempo que corresponde al piso se denomina edad, lo que demuestra la importancia fundamental del piso como unidad estratigráfica.

La fauna de un piso, sin embargo, no es uniforme y dentro de él podemos distinguir diferentes zonas caracterizadas por la presencia de especies diversas. Estas zonas se denominan biozonas y definen las divisiones de orden menor o elementales.

Hay que destacar que los criterios paleontológicos y estratigráficos se emplean simultáneamente y que a los distintos pisos corresponden diversos estratotipos característicos.

Los progresos realizados en el estudio de los microfósiles permiten precisar los puntos menos sólidos de los estudios basados únicamente en criterios estratigráficos. Ciertos pisos son objeto de discusión entre geólogos, lo que pone de manifiesto que los criterios estratigráficos y los paleontológicos pueden contradecirse.

Cada vez más, los paleontólogos tienden a utilizar, siempre que sea posible, la división más pequeña y menos controvertida: la biozona. La cuestión temporal y la cronología relativa distan mucho de ser problemas resueltos en su totalidad. En estas investigaciones, los fósiles ocupan un lugar primordial.

El interés principal de los fósiles radica, por tanto, en la evaluación de la cronología de los acontecimientos. La ciencia que estudia este apartado es la Bioestratigrafía, que, además de observar las formas animales, analiza también la evolución de las vegetales. Esta cronología relativa, basada en la evolución de los seres vivos, la precisa la cronología absoluta, algunos de cuyos métodos más clásicos procedemos a comentar.

➤ La cronología absoluta

La medición del tiempo transcurrido sólo es posible si se dispone de elementos cuya evolución es una función de ese tiempo. Si la evolución de estos elementos es una función lineal continua, su estudio conducirá a determinar su edad y, por ende, la edad de las rocas que los contienen, lo que nos llevará a una datación absoluta. Con ello conseguiremos una cronología absoluta con respecto a la cronología relativa que nos permite el estudio de los fósiles y de su evolución.

Los únicos fenómenos que responden a los criterios de evolución más o menos continua en función del tiempo son el depósito de los sedimentos y, sobre todo, la radiactividad natural de ciertos constituyentes de las rocas.

Una cronología absoluta, basada en el espesor de una formación sedimentaria como escala de medida del tiempo necesario para el depósito de este espesor, tropieza con numerosos inconvenientes.

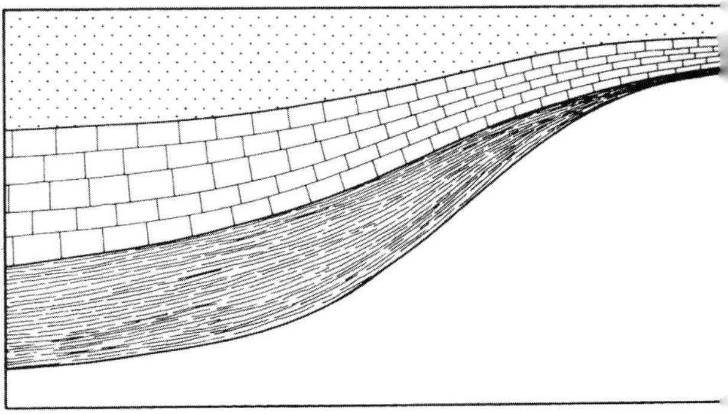

De la figura se deduce la dificultad de utilizar el grosor de los depósitos como unidad de tiempo, ya que este grosor puede variar en puntos geográficamente alejados.

Uno de los más evidentes es que la velocidad de sedimentación no es constante en un punto dado según las épocas. Ahora bien, la estimación de la variación de esta velocidad no es, y no puede ser, rigurosa. De ello se deduce que el tiempo no es la única incógnita y que su medida es bastante imprecisa. Si a esto añadimos los fenómenos de interrupciones en la sedimentación, que suponen lagunas en las formaciones sedimentarias y cuya duración a veces ni siquiera se puede estimar, comprenderemos fácilmente que rara vez se puede realizar una cronología absoluta basada en un calendario cuyas unidades son grosores de sedimentos.

La cronología absoluta se basa fundamentalmente en el análisis de los fenómenos de radiactividad natural presentes en determinados elementos químicos que forman parte de la estructura de los minerales de las rocas. El principio de la radiactividad para medir el tiempo es el siguiente: un cuerpo, denominado radiogénico, se transforma por desintegración en un elemento radiactivo. Esta transformación es una función matemática del tiempo, caracterizada por la vida media o periodo de semidesintegración. La vida media es el tiempo que tarda el isótopo radiactivo en reducir su cantidad a la mitad. La variabilidad de la vida media de los elementos radiactivos conduce a la utilización de diversos elementos para estudiar las diferentes épocas.

Así, el par lutecio-hafnio se emplea para determinar edades que sobrepasan varios cientos de millones de años; el rubidio-estroncio,

Granito de dos micas visto al microscopio con luz polarizada. Los feldespatos y las micas presentes en esta roca permiten su datación.

para edades superiores a 50 millones de años; el potasio-argón, para edades entre un millón y 10.000 años; el uranio-plomo, para edades entre 10.000 y 500.000 años; y el método del carbono 14 permite datar acontecimientos «recientes», del orden de 1.000 a 50.000 años. En este último caso, se suele emplear el carbono contenido en materia orgánica y no en los propios minerales.

Estos métodos se aplican a numerosos minerales, entre ellos las micas y los feldespatos potásicos. Sin embargo, su empleo es a veces delicado, incluso imposible, en el caso de las rocas sedimentarias, lo cual limita los estudios de cronología absoluta; de hecho, sólo se revelan satisfactorios para las formaciones ígneas. En el caso de las rocas sedimentarias, únicamente se aplican a minerales que han sido redepositados y que son, por lo tanto, anteriores al propio depósito sedimentario. Las formaciones sedimentarias son datadas, siempre que es posible, en función de los estratos de origen eruptivo que pueden aparecer intercalados. Con ello se les atribuye una cronología relativa con respecto a las propias rocas eruptivas.

Es en las formaciones sedimentarias, sin embargo, donde resulta más interesante establecer una cronología absoluta. Ahora bien, salvo en los raros casos en los que podemos basarnos en estudios de carbono 14 o en elementos radiactivos contenidos en la glauconita (mineral contemporáneo a la formación sedimentaria), el problema del tiempo en geología sigue siendo un asunto espinoso. El mérito de las técnicas de radiocronología estriba, no obstante, en atribuir un valor al tiempo transcurrido. Recordemos que la unidad del calendario geológico es el millón de años (M. a.).

La ventaja de los métodos radiactivos es que la desintegración del elemento radiogénico no depende de factores físicos como la presión o la temperatura, que habrían podido variar a lo largo de los tiempos geológicos.

Referido al tiempo total de un año, la importancia relativa de los diferentes periodos mayores de la historia de la Tierra es la siguiente:

	Acontecimientos	Mes	Orden de aparición de los grupos de vertebra
– 0,4	Primeros vertebrados	Diciembre	31 18h Homínidos 30 Mamíferos 25 Aves
– 0,8	Primeros invertebrados	Noviembre	20
– 1,2		Octubre	
– 1,6		Septiembre	10 Reptiles
– 2,0	Algas	Agosto	
– 2,4		Julio	1 Peces y anfibios
– 2,8	Bacterias	Junio	
–3,2	Primeras formas vivas	Mayo	
–3,6	Periodo azoico	Abril	El hombre aparece sobre la Tierra a última hora de la tarde del 31 de diciembre. Una semana en la vida de un hombre equivale a más de un millón de años en la historia de la Tierra.
– 4,0		Marzo	
– 4,4		Febrero	
		Enero	

Cuadro comparativo de la historia de la Tierra referida a un año

Estos crinoideos perfectamente fosilizados proporcionan una valiosa información sobre las condiciones de depósito de las capas que los contienen (ver Encrinus liliiformis*).*

ESCALA ESTRATIGRÁFICA

Eras		Sistemas o periodos	Series o épocas	Pisos	Edad (M. a
PALEOZOICO (Era primaria)		PÉRMICO		Turingiense Saxoniense Autuniense	235 290
	superior	CARBONÍFERO	Superior	Estefaniense Westfaliense	
			Inferior	Namuriense Viseense Tournaisiense	340
		DEVÓNICO	Superior	Fameniense Frasniense	
			Medio	Givetiense Couviniense/Eifeliense	
			Inferior	Emsiense Siegeniense Gediniense	400
	inferior	SILÚRICO		Pridoliense Ludlowiense Wenlockiense Llandoveriense	440
		ORDOVÍCICO	Superior	Ashgilliense Caradociense	
			Medio	Llandeiliense Llanvirniense	
			Inferior	Skidawiense Tremadociense	500
		CÁMBRICO	Superior	Shidertiniense Tuoriense	
			Medio	Mayense Amgiense	
			Inferior	Leniense Aldamiense	570
ARQUEOZOICO (Precámbrico)	PROTEROZOICO	SUPERIOR			1000
		MEDIO			1600
		INFERIOR			2500
	ARCAICO				

Eras	Sistemas o periodos	Series o épocas	Pisos	Edad (M. a.)
CENOZOICO	CUATERNARIO	Holoceno actual Pleistoceno		2
	NEÓGENO	Plioceno		5
		Mioceno		25
	PALEÓGENO	Oligoceno	Estampiense	35
		Eoceno	Priaboniense Luteciense Ypresiense	50
		Paleoceno	Thanetiense Daniense/Montiense	65
MESOZOICO (Era secundaria)	CRETÁCICO	Superior	Maastrichtiense Campaniense Santoniense Coniaciense Turoniense Cenomaniense (Maastrichtiense–Coniaciense: Senoniense)	
		Inferior	Albiense Aptiense Barremiense Hauteriviense Valanginiense Berriasiense (Barremiense–Berriasiense: Neocomiense)	135
	JURÁSICO	MALM = superior	Portlandiense Kimmeridgiense Oxfordiense	
		DOGGER = medio	Calloviense Bathoniense Bajociense Aaleniense	
		LÍAS = inferior	Toarciense Pliensbachiense Sinemuriense Hettangiense	200
	TRIÁSICO		Rhetiense Keuper Muschelkalk Buntsandstein	

Finalmente, hemos de apuntar que la geocronología absoluta es la única que puede aportarnos datos precisos sobre los millones de años de la historia de la Tierra que han precedido a la aparición de los seres vivos útiles en Palentología. La evolución de los seres vivos es una función irreversible del tiempo. A este respecto, los fósiles juegan un importante papel en la cronología de los sucesos geológicos, pero la radiocronología es la única que puede datar estos hechos.

El estudio de los fósiles nos informa también sobre las condiciones de depósito de las formaciones sedimentarias, a la vez que nos proporciona indicaciones sobre el clima de otras épocas, si bien no todos los fósiles tienen el mismo valor.

Antes de abordar las distintas aplicaciones de los fósiles, conviene asimismo revisar las condiciones en las que los seres vivos se han podido conservar en los sedimentos y los tipos de fosilización.

➤ ¿Qué es la fosilización? Diferentes aspectos

Los fósiles están representados tanto por restos de organismos completos como por fragmentos a veces muy reducidos procedentes de estos organismos. Las eventuales huellas que determinados seres vivos han podido dejar en los sedimentos también se consideran fósiles y son testigos de su actividad. En este sentido, los utensilios dejados por los hombres prehistóricos son fósiles. La interpretación de estas huellas suele ser delicada. Por lo general, la fosilización afecta a las partes más duras de la estructura de los seres vivos, como conchas, esqueletos o partes vegetales.

Incluso las partes duras de los seres vivos tienen tendencia a disgregarse en contacto con el aire. Por eso, la primera de las condiciones favorables para la fosilización de los organismos es la rapidez con la cual, después de su muerte, estos organismos deben quedar enterrados. En ocasiones, el propio enterramiento es la causa de la muerte de ciertos animales. El lugar donde se ha producido este rápido enterramiento puede convertirse en un verdadero yacimiento fosilífero con miles de especímenes perfectamente conservados. Es el caso de un yacimiento situado en Los Ángeles, donde se concentran numerosos vertebrados terrestres, como el género Smilodon; o de Solnhofen (Baviera), donde a consecuencia de una muerte repentina por sequedad se concentran numerosos peces del Mesozoico. La mayoría de las veces, el enterramiento no se produce con la suficiente rapidez como para que se conserve la es-

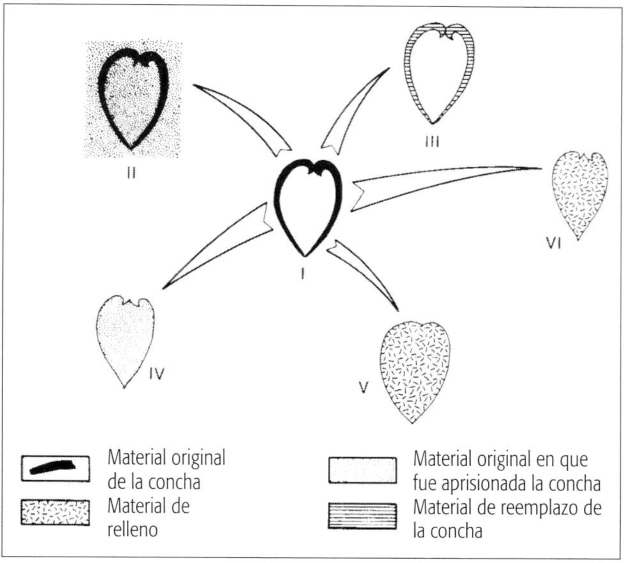

Principales tipos de fosilización
I. Concha inicial.
II. Concha encontrada sin modificación de composición química.
III. Concha químicamente modificada.
IV. Molde interno de la concha idéntico al material original de relleno.
V. Molde externo de la concha tras cambiar el material original de relleno.
VI. Molde interno de la concha tras cambiar el material original de la concha.

tructura del ser vivo y lo que encontramos son fragmentos del organismo que no han sido cubiertos de manera simultánea.

Los fragmentos pueden sufrir modificaciones posteriores dentro de la roca o en depósitos ulteriores, ya sea de tipo físico (desplazamientos de las conchas o los huesos) o químico.

Existen diversos tipos de fosilización. El fragmento puede subsistir o desaparecer tras la consolidación del depósito en el que ha quedado encerrado; en este último caso sólo queda el molde, que puede ser interno o externo. El estado de fosilización es muy variable, pero puede permitir estudios ultraestructurales muy avanzados. Cuando la fosilización afecta a los tejidos blandos, ofrece fantásticos documentos de estudio: es el caso de ciertos tejidos epiteliales de batracios correspondientes al Eoceno o de melanocitos (células pigmentarias) de peces del Mesozoico. Asimismo, los insectos contenidos

Bancos enteros de peces quedaron atrapados en las calizas de Solnhofen (Baviera).

en la resina fósil (ámbar) del Báltico permiten estudios histológicos de los tejidos blandos, de los músculos y de los epitelios. Los ejemplos más conocidos están evidentemente representados por los grandes mamuts conservados intactos en el hielo. El análisis del contenido estomacal de estas auténticas momias nos proporciona importantes datos sobre su alimentación.

El descubrimiento de los fósiles de ciertos seres vivos en diversos estadios de su desarrollo o crecimiento también resulta sumamente interesante. Su comparación con formas próximas actuales permite deducir datos respecto a su modo de vida. Las partes duras de crecimiento discontinuo en función de las estaciones son el origen de sorprendentes descubrimientos. Ciertos cnidarios del Paleozoico poseen estrías de crecimiento en su cáliz que presentan bandas correspondientes a crecimientos diarios. La observación de estas bandas ha permitido estimar que en el Devónico medio, el año tenía aproximadamente 400 días, con una duración sensiblemente igual al nuestro.

Estas huellas atestiguan que un gran reptil del Mesozoico pasó por allí hace cientos de millones de años.

Las estrías de crecimiento de las conchas ofrecen igualmente datos sobre las condiciones climáticas que conocieron los seres vivos de la época.

El número y variedad de fósiles extraídos de las rocas no deben hacernos olvidar que la fosilización en buenas condiciones es un proceso relativamente raro. De ahí las dudas que pueden subsistir sobre la representatividad de las formas fosilizadas respecto al conjunto de la fauna y la flora de la época. Así, los seres vivos desprovistos de partes duras escapan normalmente a los procesos de fosilización, lo que constituye un obstáculo para la comprensión total de la vida en tiempos pasados. Esto no hace menos cierto que los fósiles pueden percibirse, a pesar de todo, como los testigos más creíbles de estas épocas. La abundancia de determinados fósiles es tal, que pueden constituir rocas por sí mismos: es el caso de ciertas calizas, radiolaritas y diatomitas.

Los diversos procesos de fosilización pueden reducirse finalmente a los más típicos:

Mineralización:. Los restos orgánicos deben quedar rápidamente incluidos en un material protector que los aísle de la atmósfera y los microorganismos. Aun así, las partes blandas rara vez se conservan y son las duras las que sufrirán una lenta transformación. Este proceso puede alterar profundamente la composición química inicial. Así, se conocen fósiles en plata en ciertas minas de Perú.

Los vegetales también pueden transformarse y, tras su fosilización, la celulosa puede transformarse en carbonato o carbón.

La calidad de la fosilización depende en gran medida de los sedimentos en los que han quedado enterrados los organismos. Ciertos yacimientos son mundialmente conocidos por la calidad de estos procesos de fosilización, como los yacimientos fosilíferos de Solnhofen (Baviera), con admirables peces fósiles del Jurásico, o los de Lyme-Regis (Gran Bretaña), famosos por sus reptiles.

Incrustación: Una capa de carbonato cálcico recubre rápidamente el organismo. Es el caso de tobas y travertinos, que nos han dejado interesantes moldes. De este modo se han podido reconstruir, gracias a inyecciones de escayola, los moldes de toda una flora del Eoceno en los travertinos de Sézanne en Marne (Francia).

Huellas de actividades animales conservadas en los sedimentos: El estudio de estas huellas corresponde a la paleoicnología y ofrece interesantes informaciones: morfología y tamaño de ciertos reptiles, perforaciones de moluscos bivalvos costeros que indican un antiguo límite de acantilado, o bien excrementos fósiles (coprolitos) de reptiles que nos acercan a su régimen alimenticio. Algunos de estos restos plantean ciertos problemas, como los célebres helmintoides del flysch alpino atribuidos a pistas de gusanos.

➤ Métodos de estudio de los fósiles

No es necesario insistir en las precauciones que hay que tomar a la hora de extraer correctamente los fósiles de las rocas que los contienen. Sí hay que destacar que muchos yacimientos de fósiles sumamente interesantes son «expoliados» por aficionados poco escrupulosos. La extracción de un fósil suele ser una operación muy delicada que necesita de un material específico. Evitemos la tentación de extraer, a cualquier precio y sin tener en cuenta los daños que podamos ocasionar, un fragmento que puede pertenecer a un organismo de notable interés pero cuya amputación le restaría un notable valor científico. El estudio de los fósiles en sus menores detalles

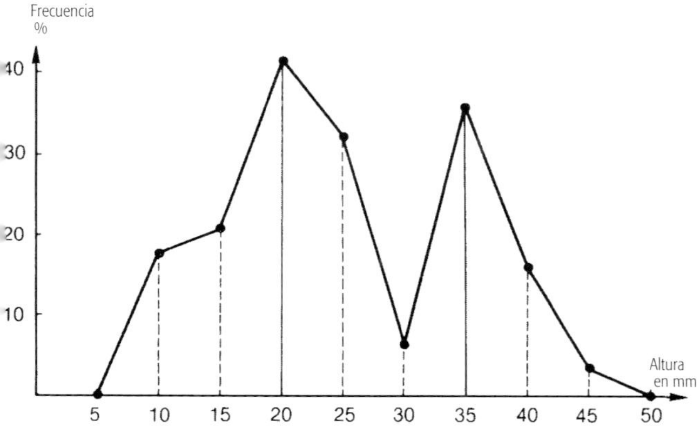

Ejemplo de un estudio biométrico de una población de moluscos lamelibranquios; la curva de frecuencia en función de la altura de las conchas expresada en mm presenta dos picos muy claros. Esto supone una población heterogénea y deja entrever que las conchas estudiadas pertenecen probablemente a dos especies diferentes.

anatómicos se realiza a través de los métodos de anatomía comparada. Estos métodos son extraordinariamente complejos y requieren conocimientos particularmente extensos. Asimismo, precisan de muchas horas de laboratorio en el caso de la reconstrucción de ciertos esqueletos o piezas óseas de cráneos.

Un fósil que se descubre por primera vez debe describirse completamente. A continuación es «bautizado» con dos nombres en latín, uno para el género y otro para la especie. La comparación con formas ya descritas o con formas actuales permite incluirlo en la clasificación de los seres vivos: primero en un filum, después en una clase, un orden, una familia, un género y una especie. Determinar la posición sistemática de un fósil no siempre es fácil: por lo general, se dispone únicamente de fragmentos de organismos. En la medida de lo posible, las técnicas de estudio deben aplicarse a poblaciones de fósiles. Cuando se dispone de abundantes muestras, el paleontólogo utiliza los métodos estadísticos. Por su relativa escasez, estos métodos se emplean poco en los vertebrados fósiles, mientras que son de empleo común en el estudio de ciertas poblaciones de moluscos o braquiópodos. Estos métodos estadísticos permiten estudiar diversos caracteres morfológicos cuyos valores pueden estar representados de varias maneras. Estas representaciones indican si una población es homogénea o no respecto a un carácter determinado. En este último caso, conviene interpretar la heterogeneidad y preguntarse si no estamos en presencia de dos especies diferentes.

Los análisis químicos, cuando son posibles, tienen un gran interés. En efecto, el estado de conservación de algunos fósiles es tan bueno, que resulta posible realizar un análisis químico. De este modo, se han descubierto y analizado aminoácidos fósiles en ciertos braquiópodos que datan del Paleozoico y en algunos reptiles del Mesozoico.

Estos análisis permiten confirmar o precisar ciertas afinidades entre grupos fósiles y actuales. Así, los graptolitos pueden relacionarse con los actuales pterobranquios basándonos en un criterio de identidad química de las proteínas de sus caparazones.

Se trata de realizar un auténtico estudio de paleoquímica, ciencia que aún está en sus inicios pero a la que auguramos un brillante futuro y un importante papel a la hora de proporcionar información sobre la evolución y la filiación de los seres vivos.

Finalmente, señalaremos que los estudios de ciertos compuestos isotópicos, como el oxígeno 16 y el oxígeno 18 en las conchas de moluscos o en los caparazones de foraminíferos, permiten hacerse una idea sobre las condiciones de temperatura de determinados mares en un pasado muy remoto. Después volveremos sobre este aspecto, que muestra otro interés especial de los fósiles: el de indicadores climáticos. Los estudios isotópicos, como los del carbono 12/13, sirven también para demostrar si ciertas estructuras fueron ocasionadas por un ser vivo. Así, la relación C_{12}/C_{13} de *Corycium enigmaticum*, antigua estructura del Precámbrico, ha demostrado que se trataba de un fósil vegetal, y esta relación es análoga a la que encontramos en las plantas actuales.

➤ Fósiles «buenos» y «malos»

Los paleontólogos acostumbran a clasificar los fósiles en diversas categorías según la información que son susceptibles de proporcionar. Algunos fósiles resultan muy útiles para definir un piso y ubicarlo en la cronología relativa: se trata de los fósiles estratigráficos y son fósiles «buenos» en el sentido de que cumplen el primer objetivo de su estudio: servir como un referente cronológico. Otros fósiles revisten interés para comprender las condiciones en las que se han producido determinados depósitos: son los fósiles de facies. E incluso los hay que ofrecen datos de tipo climático, ecológico, etc. A continuación, trataremos las características de estas diversas categorías de fósiles:

–Fósiles estratigráficos «buenos»:
Ya hemos visto que la división más elemental que podemos realizar gracias a los fósiles es la biozona. A esta biozona se asocia un fósil característico que debe tener un correcto valor estratigráfico. Los principales requisitos de este tipo de fósiles son de dos clases: 1) haber tenido la más amplia distribución geográfica, mundial a ser posible y 2) haber permanecido idéntico a sí mismo durante un lapso de tiempo muy corto. Es decir, que la evolución de un buen fósil estratigráfico debe haber sido muy rápida. Si a estos dos rasgos añadimos el que sea muy abundante en los sedimentos y que su identificación sea fácil, estaremos entonces ante un excelente fósil estratigráfico.

El criterio de amplia distribución lo cumplen las plantas superiores, cuyo polen puede ser transportado a grandes distancias. Y también es satisfactorio en el caso de los animales marinos que no viven fijos. Los seres vivos que viven sobre los continentes, sin embargo, son los menos susceptibles de presentar una amplia distribución geográfica.

Las diversas cualidades requeridas para que un fósil sea un excelente indicador cronoestratigráfico hacen que éstos sean poco numerosos. Existen, sin embargo, muy buenos fósiles estratigráficos, como los graptolitos, los cefalópodos, los tetracoralarios, los foraminíferos, etc.

Para paliar la carencia de estos requisitos dentro de un mismo fósil, los paleontólogos han recurrido, no a una especie o a un grupo, sino a un grupo faunístico característico de una formación sedimentaria determinada.

Los fósiles que puedan ser interesantes para establecer una cronoestratigrafía se señalarán en su estudio sistemático.

–Fósiles estratigráficos «malos»:
Reúne a aquellos fósiles que permanecen sin cambio alguno durante largos periodos de tiempo, como por ejemplo las língulas o los espongiarios. Entre estos dos tipos de fósiles, «buenos» y «malos», existen todas las formas intermedias posibles. Además, fósiles poco interesantes desde un punto de vista estratigráfico pueden revelarse interesantes al proporcionarnos indicaciones geográficas, ecológicas o de otro tipo. Estos fósiles son los fósiles de facies. El concepto de facies se remonta a 1838 y se puede definir como el conjunto de los caracteres litológicos y paleontológicos que refle-

jan las condiciones ambientales específicas bajo las que una roca dada se formó o fue depositada. Existen, por lo tanto, fósiles característicos de ciertas facies, como los organismos arrecifales.

Las exigencias biológicas de los seres vivos, cuando pueden precisarse, proporcionan información de diverso orden:

– naturaleza del medio en el que se realizó el depósito en el caso del paso de una fauna terrestre a una marina o lacustre;

– temperatura de las aguas en el caso de numerosos organismos marinos y, a veces, profundidad probable de estas aguas;

– medios lagunares o lacustres, pantanos, etc. con su fauna y flora características.

Las indicaciones que son susceptibles de aportar los fósiles se detallarán en el estudio sistemático.

El método de las facies, que es una interpretación de estas facies, permite la reconstrucción paleogeográfica, la cual nunca es fácil. Los datos paleontológicos aportan al método indicaciones de tipo climático. A este respecto, los vegetales son buenos indicadores. De este modo se ha deducido que el clima ligado a los bosques hulleros debía de ser de tipo ecuatorial, como así lo indica la ausencia de alternancia de madera de primavera y de otoño en los troncos. Las formas animales también proporcionan diversos datos. Citemos un ejemplo clásico: las formas coralinas de los arrecifes indican una temperatura elevada de las aguas marinas. Finalmente, el estudio de los pólenes fósiles se ha revelado de una importancia considerable en la reconstrucción de los sucesivos climas, particularmente a lo largo del Cuaternario. Los estudios isotópicos pueden aplicarse también a los fósiles. A diferencia de los estudios realizados en geocronología absoluta, los métodos utilizan en este caso isótopos estables. Recordemos que los isótopos son elementos químicos idénticos pero con distinta masa en su núcleo. En el momento de formarse determinadas partes de los fósiles, existía una relación entre isótopos estables. Esta relación depende actualmente de diversos factores.

Y siempre ha sido así. Su medición en los fósiles proporciona indicaciones sobre estos factores. Los isótopos estables del oxígeno juegan un papel importante en la comprensión de los climas del pasado. En su incorporación a los organismos vivos, la relación O_{18}/O_{16} es determinante. Esta relación es del orden de 1/500 en el agua de mar tipo. Cuando hay evaporación del agua, el vapor es más rico en O_{16} y el líquido restante tiende a enriquecerse en O_{18}. Esta observación nos lleva a establecer varios hechos interesantes. El agua dulce procedente de la evaporación del agua de mar tiene una relación O_{18}/O_{16} más baja que el agua de mar. La medida de esta relación en los fósiles permite precisar la salinidad del medio en el cual han evolucionado.

Las aguas cálidas tienden a evaporarse más que las frías. La medida de esta relación permite conocer asimismo la temperatura del agua en la que vivían los fósiles motivo de estudio. Estas indicaciones son muy valiosas para establecer mapas de paleotemperaturas en un momento determinado de la historia de los océanos, o en un lugar dado, en diferentes épocas.

El crecimiento de determinadas partes duras, como los rostros de los belemnites, también puede mostrar una alternancia de las estaciones marcada por relaciones O_{18}/O_{16} más elevadas en invierno que en verano, lo que proporciona una idea aproximada sobre el tiempo de vida de ciertos fósiles.

Se emplean igualmente otros grupos de isótopos estables, como el par C_{13}/C_{12}, con una relación baja en aguas dulces, más alta en aguas marinas y máxima en aguas muy calientes y con alta salinidad.

La tasa de estroncio y de magnesio es reveladora de paleotemperaturas. Estos elementos se encuentran en los carbonatos empleados por los organismos para construir determinadas estructuras. Las tasas de estroncio y de magnesio se elevan cuando la temperatura aumenta.

Como vemos, el estudio de los fósiles puede abordarse bajo múltiples aspectos. Uno de los problemas al que puede contribuir a dar una respuesta es el de la evolución y la filogenia de los seres vivos. Recordemos que son los fósiles los que aportan la prueba más tangible de la evolución. A este respecto, la historia de los vertebrados y la contribución de la paleontología a la reconstrucción de esta historia merecen que les dediquemos unas líneas.

El comienzo de la era primaria o Paleozoico está marcado por una ausencia de formas fósiles del tipo vertebrados. Los primeros vertebrados agnatos aparecen en el Cámbrico superior. Desde un punto de vista evolutivo, numerosos argumentos nos llevan a considerarlos como los vertebrados más arcaicos. Existe, por tanto, complementariedad en las conclusiones paleontológicas y biológicas. El orden de aparición de los diversos grupos de vertebrados se articula conforme al orden creciente de su organización y al lugar que ocupan actualmente en la jerarquía del mundo animal. La Paleontología muestra que el principio de la evolución funciona de forma irreversible y siempre en el sentido de una sofisticación de los seres vivos, con algunas excepciones.

Los dipnoos y los crosopterigios están presentes en el Devónico. Los estegocéfalos dominan en el Carbonífero. Es a partir del Pérmico cuando se desarrollan los reptiles; los mamíferos aparecen en el Triásico y las aves, en el Jurásico. Más allá de este orden de aparición, que ilustra perfectamente la jerarquía evolutiva de los grupos de vertebrados, los estudios proporcionan valiosa información respecto a las relaciones filogenéticas entre los diversos grupos.

El descubrimiento de formas intermedias es, a este respecto, de gran interés. Así, *Ichthyostega* viene a crear un puente entre los peces y los vertebrados tetrápodos que permite comprender algunos aspectos de la conquista del medio aéreo a partir del acuático. El estudio de los reptiles sinápsidos muestra el paso entre estos dos grandes grupos. El número de ejemplos de este tipo es lo suficientemente amplio como para que abordemos este problema en el estudio sistemático.

Los fósiles hacen también su contribución al análisis de dos de los problemas más fascinantes que han ocupado desde siempre la mente de los científicos: el origen de la vida y el origen del hombre.

➤ El origen de la vida

Los fósiles son una de las herramientas fundamentales para intentar resolver el enigma de la aparición de la vida sobre la Tierra y, al mismo tiempo, situarlo cronológicamente.

Los materiales del Precámbrico fueron considerados durante mucho tiempo como azoicos, razón por la cual se pensó que la vida no había aparecido sobre la Tierra antes de la era primaria o, en todo caso, que ninguno de los indicios de la manifestación de vida, tal y como los biólogos la conciben actualmente, había llegado hasta nosotros en forma de fósil.

Posteriormente, se descubrieron fósiles en terrenos anteriores al Cámbrico y hubo que reconsiderar el problema del periodo en el cual la vida había emergido en la superficie del globo terrestre. El dato que ya hemos señalado a propósito del bajo porcentaje de seres vivos susceptibles de fosilizar debe invitarnos a ser prudentes a la hora de asignar una fecha a la aparición de la vida. Debido a esto, nunca podemos estar seguros de estar ante el primer ser vivo cuando se descubre en terrenos anteriores a todos los terrenos fosilíferos

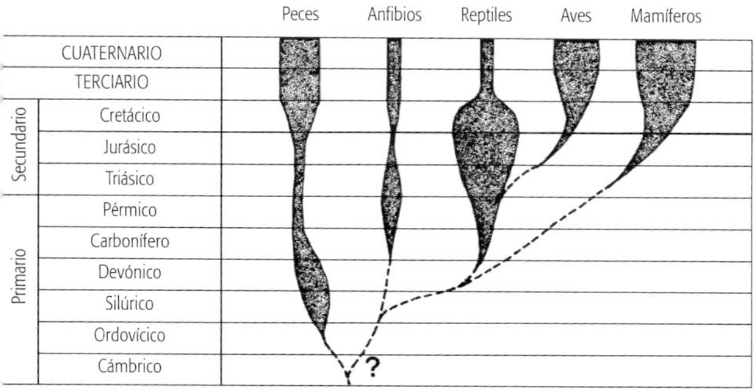

Las grandes líneas evolutivas de los Vertebrados en los tiempos geológicos.

conocidos. Tal descubrimiento sólo sitúa algo más atrás en el tiempo el acontecimiento original. Actualmente se admite que la Tierra tiene una antigüedad de 4.600 millones de años. Los restos fósiles más antiguos son los estromatolitos, concreciones de algas azules o verdes a los que la geocronología absoluta ha permitido atribuir una edad de 3.800 millones de años. En terrenos precámbricos situados en Finlandia se han identificado otros fósiles cuyo nombre (*Corycium enigmaticum*) evidencia la dificultad de identificarlos. De interpretación más segura son los fósiles encontrados en los sílex de Gunflint, en Estados Unidos, datados en 2.000 millones de años.

Los esporomorfos descubiertos en los terrenos precámbricos de Rusia dan fe de una vida vegetal en esta época. En cuanto a las primeras formas animales conocidas sobre la Tierra figuran las medusas precámbricas encontradas en Australia y Estados Unidos, así como esponjas fechadas en el Precámbrico de Bretaña (Francia). Parece, sin embargo, que estas formas animales, aunque precámbricas, son posteriores a las formas vegetales más antiguas que se conocen. ¿Quiere esto decir que los vegetales fueron los primeros en colonizar la Tierra? ¿Fueron el requisito previo para que se instalaran los animales al proporcionarles el primer oxígeno? ¿Podemos afirmar que los reinos vegetal y animal se diferenciaron a partir de una forma hipotética, de una «masa gelatinosa» original de la que surgieron las primeras formas vivas? Para responder a todas estas cuestiones existen diversas teorías.

El aparente «salto» entre el nacimiento de la Tierra y las primeras señales de vida se ha interpretado a menudo por el hecho de que la primitiva atmósfera terrestre estuviese desprovista de oxígeno. Ello, partiendo de la base de que el oxígeno es una condición indispensable para la vida. Sin embargo, se conocen organismos anaerobios. Además, es difícil saber cuándo apareció el oxígeno por primera vez y si su origen es consecuencia del funcionamiento de formas vegetales primitivas. Se estima que el agua se condensó sobre la Tierra hace aproximadamente 3.800 millones de años, a lo que siguió una disolución de los gases atmosféricos y, en particular, del dióxido de carbono. En este caldo de cultivo expuesto a las radiaciones cósmicas y, sobre todo, a los rayos ultravioletas, aparecieron las primeras formas de vida de tipo bacteria hace aproximadamente 3.800 millones de años. Sin duda, la fotolisis del vapor de agua debió de inducir la aparición del oxígeno en la atmósfera, pero actualmente se admite que fueron los primeros organismos que realizaban la fotosíntesis los que más contribuyeron a su enriquecimiento en oxígeno. Las algas azules o verdes debieron de jugar un importante papel hace 3.000 millones de años; posteriormente, la atmósfera no ha dejado de incrementar su tasa de oxígeno, que se ha liberado progresivamente gracias a la fotosíntesis. Este incremento favoreció la aparición de formas cada vez más sofisticadas de seres vivos y la colonización de tierra firme por ciertos organismos acuáticos.

➤ El origen del hombre

El origen del hombre hemos de buscarlo mucho más tarde, cuando ya se ha alcanzado un nivel evolutivo más sofisticado. La cuestión del origen del hombre nos traslada a otra cuestión fundamental que dista mucho de estar resuelta: ¿a partir de qué momento podemos hablar del «hombre»? ¿En qué elementos nos basamos para definir al hombre como especie? No es fácil responder a estas preguntas. Tomando la edad de la Tierra como referencia, la aparición del hombre tiene lugar hace muy poco tiempo. Precisamente, para manifestar la importancia de su presencia, la era cuaternaria se ha aislado del resto de tiempos geológicos. La historia del hombre es la del Cuaternario. Pese a todos los esfuerzos por singularizar el Cuaternario y situarlo a la medida del hombre, es probable que «verdaderos» homínidos viviesen ya hace cuatro millones de años, al final de la era terciaria. Los datos concernientes a la datación de los fósiles humanos, tanto de utensilios como de piezas esqueléticas, son muy precisos hasta 50.000 años atrás gracias al método del carbono 14. Por encima de esta fecha, el par argón-potasio presta alguna ayuda, pero la datación de los fósiles del Cuaternario plantea a veces se-

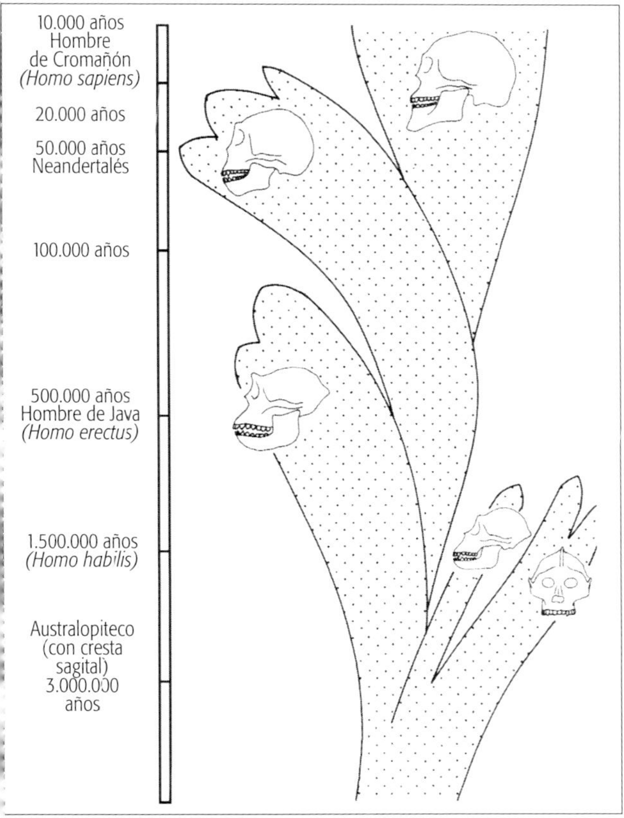

Las grandes líneas evolutivas de los Homínidos

rios problemas. Precisamente en la interpretación de estos fósiles surgen las discrepancias entre los especialistas.

En Paleontología, sin embargo, la presencia de utensilios es el criterio más utilizado para atribuir el carácter de homínido.

¿Procede el hombre de los simios del Viejo Mundo? ¿En algún momento anduvo a cuatro patas? A estas dos cuestiones podemos responder de forma casi satisfactoria. El origen del hombre enraíza en algún sitio con los catarrinos (simios del Viejo Mundo) antropomorfos, pero no deriva de manera simple de formas actualmente conocidas. La respuesta a la segunda cuestión completa lo dicho. Las huellas de pisadas encontradas en Kenia y datadas en 3.800.000 años atestiguan la presencia de un primate en perfecta posición bípeda. Estas huellas fueron dejadas por australopitecos e indican que en ese momento existía la posición bípeda. Más o menos a esta época se remontan los primeros y auténticos homínidos. Dos adultos y un niño habían caminado sobre las cenizas volcánicas y mantenían una posición bípeda. Este modo de desplazarse permite suponer que ya poseían un pie fundamentalmente diferente al de los monos antropomorfos. Los australopitecos ya estaban alejados de los monos, pero actualmente no disponemos de fósiles que confirmen de forma satisfactoria el paso de unos a otros.

¿Quiénes eran los australopitecos? En realidad, seres de pequeña estatura (1,20 1,50 m, según las tres categorías reconocidas), con un cráneo pesado y macizo (dolicocéfalo) y provistos de una cresta supraorbitaria gruesa y continua. En ocasiones se observa la presencia de una cresta sagital (ver esquema de la página anterior), que indica un régimen herbívoro. La capacidad de la caja craneana era de unos 500 cm3. ¿Podían pensar o hablar? Se desconoce. Pero allí donde aparecen los australopitecos encontramos útiles fabricados hace 2.800.000 años. Estos útiles, muy primitivos, se conocen como la cultura pebble o industria de los guijarros.

Hace dos millones de años apareció en Olduvai (Tanzania) otro homínido, contemporáneo de ciertos australopitecos, que algunos autores bautizaron como Homo habilis. Su cara es más reducida en altura y anchura, el occipital es redondeado y la capacidad craneana oscila entre 600 y 800 cm3. Algunos autores no lo aíslan de los australopitecos. Para otros, sin embargo, marca una evolución sensible y todas las herramientas de la cultura pebble quizá son el fruto de su trabajo. Perdemos el rastro de los australopitecos hace 700.000 años. Homo habilis deja huellas hasta hace 400.000 años. Una segunda familia de homínidos aparece hace 700.000 años antes de nuestra era y sus representantes se localizan en África, Asia y Europa. Esta familia es la de los arcantrópidos, cuyos representantes mejor conocidos son sinantropus (China) y pitecantropus (Java). Se encuentran en Tanzania, Kenia y Etiopía. Los lazos existentes entre ellos y los australopitecos no siempre son evidentes, pero se les puede considerar como una etapa de la evolución entre los australopitecos y el Homo sapiens actual. Algunos autores han propuesto el término de Homo erectus para los diversos grupos constitutivos de la familia de los pitecantropus. Pero como ya hemos apuntado, los australopitecos eran ya seres completamente bípedos.

Los pitecantropus se caracterizan por una forma más moderna del cráneo. La capacidad craneana aumenta considerablemente y alcanza a veces 1.250 cm3. Aún no hay una frente bien marcada, la cresta supraorbitaria sigue presente y se observa una protuberancia en la región occipital. Desde el punto de vista cultural, la evolución es diferente según la localización geográfica. En Asia, los arcantrópidos se asocian simplemente a una cultura pebble evolucionada. En África y Europa, sin embargo, conviene diferenciar dos estadios evolutivos: uno más antiguo, marcado aún por la cultura pebble, y otro más evolucionado llamado achelense. Aquí es donde aparecen por primera vez restos que nos hablan de fuego. Mucho se ha discutido sobre el considerable avance que produjo el dominio del fuego en la vida del hombre: no sólo permite la cocción de los alimentos y el consiguiente cambio de régimen alimenticio, sino que además le permite ocupar regiones más frías. No hay que olvidar que, hace 400.000 años, los glaciares alcanzaban su máximo en el norte de Europa. El fuego implica igualmente un cambio en el ritmo de vida, con todo lo que ello implica en cuanto a alimentación, vida social, etc.

La evolución de los pitecantropus condujo a los preneandertalenses hace unos 250.000 años. Algunos de estos preneandertalenses desaparecen y otros llevan a los neandertales, tal y como han sido descritos en Europa. Dentro de estos neandertales existe un gran polimorfismo. Así, el hombre de Tautavel presenta ya caracteres de Homo sapiens. El descubrimiento en 1905 del hombre de la Chapelle-aux-Saints hace que sea definido el tipo de neandertal (Neander: valle alemán próximo a Dusseldorf). Su capacidad cerebral alcanzaba 1.600 cm3. Las herramientas que fabricaba eran bastante sofisticadas y definen lo que se ha llamado la industria musteriense. Estos hombres tenían inquietudes religiosas y ya existía un verdadero culto a los muertos. Los hombres fósiles encontrados en Israel y Líbano preparaban sepulturas situadas a varios cientos de metros de la entrada de las cuevas. Los estudios del polen demuestran que sobre estas sepulturas se habían depositado flores. Resulta arriesgado hacer de los neandertales una especie que habría conducido al Homo sapiens, ya que los hombres fósiles de Palestina presentan caracteres comunes a ambos grupos. Habría que admitir, por tanto, un cierto mestizaje. Lo que implica que desde un punto de vista zoológico *Homo neandertalensis* no sea más que una variedad de *Homo sapiens.* El origen preciso de Homo sapiens sigue siendo un misterio. A partir del auriñaciense, todos los fósiles humanos pertenecen a Homo sapiens. El hombre de Cromañón sustituye rápidamente a los neandertales hacia –33.000 años. ¿De dónde procede el hombre de Cromañón? ¿Qué fue de los neandertales?

Lo cierto es que apenas existen diferencias con el hombre actual. La frente es ancha y vertical, y no existe protuberancia craneal. Hace algunos años se pensaba que la raza de Chancelade había dado origen a los esquimales y a las razas amarillas; la del hombre de Grimaldi, a las razas negras; y la del hombre de Cromañón, a las razas blancas, si bien éste presenta caracteres esquimales. Estas ideas parecen hoy bastante simplistas y los hombres fósiles encontrados en diversos emplazamientos entre –33.000 y –11.000 años parecen ser variaciones en torno a un mismo tema: *Homo sapiens.*

¿Hemos dado respuesta a la pregunta inicial? En realidad, podemos situar los inicios del hombre en algún punto entre los australopitecos y los pitecantropus, entre 600.000 y 700.000 años antes de nuestra era. El esquema de la página 37 permite situar algunos acontecimientos relevantes. Pero ¿quién puede afirmar que hace 5 ó 6 millones de años la Tierra no estaba ya poblada por verdaderos homínidos? Conviene destacar también el papel que las bajas temperaturas tuvieron en la evolución del hombre, al favorecer seguramente el uso del fuego y la creación de refugios donde los grupos se reunían durante largos periodos y cultivaban las relaciones sociales. El poder resistir a un clima bajo el cual el hombre no habría podido «lógicamente» sobrevivir fue, sin duda, un motor esencial de la evolución humana. Finalmente, hemos de resaltar la importancia que adquieren los fósiles invertebrados para datar los acontecimientos más relevantes de la evolución de los homínidos, tales como *Mya truncata* (Siciliense) y *Strombus bubonius* (Tirreniense). La fauna del Villafranquiense es también muy empleada en la sucesión cronológica de los acontecimientos.

➤ Otros intereses de los fósiles

La comparación de las floras fósiles de finales de la era primaria en diversas partes del mundo (América del Sur, África, la India y Australia) ha revelado la presencia de especies idénticas, como, por ejemplo, Glossopteris y Gangomopteris. Esto indica que hace 200 millones de años estos continentes formaban uno solo llamado Gondwana, lo que aporta un argumento adicional a favor de la teoría de la deriva de los continentes.

LOS INVERTEBRADOS EN LA HISTORIA DE LA TIERRA

Los terrenos precámbricos no son, pues, azoicos. En ellos se han encontrado escasos restos de invertebrados fósiles, como esponjas y algunos cnidarios. La mayoría de los invertebrados aparece a comienzos del Cámbrico. Conviene, sin embargo, matizar la afirmación según la cual la fauna precámbica es reducida. El final del Precámbrico estuvo marcado por la diferenciación de numerosos grupos de invertebrados, pero el intenso metamorfismo que afectó a la mayoría de los materiales no permitió la conservación de los fósiles. El Precámbrico termina hace 600 millones de años y, a partir de ahí, los invertebrados fósiles van a permitir una aceptable reconstrucción de la historia de la Tierra. El grupo faunístico más característico es el de los trilobites, restringidos al Paleozoico, que permiten un completo estudio de los terrenos. La era primaria marca el apogeo de grupos que más tarde comenzarán su declive y llegarán incluso a la extinción. Es el caso de los celentéreos tabulados o los cefalópodos ortocerátidos. Los braquiópodos están bien representados. Ciertos grupos son característicos de determinados periodos, como los arqueociátidos, que marcan el Cámbrico; los graptolitos, en el Silúrico; o las fusulinas, bien representadas en el Carbonífero y el Pérmico. Al final del Paleozoico los invertebrados han conquistado el medio aéreo y, en el Carbonífero, se extienden los primeros insectos, como cucarachas y libélulas. Resulta llamativo que los diversos grupos de invertebrados aparecen en el mismo orden por el que están actualmente clasificados por la Zoología, es decir, desde un punto de vista evolutivo. Los ammonites empiezan a aparecer a finales de la era primaria. Los tabulados y los braquiópodos del grupo de los espiriféridos desaparecen en el Mesozoico. Los ortocerátidos, dentro de los cefalópodos, dejan paso a los ammonites. Los braquiópodos terebratúlidos juegan un importante papel en la estratigrafía de la era secundaria, así como los rudistas, ammonites y belemnites. Los foraminíferos orbitolínidos y orbitoideos resultan asimismo útiles. Los moluscos gasterópodos y los lamelibranquios ocupan un lugar esencial en los materiales del terciario. La importancia de los nummulites en el Paleógeno queda de manifiesto al dar nombre, nummulítico, a esta división del terciario. Los ortofragmínidos del Eoceno y las lepidociclinas del Oligoceno tienen, igualmente, gran valor.

LOS PRINCIPALES GRUPOS DE INVERTEBRADOS FÓSILES

➤ Los protozoos y la micropaleontología

El estudio de los microfósiles ha conocido en estos últimos años un desarrollo considerable. Algunos de ellos tienen gran importancia desde el punto de vista estratigráfico. Los protozoos son seres unicelulares cuyos principales grupos están representados por los rizópodos y los flagelados. Precisamente a los rizópodos pertenecen los foraminíferos, que constituyen el grupo más importante de microfósiles desde todos los puntos de vista: importancia del número de especies, valor estratigráfico y abundante información sobre los medios sedimentarios.

En el esquema inferior podemos ver el aspecto de un foraminífero vivo. El animal presenta exteriormente expansiones del protoplasma, es decir, material celular que recibe el nombre de pseudópodos. Estos pseudópodos son retráctiles y constituyen una red que asegura diversas funciones, como la locomoción y la captura de presas. El caparazón o concha de estos organismos muestra numerosas perforaciones a través de las cuales salen los pseudópodos y a ello hace alusión el nombre de foraminífero (foramen = 'abertura').

Dentro de una misma especie suelen existir dos formas: una más pequeña pero cuya cámara inicial es grande, la forma macrosférica, y la otra, menos frecuente, representada por individuos de mayor tamaño pero cuya cámara inicial es más pequeña, la forma microsférica. Ambas corresponden a dos etapas del ciclo de desarrollo de los foraminíferos. Cada etapa está marcada por un tipo de repro-

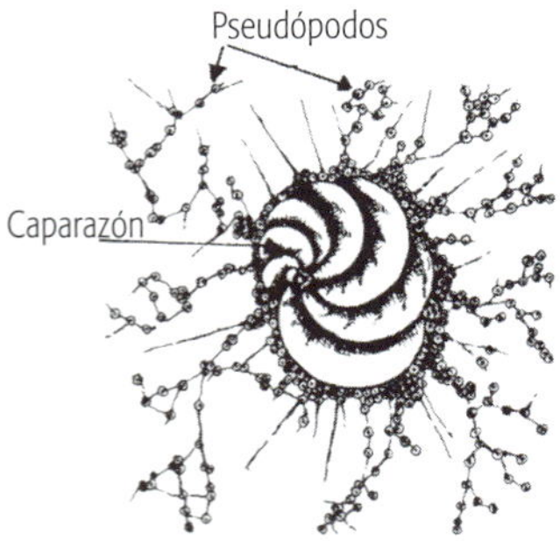

Aspecto general de un foraminífero

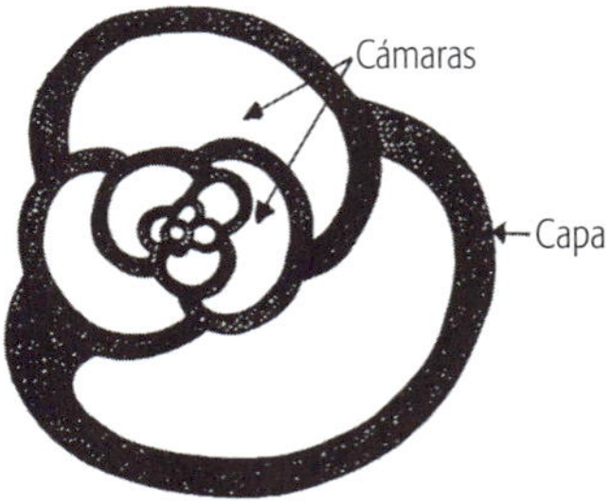

Disposición de las cámaras

ducción diferente. El primer tipo es asexuado y se denomina esquizonte; conduce a la forma gamonte, haploide y macrosférica, que es la más común. A la reproducción sexuada corresponde la formación de un esquizonte diploide, esto es, la forma microsférica. Podemos resumir así la reproducción alternante de los foraminíferos:

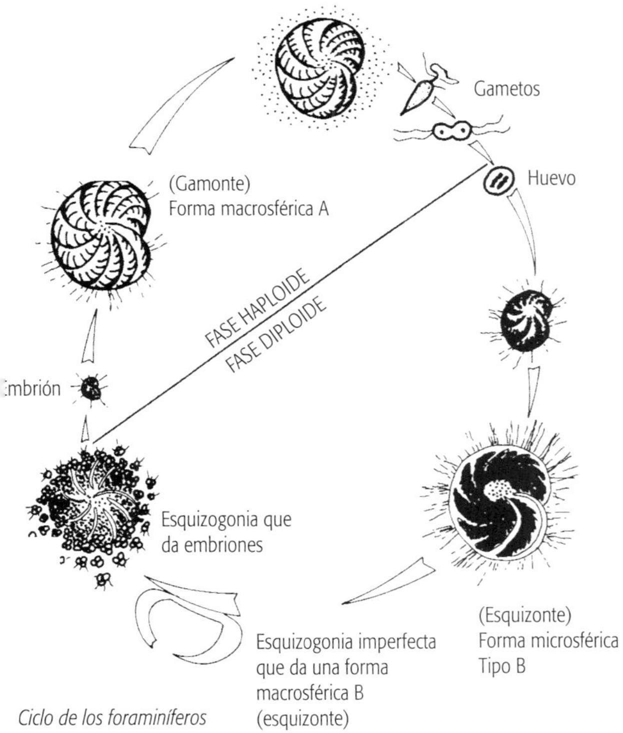

Ciclo de los foraminíferos

La composición química del caparazón de los foraminíferos es muy variable: puede estar formado por la aglomeración de sustancias extrañas sobre una cápsula quitinosa, pero también puede ser elaborado por el animal propiamente dicho y ser aporcelanado o hialino. Los caparazones aporcelanados tienen características ópticas que los hacen opacos, mientras que los hialinos son transparentes. La cámara inicial, o cámara embrionaria, recibe el hombre de prolóculo. En las formas más sencillas, los caparazones sólo presentan una cámara (unilocular) pero, en los casos más frecuentes, los caparazones son pluriloculares. La superficie del caparazón puede ser

POSICIÓN DE ALGUNOS INVERTEBRADOS EN LA HISTORIA GEOLÓGICA

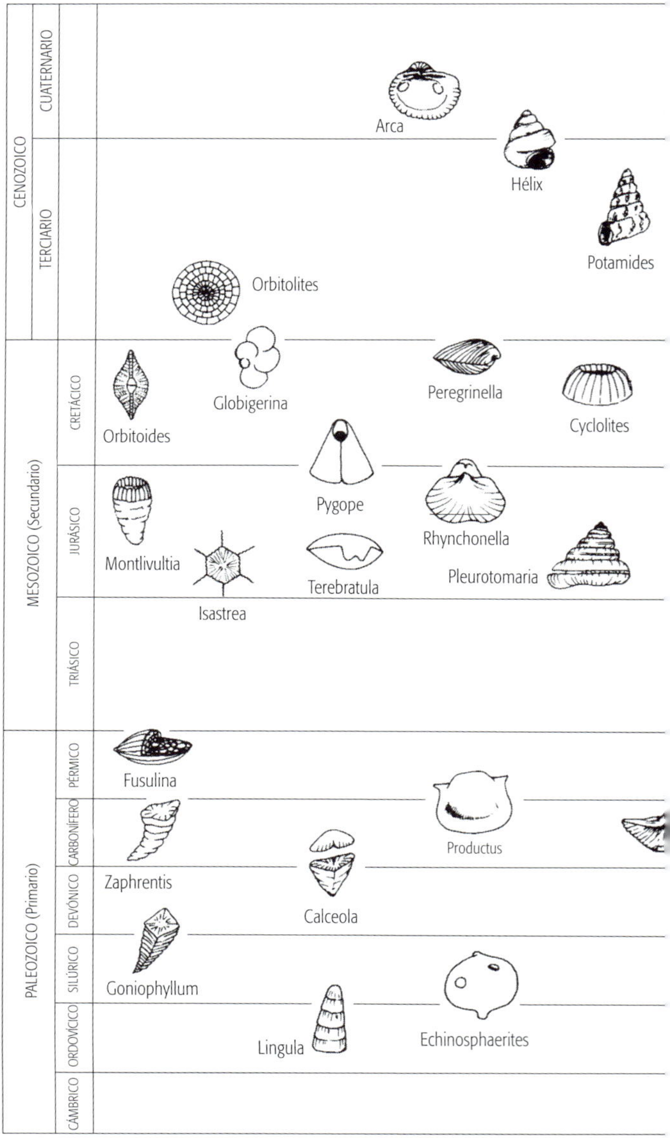

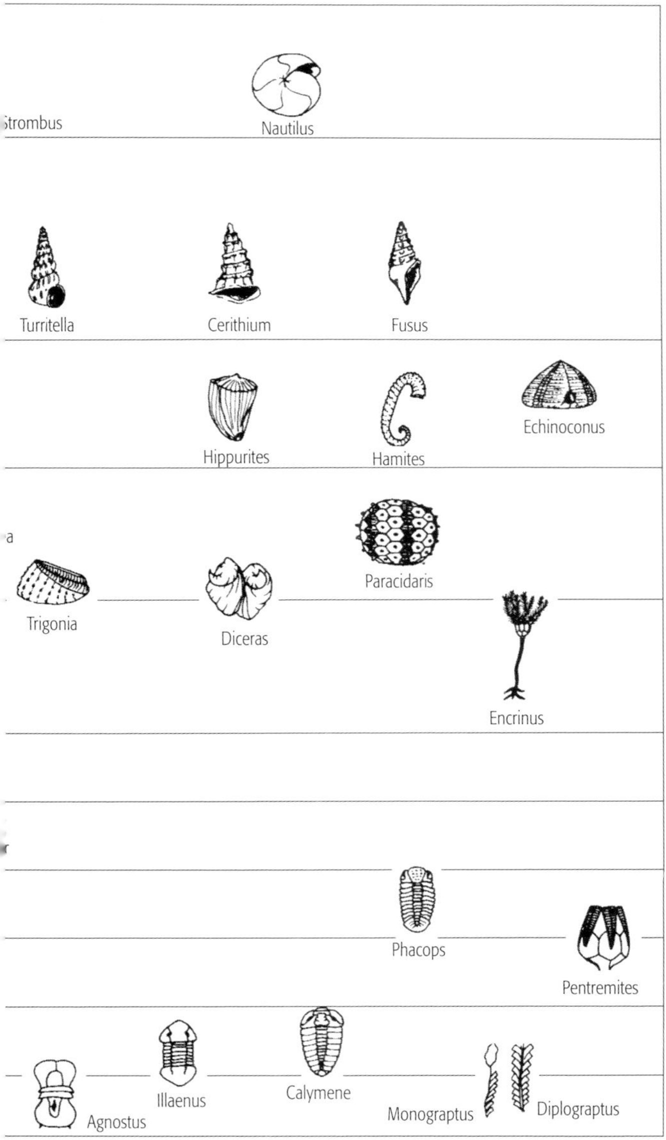
Strombus
Nautilus
Turritella
Cerithium
Fusus
Hippurites
Hamites
Echinoconus
Trigonia
Diceras
Paracidaris
Encrinus
Phacops
Pentremites
Agnostus
Illaenus
Calymene
Monograptus
Diplograptus

Diversos protozoos fósiles en lámina calcárea delgada vistos al microscopio

Frústula de diatomeas vista en el microscopio electrónico de barrido

lisa o presentar estrías, costillas, carenas o espinas, caracteres todos ellos que se emplean para la clasificación de las especies. Esta clasificación resulta bastante compleja, ya que los foraminíferos comprenden más de 30.000 especies, de las cuales 25.000 son fósiles. Su tamaño es muy variable y va de 0,1 mm a 10 cm en el caso de los más grandes, representados por los nummulites. Sólo se tratarán en esta obra las principales formas. Los foraminíferos aparecieron en el Cámbrico. Las formas más antiguas son uniloculares, con el caparazón aglutinado. La aparición de tabiques entre cámaras se produce entre el Devónico y el Carbonífero. A continuación aparecen los caparazones aporcelanados y las fases gamonte y esquizonte. Los caparazones hialinos marcan la historia de los foraminíferos en el Jurásico.

La información que pueden proporcionarnos los foraminíferos es diversa, tanto en el ámbito estratigráfico como respecto a las condiciones paleoecológicas. En particular, ofrecen indicaciones sobre la profundidad y la temperatura de las aguas marinas en las que vivían. Señalemos, finalmente, la importancia de los microfósiles vegetales, en particular de las diatomeas, algas muy simples formadas por cápsulas silíceas llamadas frústulas y que encontramos en los mares de aguas frías. El estudio de los pólenes y esporas fósiles reviste igualmente una gran importancia para la reconstrucción de los sucesivos climas de la era cuaternaria y para el estudio estratigráfico de eras anteriores.

➤ Cnidarios

El nivel evolutivo de estos organismos es superior al de los espongiarios, grupo este último que no trataremos a nivel general. La simetría de los cnidarios es radial, de orden cuatro o seis, con tendencia a la simetría bilateral en los tetracoralarios. El cuerpo está formado por dos capas de células: la interna o endodermo tiene un papel digestivo; la externa o ectodermo segrega un esqueleto calcáreo. Ambas láminas están separadas por mesénquima, pero no se observa lámina intermedia o mesodermo, ni tampoco cavidad de tipo celoma. La única cavidad es la digestiva. Los cnidarios presentan una reproducción alternante: una generación con organismos libres y nadadores, y otra con organismos fijos al sustrato. Las formas fijas están representadas por los pólipos. Los antozoos reúnen a tabulados, tetracoralarios y hexacoralarios. Muchas especies de estos grupos forman arrecifes. Los pólipos están tabicados por elementos radiales con una simetría bilateral *(Calceola sandalina, Zaphrentis)* o hexámera. Finalmente, los tabulados, organismos coloniales de los que sólo se conocen fósiles en el Paleozoico, tienen un esqueleto formado por nu-

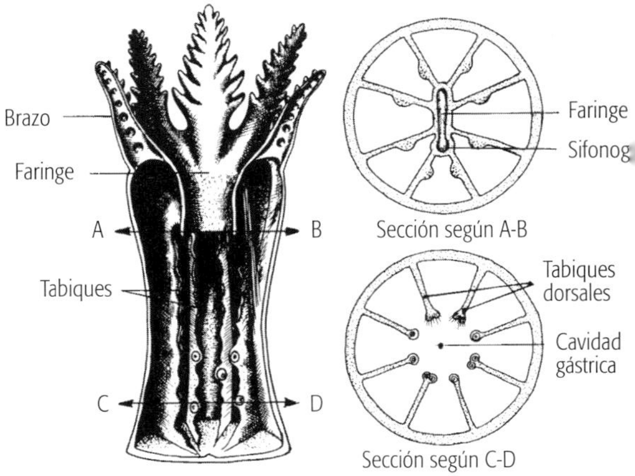

Estructura de un cnidario octocoralario

merosos cálices prismáticos adosados en los que aparecen diafragmas dentados (tábulas). Entre ellos podemos citar *Favosites y Halysites.* Las formas incrustantes, de tipo *Stromatopora*, se incluyen actualmente en los espongiarios.

Los arrecifes que encontramos en el Paleozoico corresponden a tetracoralarios y tabulados, mientras que en el Precámbrico hallamos formaciones similares de tipo masivo que corresponden a estromatolitos. Sin embargo, los primeros arrecifes auténticos datan del Ordovícico. Los hexacoralarios coloniales constructores de arrecifes aparecen mucho más tarde, en el Jurásico. Los arrecifes fósiles tienen una importancia de primer orden en el estudio de la paleoecología y la paleogeografía.

➤ Braquiópodos

Los braquiópodos recuerdan a los bivalvos, hasta el punto de que en otro tiempo estuvieron incluidos en el mismo grupo. Actualmente se clasifican en un filum bastante heterogéneo, el de los lofoforados, junto a los briozoos. El lofóforo, elemento común a ambas clases, está formado por una corona de tentáculos cubiertos de cilios vibrátiles. Se trata de un aparato que tiene funciones de nutrición y respiración. Su forma es muy variable según las especies. Precisamente porque se asimiló al pie de los bivalvos, el grupo fue bautizado como braquiópodos. Todos los braquiópodos son marinos, sedentarios y, generalmente, fijos. La fijación es directa o bien se realiza

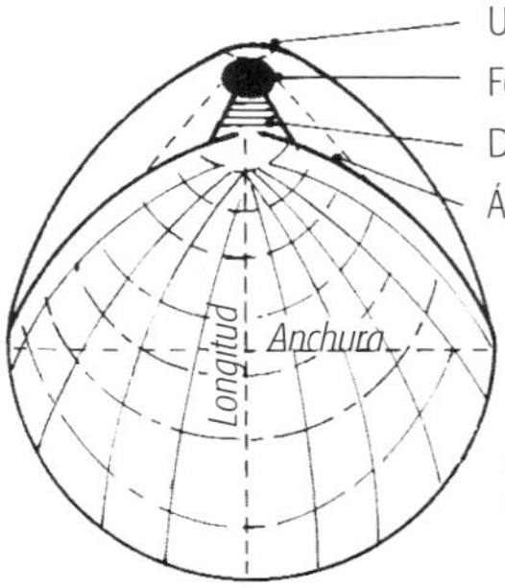

Braquiópodo visto por la valva dorsal

por medio de un pedúnculo. Se conocen más de siete mil especies fósiles. La sección sagital del cuerpo atraviesa las valvas por su centro. Ambas valvas son, por lo tanto, ventral y dorsal, no derecha e izquierda como en los bivalvos. Se distinguen diferentes tipos. En los inarticulados, ambas valvas están desprovistas de charnela de articulación (p. ej. Crania y Lingula). Los articulados están mejor representados, y aquí se encuentran los braquiópodos más interesantes desde un punto de vista estratigráfico. Las dos valvas se articulan gracias a dientes y fosetas paralelos a las valvas (recordemos que en los bivalvos son perpendiculares a estas valvas). Dentro de este grupo citaremos los géneros Terebratula y Rhynchonella. La abertura de la concha es un movimiento activo. Cuando este movimiento cesa, la concha se cierra. Las conchas fósiles de los braquiópodos siempre están cerradas. Su acumulación puede dar lugar a rocas calcáreas conocidas como lumaquelas.

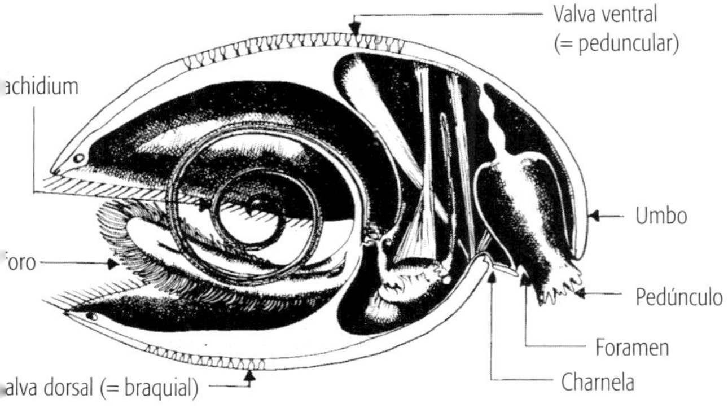

Organización de un braquiópodo

➤ Moluscos

Los poliplacóforos (entre los que se incluye el género Chiton) comprenden las formas más primitivas dentro de los moluscos y se conocen ya desde el Cámbrico. Los escafópodos aparecen en el Silúrico. La primera clase importante de moluscos que estudiaremos será la de los lamelibranquios (también llamados bivalvos o pelecípodos). Los lamelibranquios presentan distintos modos de vida, todos ellos acuáticos: algunas especies son libres, otras viven fijas y las hay que se entierran.

Ya hemos señalado que la simetría bilateral permite distinguir la valva derecha de la valva izquierda. Las valvas están cerradas por músculos aductores que dejan una única impresión sobre la concha (monomiarios) o una impresión doble (dimiarios). Las valvas se articulan mediante dientes y fosetas dispuestas perpendicularmente respecto a las valvas. Dentro de los dimiarios podemos distinguir los homomiarios o isomiarios, en los que ambas impresiones musculares son de tamaño idéntico, de los anisomiarios, en los que las dos impresiones musculares son de distinto tamaño.

Los dos grupos más importantes desde un punto de vista paleontológico son los monomiarios y los homomiarios. Los monomiarios están representados por las ostras y los Pecten. Los homomiarios se dividen en función de la morfología de la charnela. Así, distinguimos los siguientes:

- Taxodontos: la charnela está provista de numerosos dientecillos de pequeño tamaño (p. ej.: Arca).
- Heterodontos: es el grupo más importante de lamelibranquios. Los dientes no son todos iguales, sino que algunos están más desarrollados (dientes cardinales). Dentro de este grupo podemos dis-

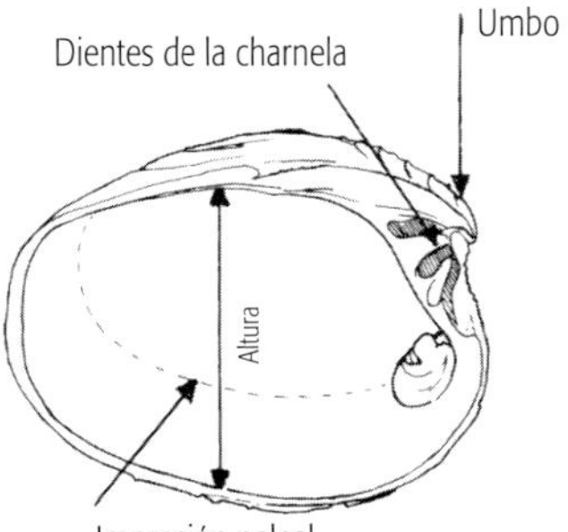

A: Tipo monomiario

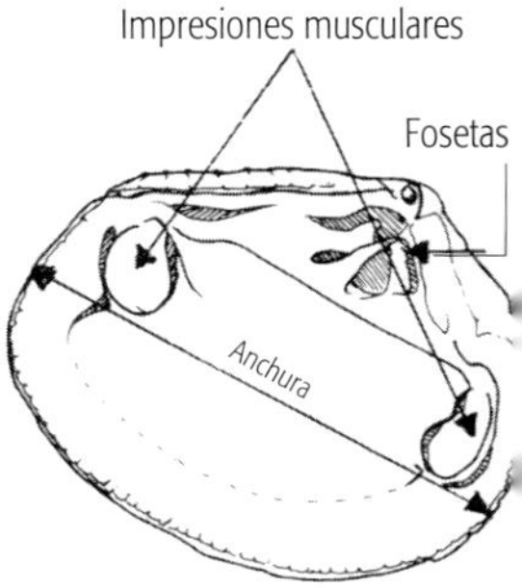

B: Tipo dimiario

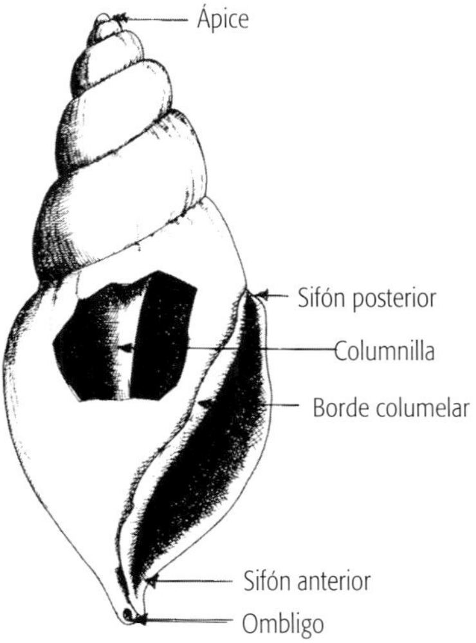

Estructura general de la concha en los gasterópodos

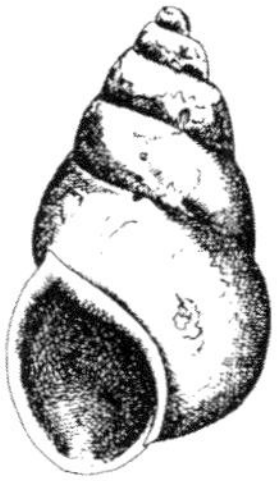

Forma levógira

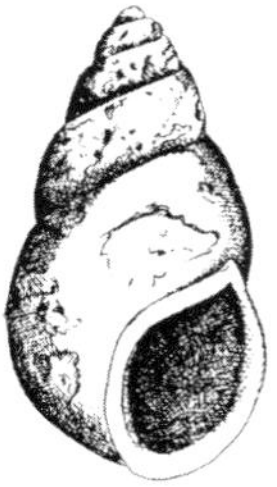

Forma dextrógira

tinguir los verdaderos heterodontos (de tipo *Venericardia*) y los heterodontos arrecifales, en los que distinguimos tres tipos: *Chama, Diceras, Hippurites.*

Los dos últimos tipos representan el grupo de los rudistas, un grupo de lamelibranquios que aparecieron en el Oxfordiense y desaparecieron a finales del Cretácico. Estos organismos vivían fijos al fondo del mar por una de las valvas, unas veces la derecha (p. ej. género Hippurites) y otras la izquierda, que toma forma cónica.

Los lamelibranquios son excelentes fósiles de facies, sobre todo en zonas de riberas. Los rudistas y algunas ostras son además buenos fósiles estratigráficos. La segunda clase importante es la de los gasterópodos, bien conocidos desde el Paleozoico. Las formas actuales se clasifican según las características del aparato respiratorio, pero para las formas fósiles se emplea la forma de la concha. La concha de los gasterópodos tiene la forma de un cono con simetría bilateral que suele estar enmascarada por un arrollamiento en espiral. La columnilla resulta de la fusión de la cara interna de todas las vueltas de la espiral. La concha presenta una gran diversidad de formas, desde la discoidal hasta la forma turriculada, alta y puntiaguda o fusiforme, como en *Fusus noae.*

En algunas formas arcaicas, el peristoma presenta una escotadura para el paso del agua que baña la cavidad paleal y que, al cerrarse en su parte posterior, da lugar a una cicatriz característica *(Pleurotomaria)*. Algunas especies presentan un arrollamiento irregular, como el género paleozoico *Platyceras*. La clasificación de los gasterópodos puede quedar establecida de la siguiente forma:

A) Prosobranquios: cavidad paleal abierta hacia delante.

1.– Diotocardios: dos nefridios, dos aurículas. Ej.: *Pleurotomaria.*

2.– Heterocardios: dos nefridios, una aurícula. Ej.: *Patella.*

3.– Monotocardios: un nefridio, una aurícula.

Asimismo, se distinguen los holostomados, sin canal sifonal (p. ej.: *Turritella, Paludina, Hipponix*), y los sifonostomados, con canal sifonal (p. ej.: *Potamides lamarcki*).

B) Opistobranquios: cavidad paleal posterior.

1.– Tectibranquios: una branquia lateral protegida por el manto.

2.– Nudibranquios: branquias no protegidas.

C) Pulmonados: pared de la cavidad paleal transformada en pulmón.

1.– Basommatóforos: ojos en la base de los tentáculos (p. ej.: Limnea).

2.– Estilomatóforos: ojos en la parte alta de los tentáculos (p. ej.: Helix).

La tercera clase de moluscos, los cefalópodos, reviste una importancia capital en Paleontología, ya que comprende las formas más conocidas y populares de fósiles: los ammonites y los belemnites. La estructura de estos organismos es bastante original: en ellos, la masa muscular, que en otros moluscos forma el pie, se diferencia en una serie de tentáculos cefálicos y un embudo musculoso por el que expulsan violentamente el agua. Los tres grupos de mayor importancia paleontológica son los nautiloideos, que son tetrabranquiales (es decir, que poseen cuatro branquias, cuatro nefridios y cuatro aurículas); los belemnoideos, que, como la sepia actual, eran dibranquiales; y los ammonoideos, cuya anatomía interna sigue siendo un misterio y que presentan algunas analogías con los nautiloideos.

➤ Nautiloideos

La concha de estos organismos está formada por una sucesión de cámaras separadas por tabiques y comunicadas entre sí por orificios sifonales. El animal propiamente dicho sólo ocupa la última cámara de la concha, de mayor tamaño, que es la cámara

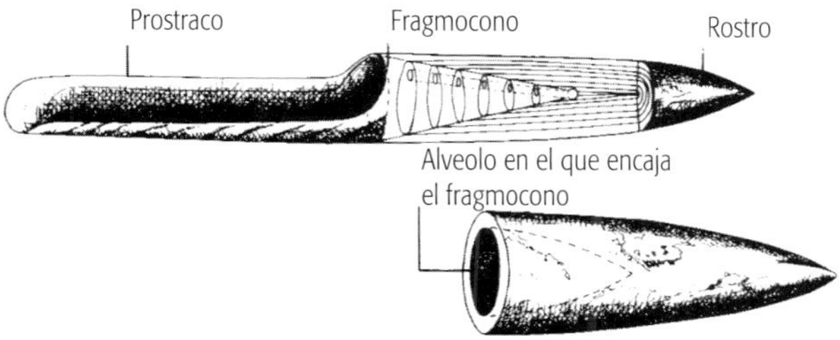

Esqueleto interno de los belemnoideos (concha y rostro)

de habitación; el resto de las cámaras quedan rellenas de gas y sirven como flotador.

La concha puede ser recta (Orthoceras) o arrollada en espiral (Nautilus). El Nautilus ha subsistido hasta la actualidad.

➤ Belemnoideos

Es un grupo exclusivamente fósil y próximo a los actuales decápodos. La concha de los belemnoideos es interna y muy característica. Comprende tres partes:

– el fragmocono, dividido en cámaras y que corresponde a la concha propiamente dicha;

– el prostraco, que es la prolongación dorsal del fragmocono;

– el rostro, en el que encaja el fragmocono. Gracias a su estructura calcárea es el resto fósil más común que nos encontramos de belemnites. Su forma es variable y constituye un criterio sistemático.

Los belemnites aparecieron en el Paleozoico pero se extinguieron prácticamente al final del Mesozoico.

➤ Ammonoideos

Es éste un grupo fósil de gran importancia. Así como los tabiques de los nautiloideos tenían su concavidad dirigida hacia delante, en los ammonoideos esta concavidad está dirigida hacia atrás. El sifón es marginal, mientras que en los nautiloideos es central. Exteriormente se observan las líneas de sutura, que corresponden a los bordes ondulados de los tabiques. Estas líneas de sutura se emplean para establecer una clasificación de los ammonoideos.

Los ammonoideos constituyen excelentes fósiles estratigráficos para el Mesozoico. La forma de las conchas es variable y conviene saber distinguir las formas evolutas, involutas y desenrolladas.

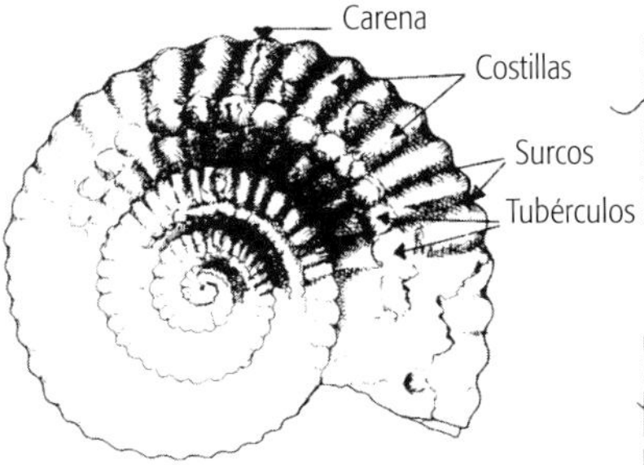

Ornamentación de la concha de los ammonites

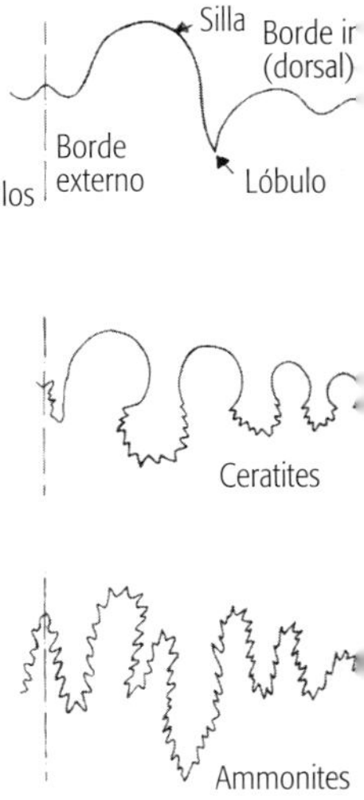

Líneas de sutura en los ammonoideos

Formas de las conchas en los ammonoideos

Asimismo, las conchas pueden presentar todo tipo de ornamentación: carena, surcos, costillas, tubérculos, espinas, etc. Desde finales del Paleozoico, los ammonoideos conocieron una amplia expansión geográfica y una rápida evolución. Estas dos cualidades hacen de ellos los fósiles estratigráficos más importantes para el estudio de los terrenos mesozoicos. Los otros dos grupos de cefalópodos tienen un interés menor para la Palentología.

➤ Equinodermos

Los equinodermos son un grupo típicamente marino. En la mayoría, el esqueleto es de origen dérmico, formado por placas de calcita que facilitan extraordinariamente su fosilización. Muchos de ellos poseen una notable simetría radial, pentagonal, que al parecer adquieren de forma secundaria. No todos los grandes grupos de equinodermos están representados en el registro fósil de forma uniforme. Los equínidos de tipo erizo de mar, los blastoideos, los cistoideos y los crinoideos son los mejor representados. Los blastoideos y los cistoideos en concreto son exclusivamente fósiles. A continuación detallaremos las características esenciales de estos grupos.

➤ Cistoideos y Blastoideos

Los cistoideos se caracterizan por un cáliz formado por la asociación de numerosas plaquitas. La boca ocupa la parte superior del cáliz,

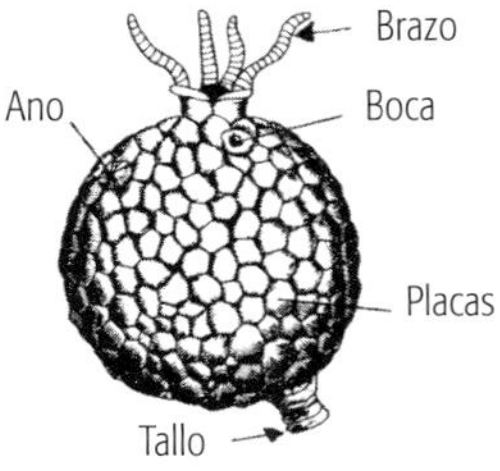

Aspecto del cáliz en los cistoideos

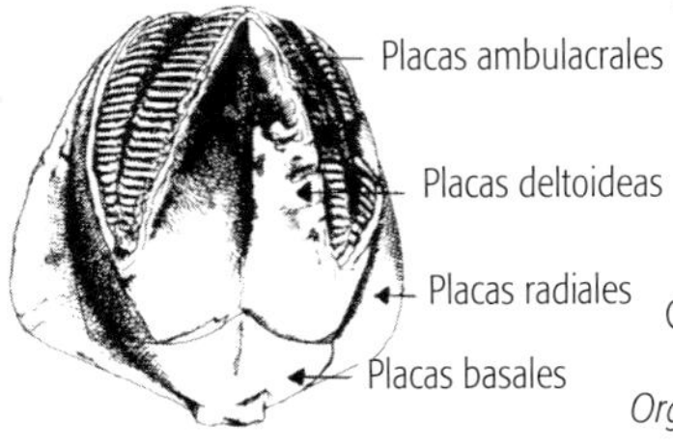

Cáliz de los blastoideos

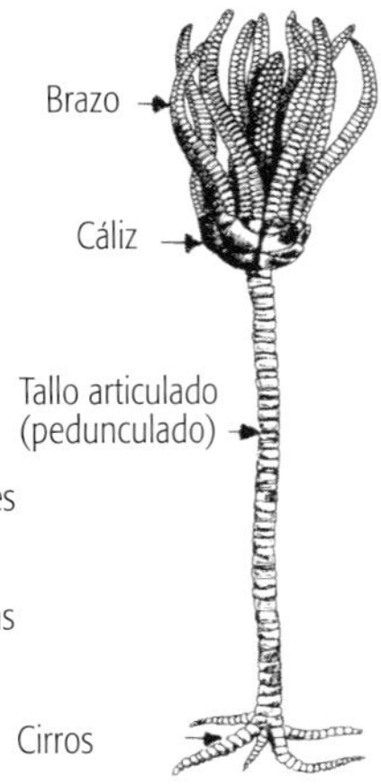

Organización de los crinoideos

mientras que el ano es lateral. Del contorno de la boca parten brazos poco numerosos. El cáliz es sostenido por un corto tallo.

Tanto los blastoideos como los cistoideos vivieron exclusivamente en el Paleozoico. La simetría pentagonal está muy marcada en este grupo, contrariamente a los cistoideos. Lo realmente característico de este grupo es el cáliz. A excepción de las placas basales, el resto aparece en número de cinco. La boca se abre en medio de la cara superior, mientras que el ano está en posición ecuatorial. El interés paleontológico de los equinodermos es considerable. Algunos son buenos fósiles estratigráficos. Los equínidos indican antiguas zonas litorales, mientras que los crinoideos experimentaron una amplia distribución geográfica.

➤ Crinoideos

Actualmente representados por las comátulas, los crinoideos conocieron un importante desarrollo. Se trata de equinodermos fijos, que podrían estar representados por el género *Encrinus.*

El tallo está formado por placas poligonales íntimamente unidas, perforadas en su centro y de forma variable, que reciben comúnmente el nombre de entronques.

➤ Equínidos

Son los erizos de mar propiamente dichos, presentes en el registro fósil desde el Paleozoico. La estructura general de un erizo de mar puede resumirse como viene indicado en el esquema inferior.

Se distinguen dos tipos fundamentales de erizos de mar:

– Los erizos regulares, con boca y ano ocupando polos opuestos; el ano está en posición dorsal, junto a la placa madrepórica, que corresponde a la abertura del canal acuífero.

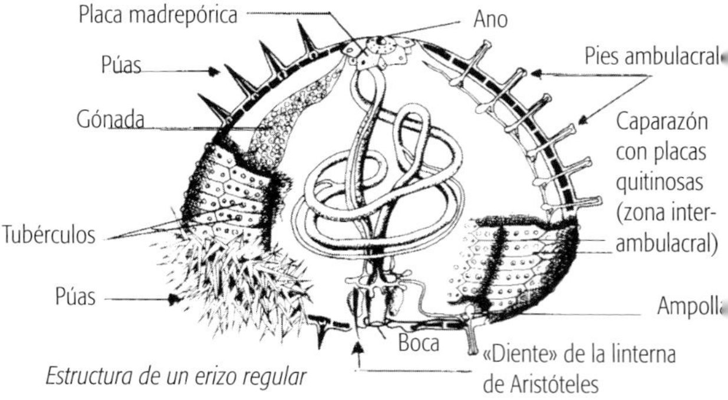

Estructura de un erizo regular

– Los erizos irregulares, en los que la simetría bilateral aparece según dos modalidades:

«Migración» del ano, la boca permanece en su sitio.

«Migraciones» del ano y de la boca.

➤ Trilobites

Los trilobites son los únicos artrópodos de los que hablaremos en esta introducción. Se localizan exclusivamente en terrenos paleozoicos. El nombre de trilobites alude a su caparazón quitinoso, que está dividido en tres lóbulos longitudinales: un raquis central y dos pleuras laterales. Desde delante hacia atrás, el cuerpo comprende el cefalón, el tórax y el pigidio.

El cefalón presenta una parte central más abultada, la glabela, rodeada de las mejillas. Las mejillas están divididas en dos partes: una fija interna, unida a la glabela, y una móvil externa en la que se localizan los ojos; la línea de sutura divide la mejilla en dos partes. Esta línea puede ocupar distintas posiciones, dando lugar a líneas proparias, opistoparias o gonatoparias.

En el esquema inferior se designan las diferentes partes del cuerpo de un trilobites. Los criterios más utilizados para la identificación son la forma del cranidio, la posición de la línea de sutura y la forma de las pleuras y del pigidio.

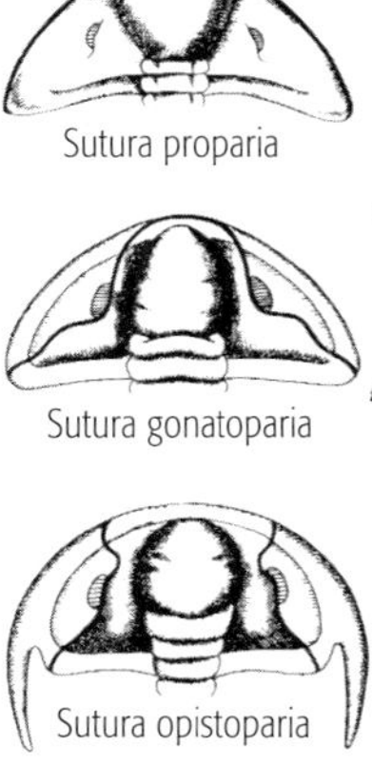

Diferentes tipos de articulaciones entre las mejillas fijas y móviles en los trilobites

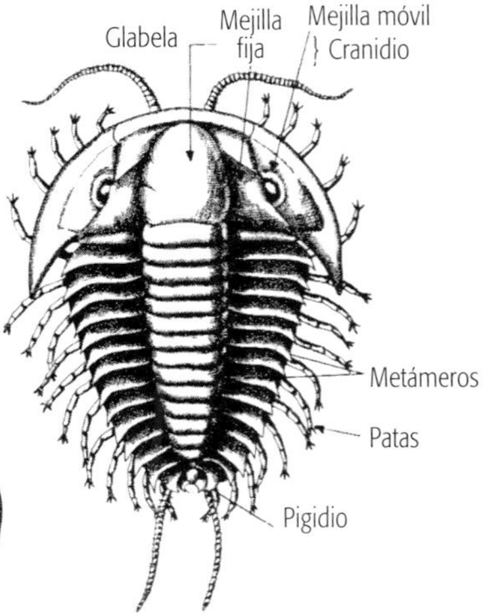

Organización de un trilobites

Los trilobites vivían tanto en mares muy profundos como en las zonas litorales. En su mayoría vivían enterrados en el suelo, pero algunas especies también eran nadadoras.

➤ Graptolitos

Ya hemos apuntado el hecho de que los graptolitos presentan similitudes con los actuales pterobranquios. Los graptolitos son organismos paleozoicos que formaban colonias flotantes sobre el fondo del mar. Una colonia de graptolitos está formada por numerosos individuos alojados en celdillas. Estas celdillas pueden insertarse sobre una red (graptolitos dendroideos) o sobre ejes de simetría bilateral (graptolitos graptoloideos). Las colonias pueden presentar un neumatóforo que sirve como flotador, ya que los graptolitos eran organismos que flotaban libremente.

Algunas especies, sin embargo, parecen haber vivido fijas al fondo. Los graptolitos son indicadores de mares tranquilos y poco profundos. Resultan excelentes fósiles estratigráficos pues conocieron una distribución mundial. Hemos presentado a los graptolitos al final por

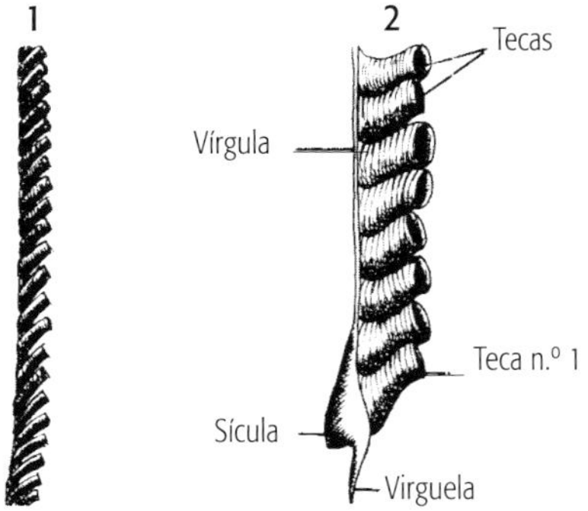

Colonias básicas de graptolitos
1 *y* **2** *Rhabdosoma de* Monograptus
3 *Rhabdosoma de* Climacographus.

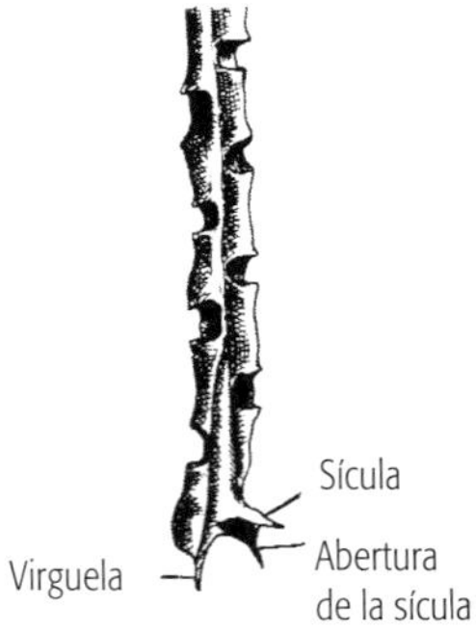

presentar ciertas afinidades con los vertebrados, si bien no ha sido posible encontrar formas intermedias entre ambos grupos.

Podríamos haber concluido esta introducción sobre los invertebrados confeccionando una tabla que pusiese de manifiesto las relaciones filogenéticas entre los diversos filos, pero lo cierto es que estas conexiones se fundamentan sobre hipótesis y preferimos abstenernos de realizar estas simplificaciones sin duda erróneas. No se puede descartar que los primeros filos de vertebrados apareciesen en la base del Cámbrico, pero es en el Silúrico superior y en la base del Devónico cuando comienzan a diversificarse. A continuación, veremos sucintamente la historia de su evolución.

VERTEBRADOS FÓSILES

Una vez más, son las clases más primitivas las primeras en hacer su aparición. La historia de los vertebrados comienza con los agnatos y ciertos peces placodermos. Estas primeras formas presentaban un exoesqueleto muy desarrollado que les ha valido el nombre de peces acorazados. Los agnatos acorazados del Paleozoico fueron reconstruidos con extraordinaria precisión gracias a los trabajos del sabio Stensio. Los osteostráceos se caracterizan por un escudo cefálico. La presencia de la hipófisis dorsal los acerca a las actuales lampreas.

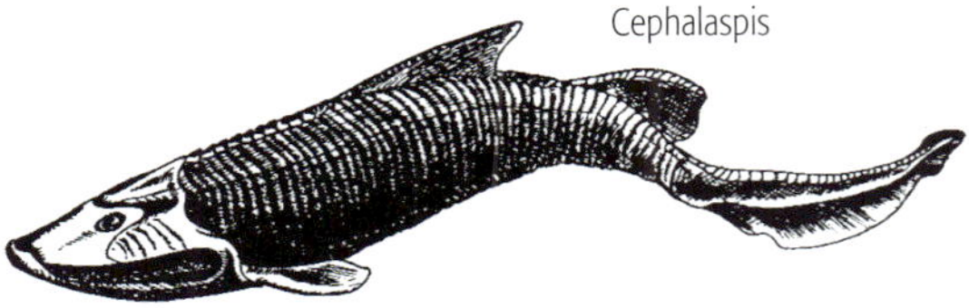

Cephalaspis

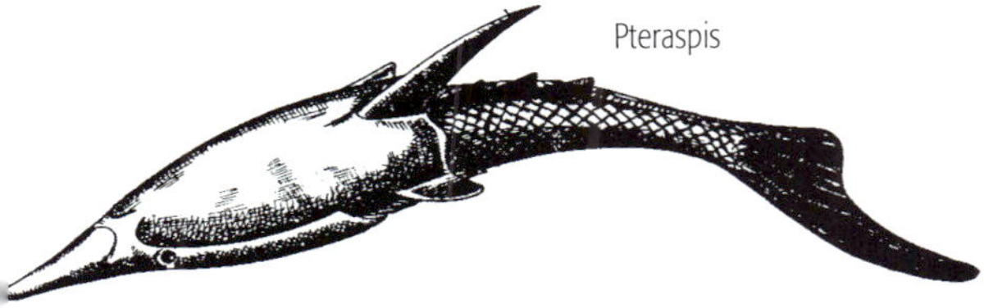

Pteraspis

El grupo de los anáspidos carece de escudo, pero su cuerpo está recubierto de pequeñas escamas dispuestas paralelamente a los músculos subyacentes, es decir, verticalmente. La aleta caudal es heterocerca, si bien el lóbulo más desarrollado está, en este caso, dirigido hacia abajo (hipocerca).

Los heterostráceos presentan una coraza dividida. Un ejemplo representativo es *Pteraspis*, del Devónico (ver fotografía). Junto con los agnatos tenemos a los verdaderos peces: los placodermos poseen una coraza cefálica y una torácica. En el Devónico también son abundantes los dipnoos, dotados de respiración branquial y pulmonada, que prefiguran la conquista del medio aéreo.

Los peces actuales de tipo teleósteos no aparecen hasta el Cretácico. Tampoco hemos de olvidarnos de los crosopterigios, ya que el célebre celacanto, auténtico fósil viviente, pertenece a este grupo aparecido en el Devónico y que se creía extinguido desde el Cretácico. Precisamente una rama de estos crosopterigios, provistos de coanas, conducirá a los primeros vertebrados terrestres.

Después de los peces aparecen los anfibios, representados por el hoy extinto grupo de los estegocéfalos, caracterizados por su gran tamaño y su esqueleto muy osificado. Otros grupos, como los filospóndilos y los lepospóndilos, carecen de representantes actuales.

Los reptiles aparecen en el Carbonífero superior. Los primeros representantes de esta importante clase son los cotilosaurios. Los reptiles parecen haber dado lugar a dos líneas bien diferenciadas. La primera, representada por los saurópsidos, agrupa a los reptiles actuales y a la mayor parte de los reptiles fósiles. La segunda línea está representada por los terápsidos, que dará origen a los mamíferos. Los tritilodontos del Triásico eran organismos muy próximos a los mamíferos.

Los saurópsidos reúnen a los grandes protagonistas de la era secundaria, como los diplodocus y todos los grandes dinosaurios del Jurásico superior. Los pterosaurios forman un grupo adaptado al vuelo con alas muy diferentes a las de las aves, ya que estaban formadas por una membrana sustentada entre el cuarto dedo de la mano y el cuerpo. Otros reptiles como los ictiosaurios y los plesiosauros estaban perfectamente adaptados a la vida acuática.

No cometamos el error de pensar en los dinosaurios como si fuesen monstruos zoológicos. De ser así, este grupo no habría dominado la Tierra durante la era secundaria y, concretamente, el Jurásico y el Cretácico.

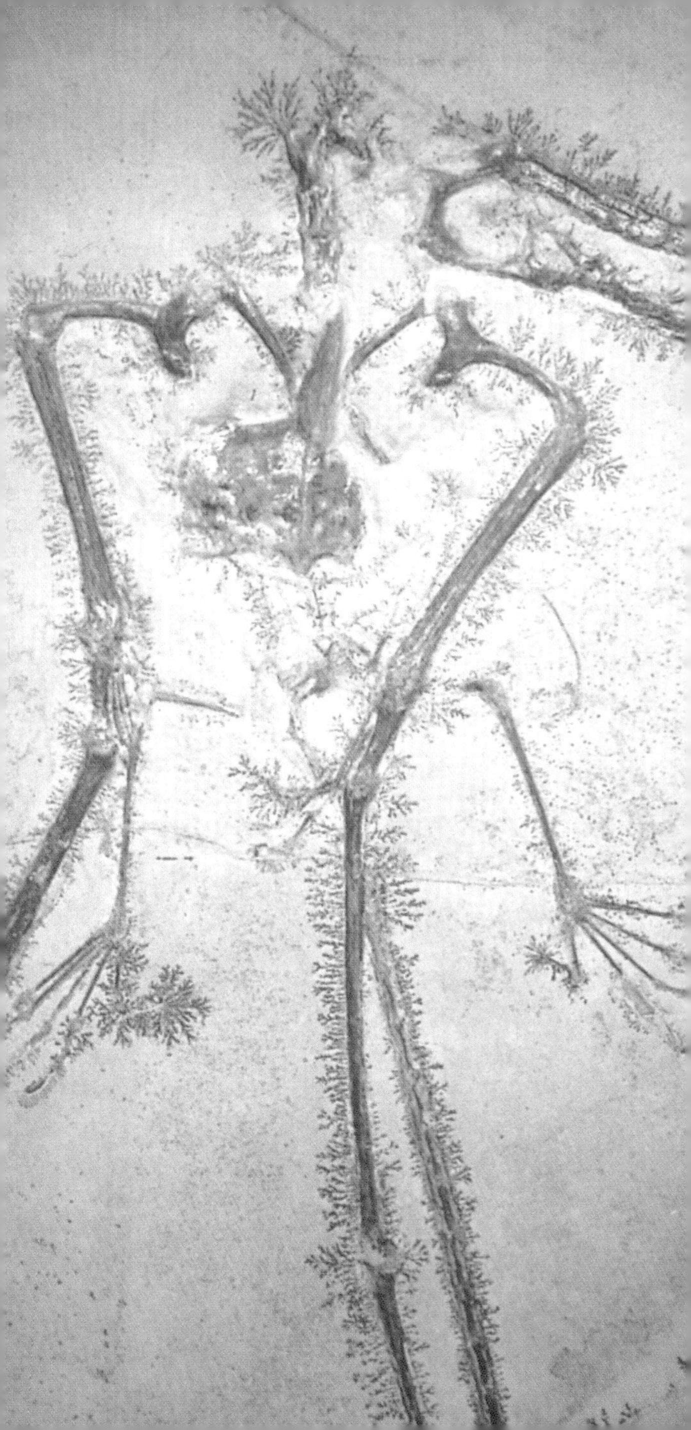

Entre los reptiles y las aves podemos situar al célebre *Archaeopteryx*. De este género, datado en el Jurásico, sólo existen cinco ejemplares en el mundo, todos ellos procedentes de los yacimientos de Solnhofen. Las primeras aves, como *Archaeopteryx* y las aves del Cretácico, debían de volar bastante mal. Más tarde, sin embargo, se diversificaron extraordinariamente.

No insistiremos sobre el conocido grupo de los mamíferos. Señalaremos simplemente que los primeros representantes datan del Triásico inferior y permanecieron «en reserva evolutiva» durante el Mesozoico.

EL PAISAJE VEGETAL A LO LARGO DE LA HISTORIA DE LA TIERRA

La historia de la vida sobre la Tierra comenzó sin duda gracias a los vegetales, en concreto las algas del Precámbrico. A partir del Paleozoico, la flora estaba muy diversificada. Los briofitos aparecen a finales del Cámbrico y las plantas vasculares en el Silúrico. Las psilofitas del Devónico se encuentran entre los primeros vegetales terrestres. La mayoría de las formas conocidas de este grupo proceden del yacimiento de Rhynie (Escocia). Las psilofitas son un grupo bastante heterogéneo y algunos de sus representantes se hallan próximos a los helechos. A partir del Devónico, además de las psilofitas se instalan las licofitas, próximas a los licopodios actuales, y las esfenofitas, próximas a las actuales colas de caballo, helechos y cordaitales.

Estos grupos van a experimentar un gran desarrollo y una enorme diversificación en el Carbonífero. Así, las licofitas van a presentar formas arborescentes, como los célebres *Lepidodendron* y *Sigillaria.* Estas formas han dado restos carbonosos y fósiles magníficamente conservados, silicificados o incluidos en carbonato cálcico. Los calamites del Carbonífero pertenecen a las esfenofitas y alcanzaban hasta treinta metros de altura. Entre los helechos se incluían formas típicas y especies con semillas que carecen de representación en la actualidad. Se denominaban preespermafitas para resaltar sus afinidades con las actuales plantas con flor. Citemos también en esta flora del Paleozoico las cordaitales y las ginkgoales del Pérmico, así como las coniferales de finales del Carbonífero.

El cambio de flora se observa claramente en el Mesozoico. Los grupos más ricos del Paleozoico retroceden o desaparecen en el Mesozoico. Únicamente las gimnospermas van a mantenerse y experimentar una gran diferenciación. A principios del Mesozoico, además de las ginkgoales y las coniferales ya citadas, figuran las cicadales (Cycas) y las bennettitales. El estudio de las formas vegetales fósiles ha servido para la comprensión de la evolución de los planos de organización. La separación entre criptógamas y fanerógamas ha sido seriamente matizada. El origen de las angiospermas, que representa de lejos el grupo dominante en la flora actual, sigue siendo oscuro. ¿Proceden de las bennettitales o de las caitoniales del Triásico? A partir de esta época, las primeras angiospermas empezarán a poblar la Tierra sin dejar de diversificarse. En el Cuaternario, la rápida sucesión de diferentes floras ha permitido la reconstrucción de los sucesivos climas en Europa.

Probable reconstrucción de un bosque hullero: en primer plano, troncos de Lepidodendron hundiendo sus raíces en los sedimentos blandos

Cómo está estructurado este libro

➤ Número de ficha

➤ Posición de la foto correspondiente sobre la página derecha.

192

50 m
2000 m

STEPHANOCERAS SUBCORONATUS

Clasificación: Filum: Moluscos. Cl.: Cefalópodos. O.: Ammonoideos. Fa tefanocerátidos. **Piso:** Bajociense (Jurásico medio). Aparición: −170 M. tinción: −167 M. a. **Distribución mundial:** Principales yacimientos en E occidental. **Tamaño del fósil:** Hasta 20 cm de diámetro.

Descripción: *Stephanoceras subcoronatus* es una especie de concha trica, ligeramente abombada, evoluta, con la última vuelta poco envolv no muy alta en comparación con las anteriores. La sección de la con casi circular. El ombligo es ancho pero, en general, poco hundido. El bo fonal es redondeado. La ornamentación se compone de numerosas c salientes y rectas que en la región central presentan un tubérculo rec ado a partir del cual se ramifican. Por lo general se localizan en núm dos o tres, pero puede haber hasta cinco.

Biología-Ecología: *Stephanoceras subcoronatus* es un fósil de zona jociense (Jurásico medio). La familia de los estefanocerátidos, homogéne un pequeño número de especies, quizá sea la más importante del Ju

➤ Los pictogramas indican las situaciones más probables en las que han vivido las especies desde el punto de vista de facies, clima o bioecología (ver significado de los pictogramas en página 4).

➤ Abreviaturas
Cl.: Clase
O.: Orden
Fam.: Familia

Advertencia

A fin de reconocerlos más fácilmente, algunos fósiles han sido desplazados intencionadamente de su orden sistemático debido a su parecido morfológico. Así, por ejemplo, Michelinia, del orden de los tabulados (ficha n.º 32) precede a Isastrea, del orden de los hexacoralarios (ficha n.º 33).

Las fichas presentadas en esta obra no tratan sistemáticamente especies definidas. Algunas de ellas describen las características generales propias de ciertos grupos de fósiles e incluso abordan un proceso de fosilización.

LOS FÓSILES

1

GLOBOROTALIA

Clasificación: Filum: Protozoos. Cl.: Rizópodos. O.: Foraminíferos. Fam.: Globigerínidos. **Piso:** Eoceno hasta la actualidad. Aparición: –54 M. a. **Distribución mundial:** Principales yacimientos en Europa. **Tamaño del fósil:** 0,4 cm de diámetro.
Descripción: *Globorotalia* es un foraminífero de caparazón calcáreo que presenta amplias perforaciones. Las cámaras, poco numerosas, están dispuestas según una espiral cónica de poca altura (concha trocoidal), con formas muy angulosas y carenadas. La superficie del caparazón presenta numerosas espinas muy finas que resisten mal el proceso de fosilización. La abertura se halla próxima al área umbilical. El único rasgo que permite diferenciar al género Globorotalia de Rosalina es la existencia en este último de dos carenas en lugar de una. Las cámaras suelen aparecer disociadas en los sedimentos.
Biología-Ecología: El ciclo de reproducción de *Globorotalia* no se conoce bien. Sí se sabe que existe alternancia de una fase sexuada y de una asexuada. El animal es marino y planctónico, y vive en la capa superficial de los océanos. Se deja arrastrar por las corrientes y recorre largas distancias. Su amplia distribución geográfica lo convierte en un buen fósil estratigráfico. Según la época del año, su abertura principal no es siempre la misma.

2

MILIOLA

Clasificación: Filum: Protozoos. Cl.: Rizópodos. O.: Foraminíferos. Fam.: Miliólidos. **Piso:** Eoceno. Aparición: –54 M. a. Extinción: –35 M. a. **Distribución mundial:**Cosmopolita. **Tamaño del fósil:** 1 mm de diámetro.
Descripción: Son foraminíferos fósiles de caparazón aporcelanado. La parte que fosiliza es la concha, gruesa, compacta y de naturaleza calcárea. Carece de perforaciones y está formada por un conjunto de cámaras tubulares, tangentes en su extremo al eje de alargamiento. Estas cámaras se disponen típicamente según una simetría axial de orden cinco. Cada una de las cámaras se abre en oposición a la anterior; la última está provista de una «boca» obstruida por un opérculo calcáreo perforado. En sección transversal se observa que las cámaras están desprovistas de toda estructura interna; las cinco direcciones de alargamiento se distinguen perfectamente. Los pseudópodos que poseía este organismo unicelular le permitían crear las corrientes necesarias para su alimentación.
Biología-Ecología: Estos animales bentónicos vivían preferentemente en los mares tropicales y se desplazaban sobre el fondo al estilo de las amebas. El modo de reproducción era asexuado. Dado que el embrión de estos organismos era planctónico, las especies de Miliola conocieron una amplia distribución geográfica, por lo que constituyen unos buenos fósiles estratigráficos. La acumulación de sus caparazones durante el Eoceno ha dado origen a las «calizas de miliólidos», ampliamente repartidas en la región prepirenaica.

3

ORBITOLITES

Clasificación: Filum: Protozoos. Cl.: Rizópodos. O.: Foraminíferos. Fam.: Orbitolítidos. **Piso:** Cretácico superior a Eoceno. Aparición: –65 M. a. Extinción: –38 M. a. **Distribución mundial:** Principales yacimientos en Europa occidental y el Mediterráneo. **Tamaño del fósil:** Hasta 5 cm de diámetro.
Descripción: *Orbitolites* es un foraminífero fósil de forma discoidal, bicóncavo, limitado por una lámina espiral calcárea imperforada. El caparazón aporcelanado está formado por cristales de calcita de 0,20 mm que segrega el propio animal. En vista lateral se distinguen sobre el disco numerosas aberturas bucales alineadas. Los tabiques principales separan cámaras anulares concéntricas cada vez más grandes a medida que nos alejamos del centro. Los tabiques secundarios perpendiculares dividen las cámaras en otras más pequeñas, completas y onduladas. Los poros bucales alternan a un lado y a otro de la ondulación. En algunas formas, el embrión es espiralado; este carácter es ancestral y se traduce en el paso de las formas enrolladas a las formas concéntricas.
Biología-Ecología: Los *Orbitolites* son foraminíferos marinos bentónicos que se desplazaban sobre el sustrato al estilo de las amebas. Depredadores, capturaban pequeñas presas vivas. Vivían sobre los fondos de algas y corales de los mares cálidos, asociados a miliólidos y alveolinas.

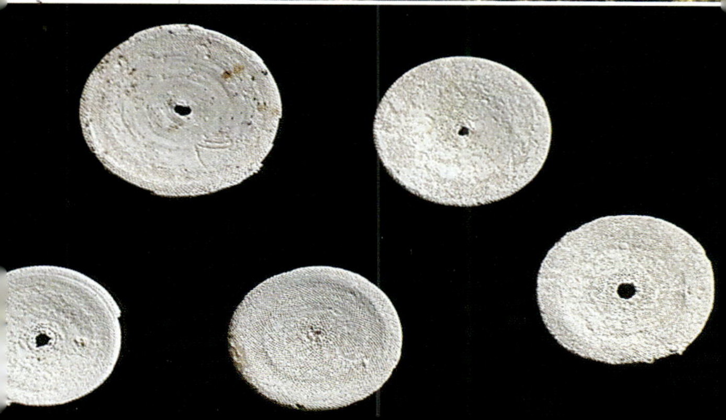

4 ORBITOLINA

Clasificación: Filum: Protozoos. Cl.: Rizópodos. O.: Foraminíferos. Fam.: Orbitolínidos. **Piso:** Barremiense a Turoniense (Cretácico). Aparición: –118 M. a. Extinción: –88 M. a. **Distribución mundial:** Principales yacimientos en Europa occidental, América Central y Asia suroriental. **Tamaño del fósil:** De 2 a 6 cm de diámetro.

Descripción: *Orbitolina* es un foraminífero marino de caparazón arenáceo. Los gruesos granos de cuarzo eran aglutinados con un cemento calcítico que segregaba el propio animal. El caparazón, en forma de «sombrero de segador», es de forma cónica más o menos aplastada y puede alcanzar varios centímetros de diámetro. La muralla de este cono es imperfecta. La parte interna del cono está dividida en cámaras superpuestas mediante tabiques radiales. Unos tabiques secundarios más pequeños dividen estas cámaras hacia la periferia. La prolongación hacia el centro de los tabiques radiales aparece engrosada y ondulada. En la zona central, los tabiques se sueldan. En sección axial, se pueden observar los tabiques de las cámaras y, entre ellas, tabiques secundarios incompletos.

Biología-Ecología: *Orbitolina* era un organismo marino bentónico que vivía en colonias sobre el fondo. Se alimentaba de pequeñas presas como las diatomeas y se desplazaba gracias a sus pseudópodos, del mismo modo que una ameba. Son buenos fósiles estratigráficos.

5 LEPIDOCYCLINA

Clasificación: Filum: Protozoos. Cl.: Rizópodos. O.: Foraminíferos. Fam.: Lepidociclínidos. **Piso:** Eoceno medio a Mioceno inferior. Aparición: –40 M. a. Extinción: –20 M. a. **Distribución mundial:** Principales yacimientos en Europa occidental, África, América del Sur y Estados Unidos. **Tamaño del fósil:** 0,2 a 1 cm de diámetro.

Descripción: *Lepidocyclina* es un género perteneciente a los verdaderos orbitoídidos. Dentro de este grupo, el criterio más utilizado para diferenciar los diversos tipos son la disposición y la forma de las cámaras. En los lepidociclínidos, las cámaras ecuatoriales son típicamente hexagonales y alargadas. Sin embargo, la desaparición de las caras laterales puede hacerlas rómbicas, en cuyo caso se hace difícil diferenciarlos del género Orbitoides. Exteriormente, el caparazón presenta forma de disco muy abombado que puede alcanzar varios centímetros. Algunos autores piensan que las lepidociclinas derivan de las ortofragminas por evolución de las cámaras embrionarias. Quizá podrían derivar de una forma americana espiralada: Helicolepidina.

Biología-Ecología: *Lepidocyclina* es el género más antiguo de los lepidociclínidos. Estas formas caracterizan principalmente el Oligoceno. Se cree que las formas bentónicas vivían en mares cálidos a una profundidad variable.

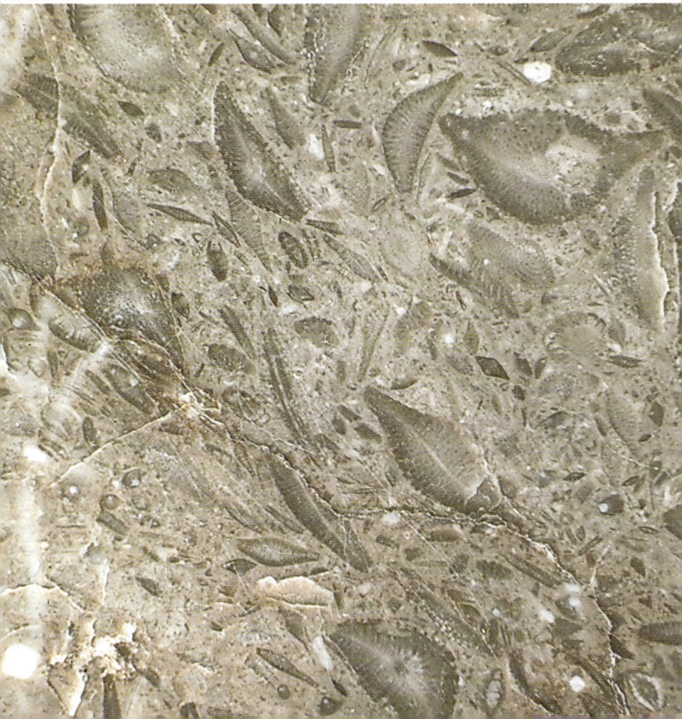

6

ORBITOIDES

Clasificación: Filum: Protozoos. Cl.: Rizópodos. O.: Foraminíferos. Fam.: Orbitoídidos. **Piso:** Cretácico superior a Mioceno. Aparición: –88 M. a. Extinción: –7 M. a. **Distribución mundial:** Principales yacimientos en Europa (contorno mediterráneo), África, América del Sur y Estados Unidos. **Tamaño del fósil:** 0,2 a 1 cm de diámetro.

Descripción: Los orbitoídidos son foraminíferos complejos con caparazón calcáreo perforado. Este último está formado por cristales de calcita segregados por el animal, todos ellos orientados óptimamente en la misma dirección. El conjunto tiene la forma de una lente biconvexa con ornamentación granular en ambas caras. La estructura de un orbitoídido es compleja: un embrión, o prolóculo, formado por dos cámaras, ocupa el centro del caparazón. A un lado y otro del plano ecuatorial se observa un apilamiento de cámaras laterales que presentan un crecimiento desigual, lo que confiere al foraminífero su aspecto abombado. La comunicación entre estas cámaras se realiza gracias a estolones radiales y anulares. Entre las camarillas laterales pueden intercalarse pilares que originan «granulaciones» superficiales.

Biología-Ecología: Los orbitoídidos se entierran en los sedimentos a unos centímetros de profundidad o bien se fijan a las rocas en los mares cálidos. Viven a mayor profundidad que los nummulites (hasta 150 metros), si bien podemos encontrar representantes de ambas familias en un mismo banco sedimentario. Los orbitoídidos revisten gran importancia en la estratigrafía del Cretácico superior y del Nummulítico.

7

FUSULINA

Clasificación: Filum: Protozoos. Cl.: Rizópodos. O.: Foraminíferos. Fam.: Fusulínidos. **Piso:** Carbonífero. Aparición: –340 M. a. Extinción: –290 M. a. **Distribución mundial:** Principales yacimientos en el área mediterránea, Alaska, Spitzberg, América del Norte, América Central, China y Japón. **Tamaño del fósil:** 25 a 30 mm de longitud.

Descripción: Fusulina es un foraminífero fósil del Carbonífero. Su caparazón es calcáreo, fusiforme y alargado, formado por el arrollamiento de una lámina espiral externa no perforada. La muralla está constituida por la yuxtaposición de pequeños cristales de calcita no orientados y englobados en un cemento calcáreo. En sección ecuatorial se pueden apreciar tabiques perpendiculares a la muralla que delimitan cámaras alargadas. Estos tabiques principales son muy ondulados y dibujan en el exterior líneas de sutura longitudinales. La cámara inicial, de forma esférica, es relativamente grande. Pueden aparecer depósitos secundarios de calcita sobre la muralla y los tabiques.

Biología-Ecología: Fusulina es un animal bentónico que vivían en los fondos tranquilos de los mares cálidos y poco profundos. Se desplazaba como las actuales amebas y se alimentaba de pequeñas presas como diatomeas. Fusulina es un buen fósil estratigráfico y un gran constructor de rocas.

8

NEOSCHWAGERINA

CLASIFICACIÓN: Filum: Protozoos. Cl.: Rizópodos. O.: Foraminíferos. Fam.: Fusulínidos. **PISO:** Pérmico. Aparición: –290 M. a. Extinción: –235 M. a. **DISTRIBUCIÓN MUNDIAL:** Principales yacimientos en el área mediterránea y Japón. **TAMAÑO DEL FÓSIL:** De 25 a 30 mm de longitud.

DESCRIPCIÓN: *Neoschwagerina* es el fusulínido fósil de estructura más compleja. Su caparazón calcáreo, en forma de balón de rugby, resulta del arrollamiento de una lámina espiral en torno a un eje. La superficie externa muestra un retículo en relación con la estructura interna. Las cámaras están delimitadas por tabiques principales rectilíneos del mismo tipo que los de Fusulina y están recortadas en pequeñas cámaras cerradas por tabiques transversales completos. Además, unos tabiques secundarios longitudinales, incompletos, parten del techo de las cámaras. El caparazón está formado por una capa externa de color oscuro, o tectum, una central central más gruesa, o kerioteca, y una capa interna o tectorium.

BIOLOGÍA-ECOLOGÍA: *Neoschwagerina* era un organismo bentónico que vivía en mares de salinidad normal y temperatura elevada. Con ayuda de sus pseudópodos capturaba pequeñas presas a las que fagocitaba. La brusca desaparición de este foraminífero a finales del Pérmico se relaciona con la extensión de los glaciares que se produjo en aquel momento. Es un buen fósil estratigráfico.

9

ALVEOLINA

CLASIFICACIÓN: Filum: Protozoos. Cl.: Rizópodos. O.: Foraminíferos. Fam.: Alveolínidos. **PISO:** Eoceno. Aparición: –70 M. a. Extinción: –4 M. a. **DISTRIBUCIÓN MUNDIAL:** Principales yacimientos en Europa, Asia y zona norte de África. **TAMAÑO DEL FÓSIL:** De 0,2 a 7 cm de longitud.

DESCRIPCIÓN: *Alveolina* es un foraminífero grande en forma de balón de rugby. Su caparazón es compacto, con la muralla reducida a una lámina espiral calcárea. La última cámara se abre hacia el exterior por un conjunto de poros bucales dispuestos en filas paralelas. La superficie externa del caparazón muestra suturas y surcos que le confieren un aspecto reticulado. Los tabiques principales, resultado de una inflexión de la muralla, son rectilíneos y presentan una abertura redonda en su base. Unos tabiques transversales, gruesos y apretados delimitan unas pequeñas cámaras ovoides características en sección tangencial. La comunicación entre estas cámaras se realiza mediante un sistema de canales. El piso de las cámaras presenta con frecuencia unos engrosamientos secundarios.

BIOLOGÍA-ECOLOGÍA: *Alveolina* es un foraminífero marino bentónico. Vivía en aguas cálidas y poco profundas. Este animal se enterraba en los primeros centímetros de los sedimentos de las plataformas continentales protegidas por arrecifes. Los embriones formaban parte del plancton y, transportados por las corrientes marinas, conocieron una amplia dispersión por todos los mares. Alveolina es, por lo tanto, un buen fósil estratigráfico. La acumulación de sus caparazones ha dado lugar a las «calizas de alveolinas» con grandes espesores en el Eoceno.

10 OPERCULINA

CLASIFICACIÓN: Filum: Protozoos. Cl.: Rizópodos. O.: Foraminíferos. Fam.: Nummulítidos. **PISO:** Eoceno hasta la actualidad. Aparición: –54 M. a. **DISTRIBUCIÓN MUNDIAL:** Principales yacimientos en el sur de Europa. **TAMAÑO DEL FÓSIL:** De 5 a 20 mm de diámetro.

DESCRIPCIÓN: *Operculina* es un foraminífero de caparazón arrollado y aplastado, con espira muy laxa y vueltas no envolventes. El caparazón es perforado y está compuesto por cristales de calcita que segrega el propio animal. En sección aparece formado por dos capas superpuestas: una lámina calcárea externa y perforada, y otra delgada capa calcárea no perforada. Esta última se pliega regularmente hacia el interior para formar los tabiques oblicuos de las capas dispuestas en espiral. Es precisamente la sutura de los tabiques sobre las paredes de la lámina espiral la que da en superficie una ornamentación reticulada. Operculina recuerda mucho a los nummulites, si bien estos últimos tienen un arrollamiento involuto.

BIOLOGÍA-ECOLOGÍA: *Operculina* es un animal marino bentónico. Los pseudópodos que poseía creaban corrientes de agua que arrastraban hasta ella las partículas de alimento que después fagocitaba. Los embriones formaban parte del plancton, por lo que experimentaron una amplia distribución geográfica en poco tiempo. Constituyen buenos fósiles estratigráficos.

11 NUMMULITES

CLASIFICACIÓN: Filum: Protozoos. Cl.: Rizópodos. O.: Foraminíferos. Fam.: Nummulítidos. **PISO:** Cretácico superior a Oligoceno. Aparición: –100 M. a. Extinción: –25 M. a. **DISTRIBUCIÓN MUNDIAL:** Principales yacimientos en Europa occidental y América Central. **TAMAÑO DEL FÓSIL:** De 0,6 a 7 cm de diámetro.

DESCRIPCIÓN: La familia de los *nummulítidos* es al Terciario inferior lo que los fusulínidos al Paleozoico. Su caparazón es calcáreo, con desarrollo planispiral, involuto y perforado; su forma resulta del arrollamiento de una gruesa lámina espiral. Además, presenta un aplastamiento en una dirección perpendicular al eje de enrollamiento: en corte axial, la lámina adquiere una característica forma ojival, con lo que el resultado final es una forma lenticular, biconvexa. En sección ecuatorial, se observa que los tabiques se despegan oblicuamente de la capa interna de la muralla. La sutura de estos tabiques, a menudo ondulados, sobre las paredes de la lámina espiral da lugar a distintos tipos de ornamentación que caracterizan a las distintas especies. Otras veces existen pilares o engrosamientos de los tabiques que son perpendiculares a la superficie, a modo de clavos, originando «granulaciones» superficiales. Nummulties planulatus, por ejemplo, es de pequeño tamaño, de concha aplastada y desprovista de pilares.

BIOLOGÍA-ECOLOGÍA: Los *nummulites* son animales marinos bentónicos. Ocupaban el piso infralitoral y, en concreto, el medio subrecifal. Precisaban de un medio marino abierto, aireado y rico en calcio. Se alimentaban de pequeñas presas como las diatomeas. El ciclo reproductivo de estos foraminíferos muestra una alternancia de dos formas que presentan un claro dimorfismo. La forma de mayor tamaño posee una protoconcha diminuta y una espira apretada con muchas vueltas; la forma de menor tamaño posee una protoconcha grande y la espiral es ancha, con reducido número de vueltas. La ornamentación no difiere de una forma a otra. La acumulación de caparazones de nummulites ha dado lugar a las calizas nummulíticas en toda el área mediterránea. La amplia distribución geográfica de las sucesivas especies ha permitido establecer una fina escala estratigráfica desde el final del Cretácico hasta el Oligoceno.

12 PROTOPHARETRA POLYMORPHA

Clasificación: Filum: Poríferos. Fam.: Arqueociátidos. **Piso:** Cámbrico inferior a Cámbrico superior. Aparición: –660 M. a. Extinción: –500 M. a. **Distribución mundial:** Principales yacimientos en Europa y América del Norte (costa este). **Tamaño del fósil:** 2 cm de longitud.

Descripción: En *Protopharetra*, lo que fosiliza es el esqueleto interno, en forma de cáliz y constituido por un agregado de pequeñas partículas calcáreas. Entre las dos paredes porosas del cono, los tabiques se pliegan de forma irregular. La cavidad central del cono es excepcionalmente estrecha. En *Protopharetra* podemos apreciar la aparición de un verdadero tejido vesicular entre los tabiques o septos: existe una convergencia entre este organismo dipoblástico y los políperos. La circulación del agua en el interior del animal se realizaba gracias a los poros existentes en las dos paredes y los tabiques verticales.

Biología-Ecología: Las formas larvarias llevaban una vida libre por lo que se diseminaron por todos los mares del planeta. En cuanto se formaba el esqueleto, los adultos se fijaban al fondo marino. Protopharetra era micrófago y habitaba en aguas cálidas y poco profundas. Se cree que vivía asociado a algas y que formaba conjuntos arrecifales de naturaleza calcárea.

13 SIPHONIA

Clasificación: Filum: Poríferos. Cl.: Demospongias. O.: Lithisteida. Fam.: Hallirhoidos. **Piso:** Albiense (Cretácico) a Mioceno. Aparición: –100 M. a. Extinción: –10 M. a. **Distribución mundial:** Cosmopolita. **Tamaño del fósil:** 5 cm de altura.

Descripción: Por su forma globosa, Siphonia recuerda vagamente al fruto de la higuera. La superficie del esqueleto presenta poros repartidos de forma irregular. Un orificio subcircular, el ósculo, se abre en uno de sus extremos, mientras que en el opuesto se observa un pedúnculo de fijación. El esqueleto de Siphonia es del mismo tipo que el de *Hallirhoa*. Como en casi todas las esponjas silíceas, el esqueleto está deformado a la altura del pedúnculo. Las espículas se desarrollan en el mismo sentido que éste. La circulación del agua se realiza del mismo modo que en las otras demospongias: los poros exteriores comunican mediante canales inhalantes con las cámaras vibrátiles.

Biología-Ecología: Esta esponja fósil caracteriza las zonas litorales y se piensa que vivía en aguas agitadas. Las demospongias actuales viven a más de 200 metros de profundidad, lo cual quiere decir que en el transcurso del tiempo se han ido desplazando progresivamente hacia zonas más profundas.

14 CHAETETES RADIANS

Clasificación: Filum: Poríferos. Cl.: Calcárea. O.: Chaetetida. Fam.: Chaetétidos. **Piso:** Carbonífero. Aparición: –345 M. a. Extinción: –280 M. a. **Distribución mundial:** Principales yacimientos en Rusia. **Tamaño del fósil:** 10 cm de altura.

Descripción: *Chaetetes radians* es un porífero fósil del Carbonífero. Se trata de una forma masiva y redondeada, de contornos irregulares. El esqueleto está formado por finos tubos poligonales, como cabellos, con paredes no porosas. No se observa ningún tejido vesiculoso intersticial. Las aberturas redondeadas de las cámaras están unidas por los bordes y dispuestas sin ningún orden. En sección longitudinal se observa la existencia de unas tábulas completas que cortan transversalmente los tubos y que no mantienen una continuidad de un tubo a otro.

Biología-Ecología: *Chaetetes radians* era un animal marino que vivía en aguas cálidas y poco profundas, en los arrecifes. Se encuentra asociado a braquiópodos y moluscos. Los individuos se multiplicaban por escisiparidad (escisión del individuo progenitor en dos o más partes).

15 STROMATOPORA

Clasificación: Filum: Poríferos. O.: Estromatopórida. Fam.: Estromatopóridos. **Piso:** Ordovícico a Cretácico. Aparición: –500 M. a. Extinción: –70 M. a. **Distribución mundial:** Principales yacimientos en Europa (Rusia) y norte de África. **Tamaño del fósil:** 30 cm de altura.

Descripción: *Stromatopora* es un porífero incrustante de forma masiva con crecimiento laminar, cuya superficie, a menudo amamelonada, está perforada. Su estructura se compone de un sistema de láminas superpuestas y onduladas. Cada lámina, formada a su vez por láminas calcáreas unidas por pilares verticales, se corresponde con un periodo de crecimiento continuo. Los poros pueden presentar forma redondeada o estrellada. Los tubos que perforan las superficies calcáreas permitían al animal resguardarse en el interior.

Biología-Ecología: Organismo marino, *Stromatopora* vivía cerca de las orillas, en zonas poco profundas y muy agitadas pero de aguas muy transparentes. Se encuentra asociado a *Hexagonaria* y Favosites en los arrecifes fósiles del Devónico de las Ardenas. Aunque a finales del Paleozoico dio señales de extinguirse, lo cierto es que conoció un nuevo periodo de expansión en el Mesozoico.

16 ASPIDISCUS CRISTATUS

50 m

Clasificación: Filum: Cnidarios. Cl.: Antozoos. O.: Hexacoralarios. Fam.: Ciclolítidos. **Piso:** Cenomaniense (Cretácico superior). Aparición: –100 M. a. Extinción: –80 M. a. **Distribución mundial:** Principales yacimientos en Europa meridional y norte de África. **Tamaño del fósil:** De 3 a 5 cm de diámetro.

Descripción: El esqueleto discoidal de *Aspidiscus cristatus* tiene forma de cúpula, con la cara inferior plana y cubierta por una gruesa muralla que hace pliegues concéntricos. Este pólipo colonial presenta una forma curiosa: los cálices de la colonia, parcialmente fusionados, dibujan crestas radiales en cruz y mamelones característicos. Cada miembro de la colonia se alojaba en un cáliz y poseía una cavidad gástrica subdividida en cámaras por dobles tabiques radiales que aparecen en grupos de seis. El orificio que comunicaba esta cavidad con el medio exterior estaba rodeado de varias coronas de tentáculos en un número múltiplo de seis.

Biología-Ecología: *Aspidiscus* era un pólipo colonial marino de tamaño bastante reducido y forma masiva. Habitaba en medios relativamente profundos y era menos sensible que Acropora a las variaciones de las propiedades físicas del medio. Vivía libre sobre el fondo (sólo las formas jóvenes eran fijas).

17 CYCLOLITES

50 m

Clasificación: Filum: Cnidarios. Cl.: Antozoos. O.: Hexacoralarios. Fam.: Ciclolítidos. **Piso:** Cretácico superior. Aparición: –88 M. a. Extinción: –70 M. a. **Distribución mundial:** Principales yacimientos en Europa occidental. **Tamaño del fósil:** De 3 a 5 cm de diámetro.

Descripción: Hexacoralario solitario, *Cyclolites* tiene forma hemisférica, ligeramente aplastada. La cara basal es plana, de contorno elíptico, rugosa, recubierta por una gruesa muralla que muestra estrías de crecimiento y crestas y surcos radiales que indican la posición de los septos o tabiques. La muralla lateral está ausente. El animal presenta una simetría radial reforzada por tabiques finos y numerosos. Estos tabiques pueden ser compactos o perforados y confluyen en una depresión axial de forma alargada, situada en la parte más alta de la cúpula, ocupada por un tejido esponjoso.

Biología-Ecología: *Cyclolites* vivió durante el Cretácico en la región mediterránea y se sabe que poseía células epidérmicas de defensa. Es lógico pensar que, al tratarse de una forma solitaria, era menos sensible a las variaciones de las condiciones del medio que las formas constructoras de arrecifes. Salvo en su juventud, vivía libre en medios marinos poco profundos sobre fondos relativamente inestables. Existe otra especie de tamaño más reducido que presenta una depresión más corta.

18

MONTLIVALTIA

CLASIFICACIÓN: Filum: Cnidarios. Cl.: Antozoos. O.: Hexacoralarios. Fam.: Montlivál-tidos. **PISO:** Triásico a Eoceno. Aparición: –225 M. a. Extinción: –40 M. a. **DISTRIBU-CIÓN MUNDIAL:** Principales yacimientos en Europa y África. **TAMAÑO DEL FÓSIL:** De 3 a 5 cm de diámetro.

DESCRIPCIÓN: *Montlivaltia* es un pólipo cónico no colonial en cuyo interior se pue-den observar unos tabiques radiales bien desarrollados que se sueldan entre sí er su parte distal para formar una pseudoteca que no alcanza el borde superior de cono. Estos tabiques presentan unos finos dientecillos. Organismo diploblástico, las partes blandas del animal estaban formadas por dos láminas de células: el ectodermo tapizaba la cara externa del cuerpo y el endodermo, la cavidad gástrica. El endo-dermo contaba además con células flageladas. El animal poseía, como todos los cni-darios, células urticantes sensibles al menor contacto.

BIOLOGÍA-ECOLOGÍA: *Montlivaltia* era una forma marina, aislada, bentónica y fija. Vi-vía en medios poco profundos, por detrás de la zona litoral. Se encuentra asociada a ammonites, rhynchonellas y moluscos.

19

EUPSAMMIA TROCHIFORMIS

CLASIFICACIÓN: Filum: Cnidarios. Cl.: Antozoos. O.: Hexacoralarios. Fam.: Dendrofí-lidos. **PISO:** Eoceno. Aparición: –50 M. a. Extinción: –40 M. a. **DISTRIBUCIÓN MUN-DIAL:** Principales yacimientos en Europa. **TAMAÑO DEL FÓSIL:** De 1 a 2 cm de diá-metro.

DESCRIPCIÓN: *Eupsammia trochiformis* es un pequeño pólipo simple de forma có-nica. El cono, de sección más o menos elíptica, carece de muralla periférica. Los ta-biques sobresalen hacia fuera y forman sobre la superficie lateral unas costillas des-iguales, reunidas en haces y con superficie granulosa. En el intervalo intercosta aparecen las perforaciones alineadas. *Eupsammia trochiformis* poseía un esqueleto calcáreo ectodérmico que se desarrollaba entre el pólipo y el sustrato. La constitu-ción del animal es la misma que la de los hexacoralarios descritos anteriormente El joven pólipo que se fijaba construía primero una pequeña cúpula calcárea en su base y sobre este zócalo se desarrollaban a continuación los tabiques radiales desde la periferia hasta el centro.

BIOLOGÍA-ECOLOGÍA: *Eupsammia trochiformis* era una forma solitaria que vivía so-bre el fondo marino, en aguas templadas y poco profundas, cerca de las orillas. Se encuentra principalmente en arenas de grano grueso.

20

TURBINOLIA

CLASIFICACIÓN: Filum: Cnidarios. Cl.: Antozoos. O.: Hexacoralarios. Fam.: Turbinóli-dos. **PISO:** Luteciense (Eoceno). Aparición: –50 M. a. Extinción: –35 M. a. **DISTRI-BUCIÓN MUNDIAL:** Principales yacimientos en Francia y Gran Bretaña. **TAMAÑO DE FÓSIL:** 1 cm de altura y 0,5 cm de diámetro.

DESCRIPCIÓN: Pólipo simple, de pequeño tamaño, *Turbinolia* posee un esqueleto cal-cáreo en forma de cono alargado, en cuya superficie lateral sobresalen unas costi-llas longitudinales y, sobre ellas, unas estrías transversales. Los numerosos tabique radiales rebasan por encima de la pared exterior del cono, lo que da un borde liso En el centro del cáliz se observa una columna vertical o columela. *Turbinolia* pre-senta simetría radial. La construcción del esqueleto, de aragonito, se realiza del mismo modo que en los otros hexacoralarios. La columela se forma en el espacio centra que dejan libre los tabiques incompletos del pólipo. El animal no fabrica tábulas ho-rizontales entre los tabiques radiales. Las células especializadas del ectodermo son las que segregan el esqueleto.

BIOLOGÍA-ECOLOGÍA: *Turbinolia* era un animal marino que vivía fijo. Tenía un régi-men micrófago y condiciones de vida estrictamente definidas. Formas muy próxi-mas a Turbinolia viven actualmente en las aguas cálidas de nuestros océanos

21 

THECOSMILIA

Clasificación: Filum: Cnidarios. Cl.: Antozoos. O.: Hexacoralarios. Fam.: Montlivál-tidos. **Piso:** Triásico a Cretácico. Aparición: –200 M. a. Extinción: –65 M. a. **Distribución mundial:** Cosmopolita. **Tamaño del fósil:** 1,5 cm de diámetro del cáliz
Descripción: Pólipo colonial cuyo esqueleto está formado por políperos agrupados que dan una colonia fasciculada. La superficie lateral está recubierta por una pared calcárea con abundantes pliegues y los numerosos tabiques radiales dejan en el centro de cada cáliz un espacio libre. Las partes exteriores de los políperos son granulosas y tienen crestas longitudinales dentadas dispuestas a continuación de los septos. Los cálices tienen un diámetro importante. Ninguna tábula corta transversalmente los tubos. El pólipo se reproducía por escisión longitudinal.
Biología-Ecología: *Thecosmilia* era un animal constructor de arrecifes, al igual que Acropora. Sus condiciones de vida eran muy estrictas: no podía vivir a profundidades superiores a 40 metros y era muy sensible a las corrientes frías y a la entrada de aguas dulces fluviales cargadas de limos. En el arrecife, *Thecosmilia* debía estar asociado con algas verdes que realizaban la fotosíntesis.

22 

CALCEOLA SANDALINA

Clasificación: Filum: Cnidarios. Cl.: Antozoos. O.: Tetracoralarios. Fam.: Goniofílidos. **Piso:** Devónico medio. Aparición: –370 M. a. Extinción: –360 M. a. **Distribución mundial:** Principales yacimientos en Europa (salvo Italia), norte y oeste de África, Rusia y China. **Tamaño del fósil:** 6 cm.
Descripción: *Calceola sandalina* es un pólipo solitario de cáliz corto y ancho en forma de sandalia. Posee una superficie lateral convexa por una cara y plana por la otra. Únicamente sobre la cara plana se observan tabiques radiales rudimentarios, los cuales se distribuyen simétricamente a un lado y otro de una depresión situada en el centro. La superficie exterior de esta «babucha» está marcada por numerosas estrías de crecimiento. Calceola sandalina posee un opérculo aplastado y semicircular que corona el cáliz y obtura perfectamente la depresión central. Sobre la cara inferior de este opérculo encontramos la prolongación de los tabiques radiales del cáliz.
Biología-Ecología: *Calceola sandalina* tenía un caparazón grueso y podía encerrarse en su teca. Se cree que vivía en mares muy poco profundos y podía soportar una emersión temporal. Además, era mucho menos exigente con respecto a la temperatura del agua que las formas arrecifales. Se encuentra en casi todas las latitudes.

23 

GONIOPHYLLUM PYRAMIDALE

Clasificación: Filum: Cnidarios. Cl.: Antozoos. O.: Tetracoralarios. Fam.: Goniofílidos. **Piso:** Silúrico. Aparición: –430 M. a. Extinción: –395 M. a. **Distribución mundial:** Principales yacimientos en Europa. **Tamaño del fósil:** El cáliz mide 3 cm de diámetro.
Descripción: Pólipo simple con prolongaciones radiculares, *Goniophyllum* presenta un cáliz en forma de cuerno curvado y sección cuadrada. Esta pirámide hueca, de cuatro caras, presenta numerosos tabiques radiales fuertemente desarrollados cuyo diseño se asemeja a una silla de paja cuando se observa en sección transversal. Goniophyllum posee un opérculo en forma de pirámide baja y sección poligonal, formado por cuatro piezas triangulares, que se articula en la parte principal del cáliz por una fuerte charnela.
Biología-Ecología: Al igual que Calceola sandalina, *Goniophyllum* es una forma aberrante de tetracoralario. Se piensa que la presencia de un opérculo y el espesor de la teca constituyen una adaptación a un medio marino costero batido por las olas. Retrayéndose en el interior del cáliz y cerrando su opérculo, el animal no sólo resistía el choque de olas y corrientes, sino que también podía resistir la desecación.

24 CYATHOPHYLLUM

Clasificación: Filum: Cnidarios. Cl.: Antozoos. O.: Tetracoralarios. Fam.: Ciatofílidos. **Piso:** Silúrico superior a Carbonífero. Aparición: –400 M. a. Extinción: –345 M. a. **Distribución mundial:** Principales yacimientos en Europa y América. **Tamaño del fósil:** De 3 a 5 cm de diámetro.

Descripción: *Cyathophyllum* es un género que comporta formas simples y colonias ramosas o compactas. Cada individuo se aloja en un polípero calcáreo en forma de cilindro alargado. Los numerosos tabiques radiales están moderadamente desarrollados: los más gruesos alcanzan el centro del cáliz, mientras que los más estrechos se interrumpen rápidamente. En la colonia, los poliperitos están aislados entre sí, sin ningún tejido que los una. En Cyathophyllum no se encuentra la simetría bilateral inicial. Como ocurre en todos los tetracoralarios, los tubos no están limitados por una verdadera muralla, sólo se observa una pseudoteca formada a partir del extremo distal de los tabiques radiales.

Biología-Ecología: *Cyathophyllum* vivía en medio marinos de aguas agitadas y poco profundas, asociado a formas coloniales como los estromatopóridos. A lo largo del Devónico, participó en la construcción de arrecifes en aguas cálidas y bien oxigenadas. Como la mayoría de los celentéreos constituye un buen fósil de facies.

25 LITHOSTROTION

Clasificación: Filum: Cnidarios. Cl.: Antozoos. O.: Tetracoralarios. Fam.: Litostrotiónidos. **Piso:** Devónico a Pérmico. Aparición: –395 M. a. Extinción: –225 M. a. **Distribución mundial:** Principales yacimientos en Europa occidental, África y Estados Unidos. **Tamaño de los cálices:** 0,5 a 1 cm de longitud.

Descripción: Se trata de una forma colonial de tetracoralarios en la que los poliperitos se asocian en haces (tipo fasciculado). Los cálices tienen una forma alargada que recuerda la disyunción columnar del basalto. En su superficie lateral presentan estrías transversales. Emergen de una masa compacta formada por un tejido vesicular muy desarrollado. En el interior de cada cáliz se observan tabiques regulares largos y finos. Estas láminas verticales son libres lateralmente. El centro del cáliz está ocupado por una columna calcárea, la columela. El individuo adulto posee simetría radial.

Biología-Ecología: Las colonias de *Lithostrotion* vivían en los mares más cálidos del planeta, asociadas a espongiarios, tabulados y algas. Se fijaba en aguas agitadas y transparentes, cerca de la costa.

26 CYSTIPHYLLUM

Clasificación: Filum: Cnidarios. Cl.: Antozoos. O.: Tetracoralarios. Fam.: Cistifílidos. **Piso:** Silúrico superior a Devónico. Aparición: –400 M. a. Extinción: –345 M. a. **Distribución mundial:** Cosmopolita. **Tamaño del fósil:** De 2 a 4 cm de diámetro.

Descripción: Forma solitaria de aspecto más o menos cilíndrico, *Cystiphyllum* posee un cáliz con estrías longitudinales y anulares. Los tabiques radiales apenas se distinguen, sobre todo en la periferia del cáliz, y en el organismo vivo estaban completamente inmersos en abundante tejido vesicular. Se observan además unas tábulas horizontales incompletas que forman en el cáliz una sucesión de manguitos periféricos. El crecimiento en altura del animal se realizaba por anexión periódica de anillos calcáreos superpuestos a partir de la cúpula basal. Como todos los tetracoralarios, Cystiphyllum segregaba una epiteca calcárea. Debido a esta superficie exterior rugosa, los tetracoralarios han recibido también el nombre de rugosos.

Biología-Ecología: *Cystiphyllum* es un polípero solitario que vivía fijo sobre fondos marinos más o menos arcillosos. Se alimentaba de pequeños animales que capturaba con sus tentáculos.

27 HEXAGONARIA

Clasificación: Filum: Cnidarios. Cl.: Antozoos. O.: Tetracoralarios. Fam.: Disfílidos. **Piso:** Silúrico superior a Carbonífero. Aparición: –400 M. a. Extinción: –340 M. a. **Distribución mundial:** Principales yacimientos en Francia, Polonia y norte de África. **Tamaño del fósil:** 1 cm de diámetro (cáliz).

Descripción: *Hexagonaria* es un tetracoralario masivo que podía alcanzar un gran desarrollo. Forma superficies más o menos discoidales. Una capa calcárea con numerosas estriaciones tapiza la cara inferior de la colonia. Los cálices tienen forma poligonal y constituyen alvéolos de diverso tamaño; están separados entre sí por una delgada muralla que en ocasiones falta. Cada cáliz contiene numerosos tabiques radiales, más gruesos hacia la periferia, que pueden alcanzar o no el centro del cáliz. Las tábulas, o láminas horizontales, se forman a medida que el animal crece en altura y subdividen las cámaras delimitadas por los tabiques radiales.

Biología-Ecología: *Hexagonaria* es un polípero arrecifal del Paleozoico que vivía en aguas litorales agitadas, cálidas y transparentes. Se encuentra asociado a arrecifes de estromatopóridos. Posee una amplia distribución geográfica.

28 ZAPHRENTIS

Clasificación: Filum: Cnidarios. Cl.: Antozoos. O.: Tetracoralarios. Fam.: Zafréntidos. **Piso:** Silúrico superior a Pérmico. Aparición: –400 M. a. Extinción: –225 M. a. **Distribución mundial:** Principales yacimientos en Quebec, Misisipi, cuenca de Moscú y Escocia. **Tamaño del fósil:** De 3 a 4 cm de diámetro.

Descripción: Tetracoralario no colonial de esqueleto calcáreo, *Zaphrentis* tiene forma cónica, con la punta curvada, y en él se observan claramente los tabiques radiales que van hasta el centro del cono. El fósil posee una marcada simetría bilateral por la presencia de una fósula cardinal que interrumpe los tabiques. La muralla del cono está formada por la coalescencia de estos tabiques en la periferia. El sistema de tabiques radiales se desarrolla del modo siguiente: inicialmente se forma un ciclo de seis tabiques primarios con simetría bilateral y a continuación se forman nuevas series de tabiques en grupos de cuatro.

Biología-Ecología: *Zaphrentis* era un coral sencillo que se fijaba al fondo marino y requería unas condiciones muy especiales para vivir: un sustrato arenoso de grano grueso y aguas cálidas, poco profundas y agitadas por el oleaje. Se encuentra asociado a tabulados (Favosites-Aulopora). Es un buen fósil estratigráfico que se emplea para definir distintas zonas en las formaciones marinas del Dinantiense.

29 THAMNOPORA

Clasificación: Filum: Cnidarios. Cl.: Antozoos. O.: Tabulados. Fam.: Thamnopóridos. **Piso:** Devónico a Pérmico. Aparición: –395 M. a. Extinción: –280 M. a. **Distribución mundial:** Principales yacimientos en el norte de España, Polonia y sur de Marruecos. **Tamaño del fósil:** De 0,2 a 0,4 cm de diámetro (cáliz).

Descripción: *Thamnopora* es un pólipo colonial masivo muy próximo a la forma Favosites. Está formado por tubos poligonales de gruesas paredes calcáreas. Estos tubos presentan numerosas perforaciones en su parte lateral y finas tábulas horizontales cortan las cámaras. El esqueleto, calcáreo, tiene una estructura compacta. El número y la distribución de las tábulas varía en función de las condiciones del medio.

Biología-Ecología: *Thamnopora* vivía en medios arrecifales con aguas poco agitadas. Toleraba profundidades ligeramente superiores y aguas más turbias que los estromatopóridos arrecifales. Se cree que Thamnopora, al igual que Favosites, vivía en simbiosis con algas verdes. El tipo actual de arrecifes con algas y corales asociados apareció en el Paleozoico.

30 FAVOSITES

CLASIFICACIÓN: Filum: Cnidarios. Cl.: Antozoos. O.: Tabulados. Fam.: Favosítidos. **PISO:** Silúrico a Carbonífero. Aparición: –430 M. a. Extinción: –290 M. a. **DISTRIBUCIÓN MUNDIAL:** Principales yacimientos en Europa, norte de África y Canadá. **TAMAÑO DEL FÓSIL:** 0,5 cm de diámetro (cáliz).

DESCRIPCIÓN: Tabulado colonial, *Favosites* está formado por tubos dispuestos a veces en abanico irregular, dando así una colonia globulosa. En otros casos, sin embargo, el conjunto puede ser perfectamente rectilíneo. Cada tubo presenta una sección poligonal con bordes netos, ofreciendo un aspecto prismático que recuerda la estructura en disyunción columnar de los basaltos. Las paredes laterales son finas pero localmente pueden tener mayor grosor. Asimismo, presentan gruesos poros dispuestos en una o varias filas. Los tabiques radiales, en el interior de cada cáliz, están muy poco desarrollados y se presentan tan sólo como crestas apenas marcadas. Unas tábulas regulares recortan cada tubo.

BIOLOGÍA-ECOLOGÍA: *Favosites* era un gran constructor de arrecifes y vivía fijo en aguas poco profundas y agitadas. De constitución robusta, ocupaba los taludes arrecifales poco resguardados. Se cree que vivía en asociación con algas (zooxantelas): éstas efectuaban la fotosíntesis y Favosites aportaba anhídrido carbónico y alimento.

31 HALYSITES CATENULARIA

CLASIFICACIÓN: Filum: Cnidarios. Cl.: Antozoos. O.: Tabulados. Fam.: Halisítidos. **PISO:** Silúrico. Aparición: –430 M. a. Extinción: –395 M. a. **DISTRIBUCIÓN MUNDIAL:** Principales yacimientos en Europa y América del Norte. **TAMAÑO DEL FÓSIL:** 0,2 cm de diámetro (cáliz).

DESCRIPCIÓN: *Halysites catenularia* es un coral tabulado que forma colonias no compactas. Se presenta en forma de láminas verticales compuestas por una fila de tubos asociados en cadenetas más o menos bifurcadas, lo que da una red bastante suelta. Cada tubo es imperforado y de sección elíptica. Si el fósil está bien conservado, se puede ver en el interior de cada cáliz una docena de tabiques radiales muy rudimentarios. Unas tábulas horizontales, ligeramente deprimidas en el centro, recortan cada tubo. A lo largo de su crecimiento, el individuo debía abandonar las partes bajas del esqueleto aisladas por estas tábulas.

BIOLOGÍA-ECOLOGÍA: *Halysites* ocupaba biotopos de tendencia arrecifal. Habitaba en arrecifes de estromatopóridos formados en aguas cálidas y poco profundas relativamente agitadas. Asimismo, vivía fijo a poca profundidad en las praderas de briozoos situadas en los fondos costeros.

32 MICHELINIA

CLASIFICACIÓN: Filum: Cnidarios. Cl.: Antozoos. O.: Tabulados. Fam.: Michelínidos. **PISO:** Devónico a Pérmico. Aparición: –395 M. a. Extinción: –280 M. a. **DISTRIBUCIÓN MUNDIAL:** Principales yacimientos en Bélgica, Alemania, Gran Bretaña, Polonia y norte de África (cuenca de Tinduf). **TAMAÑO DEL FÓSIL:** De 8 a 10 cm de diámetro.

DESCRIPCIÓN: *Michelinia* es un polípero masivo, en forma de copa, con cálices abiertos hacia arriba y ensanchados que le dan aspecto de «panal de avispas». En su parte inferior presenta una fuerte epiteca con pliegues concéntricos de los que parten unos «crampones» de fijación. Las cámaras que conforman la colonia son de sección poligonal; sus paredes laterales son finas, con poros irregularmente dispuestos. En los cálices no se observa ningún tabique radial y se distinguen únicamente estriaciones verticales. Un gran número de tábulas, completas o incompletas, cortan cada cámara prismática.

BIOLOGÍA-ECOLOGÍA: *Michelinia* era un pequeño polípero que vivía fijo en las zonas agitadas del litoral, a muy poca profundidad. Lo encontramos asociado a braquiópodos y a Calceola sandalina.

33 ISASTRAEA

Clasificación: Filum: Cnidarios. Cl.: Antozoos. O.: Hexacoralarios. Fam.: Isastreidos. **Piso:** Triásico a Cretácico. Aparición: –225 M. a. Extinción: –70 M. a. **Distribución mundial:** Principales yacimientos en Europa occidental y norte de África. **Tamaño del fósil:** 1 cm de diámetro (cámara).

Descripción: *Isastraea* es un polípero colonial masivo, formado por cálices contiguos de forma poligonal, todos ellos del mismo tamaño y separados por suturas crenuladas. Cada individuo de la colonia fabricó numerosos tabiques radiales con los filos regularmente dentados. Los cálices, estrechamente imbricados, no están delimitados por una auténtica muralla. El esqueleto calcáreo, segregado por unas células especiales, estaba en posición externa respecto a las partes blandas del animal y constituía su protección. Hexacoralario, Isastraea presentaba simetría radial. El animal se presentaba como un conjunto de cámaras calcáreas de las que emergían los tentáculos de cada individuo.

Biología-Ecología: *Isastraea* vivía fijo sobre un sustrato rocoso, en medio marino. El apogeo de esta especie se produjo en un periodo muy favorable para el desarrollo de los arrecifes de coral; de hecho, se encuentra en abundancia en todas las facies coralígenas del Jurásico.

34 SYRINGOPORA

Clasificación: Filum: Cnidarios. Cl.: Antozoos. O.: Tabulados. Fam.: Siringopóridos. **Piso:** Silúrico a Carbonífero. Aparición: –430 M. a. Extinción: –290 M. a. **Distribución mundial:** Principales yacimientos en Alemania, norte de Inglaterra y América del Norte. **Tamaño del fósil:** 0,1 cm de diámetro (cáliz).

Descripción: *Syringopora* es un polípero colonial de forma un tanto particular, que suele atribuirse al orden de los tabulados. La colonia calcárea está formada por tubos largos y estrechos, paralelos entre sí y unidos por un sistema de tubos secundarios transversos. Además, las paredes de estos tubos verticales presentan numerosos poros. Los tabiques radiales están muy poco desarrollados e incluso pueden faltar. Las tábulas están muy próximas entre sí y presentan forma cónica invertida.

Biología-Ecología: En ciertos estromatopóridos se han observado pequeños tubos calcáreos que generalmente se atribuyen a *Syringopora*, lo que ha dado pie a pensar que existía una simbiosis entre ambos organismos. *Syringopora* vivía sobre fondos arenosos próximos al litoral, en mares cálidos y poco profundos con tendencia arrecifal. Se encuentra asociado a braquiópodos como Atrypa, así como a otros tabulados como *Favosites* y *Halysites*.

35 PLEURODICTYUM PROBLEMATICUM

Clasificación: Filum: Cnidarios. Cl.: Antozoos. O.: Tabulados. Fam.: Pleurodíctidos. **Piso:** Ordovícico a Pérmico (Devónico). Aparición: –500 M. a. Extinción: –280 M. a. **Distribución mundial:** Principales yacimientos en Francia, Bélgica, Alemania y Gran Bretaña. **Tamaño del fósil:** 3,5 cm de diámetro (columna).

Descripción: Polípero colonial en forma de copa, *Pleurodictyum problematicum* se desarrolla a partir de un soporte orgánico preexistente. Su base está tapizada por una epiteca con anillos concéntricos. Los cálices forman una roseta con dos o tres ciclos. Las paredes de estos tubos poligonales son gruesos y tienen poros. Los tabiques radiales están muy poco desarrollados, incluso pueden faltar. El centro del polípero está ocupado por una huella vermiforme que podría corresponder a la huella de un anélido que habría vivido en simbiosis con Pleurodictyum. El enigma, sin embargo, no está del todo resuelto, como así lo atestigua el nombre específico que asignó Goldfuss a este fósil.

Biología-Ecología: *Pleurodictyum* era un polípero no arrecifal que vivía fijo sobre conchas o tallos de crinoideos. Probablemente ocupaba la zona descubierta durante la marea baja y, de hecho, no se encuentran nunca cefalópodos en los yacimientos en los que está presente.

36

HELMINTHOIDA LABYRINTHICA

Clasificación: Filum: Incertae sedis (incierto). **Piso:** Cretácico superior a Oligoceno. Aparición: –100 M. a. Extinción: –30 M. a. **Distribución mundial:** Principales yacimientos en Europa occidental. **Tamaño del fósil:** 0,2 cm de ancho.

Descripción: *Helminthoida labyrinthica* representa la fosilización de los rastros de actividad dejados por un animal. Se presenta como conductos meandriformes de notable regularidad, paralelos al plano de sedimentación y que mantienen un diámetro y un paralelismo uniformes, sin ningún indicio de segmentación. El recorrido sinuoso horizontal hace suponer que estamos ante un resto de actividad de alimentación. El organismo debía de ser detritívoro y encontraba allí gran cantidad de materia orgánica muerta, aprovechando al máximo la fina película mucilaginosa que tapizaba el fango.

Biología-Ecología: Se desconoce si el animal que originó estas huellas era un anélido o un gasterópodo, pero sí sabemos que actualmente vive en el fondo de los océanos un gasterópodo que deja el mismo tipo de huella. El animal debía de vivir posado en una zona marina profunda agitada por corrientes de turbidez.

37

SERPULA

Clasificación: Filum: Anélidos. Cl.: Poliquetos. O.: Sedentarios. Fam.: Serpúlidos. **Piso:** Silúrico hasta la actualidad. Aparición: –430 M. a. **Distribución mundial:** Principales yacimientos en Europa y América del Norte. **Tamaño del fósil:** 3 mm de ancho.

Descripción: La parte conservada se compone de un tubo calcáreo hueco de sección interior redonda; la parte externa es moderadamente angulosa y rectangular. Es frecuente encontrar estos tubos de serpúlidos sobre conchas de bivalvos y también de cefalópodos, organismos sobre los que viven. El espesor de la pared varía según las especies; ésta en concreto está poco ornamentada. En ocasiones, los tubos están enrollados e incluso amontonados. El tubo que fosiliza, no tabicado, servía para alojar al animal y se fijaba tanto a las rocas como a las piedras y las conchas. En este caso se asocia con colonias de briozoos.

Biología-Ecología: Estos tubitos calcáreos podemos encontrarlos sobre numerosos organismos bentónicos. Los ocupantes de estos tubos se alimentan de plancton y sustancias de desecho. Su modo de vida los convierte en malos fósiles de facies y tampoco son buenos fósiles estratigráficos, ya que apenas evolucionan a lo largo del tiempo.

38

CELLARIA

Clasificación: Filum: Briozoos. Cl.: Ectoproctos. O.: Cheilostomata. Fam.: Cellláridos. **Piso:** Cretácico hasta la actualidad. Aparición: –141 M. a. **Distribución mundial:** Principales yacimientos en Inglaterra y Francia. **Tamaño del fósil:** 0,2 mm de diámetro (una cámara).

Descripción: *Cellaria* es un briozoo actual con un elevado grado de organización. Forma colonias ramosas con pequeñas ramitas cilíndricas que se dividen de forma dicotómica. La superficie externa presenta un motivo reticulado con las celdillas poligonales; cada celdilla muestra una perforación en forma de media luna que ocupa menos de la mitad de la superficie. Esta abertura desemboca en una cámara corta, de forma ovoide, que puede cerrarse mediante un opérculo móvil cuando el individuo se retrae. Igualmente se observan unas perforaciones mucho más finas de forma redondeada. Cellaria posee un sistema hidrostático externo: cuando los tentáculos se retraen, surge una bolsa compensadora, lo cual evita las variaciones de presión interna.

Biología-Ecología: Las colonias de *Cellaria* se componen de individuos especializados en la incubación de huevos y ovicelos. Cellaria es un animal que vive en alta mar; captura sus presas con ayuda de sus coronas de tentáculos.

39 FENESTELLA

Clasificación: Filum: Briozoos. Cl.: Ectoproctos. O.: Criptostomados. Fam.: Fenestéllidos. **Piso:** Devónico al Pérmico. Aparición: –380 M. a. Extinción: –225 M. a. **Distribución mundial:** Principales yacimientos en Gran Bretaña, España y Alemania. **Tamaño del fósil:** 4 cm de altura.

Descripción: *Fenestella* es un briozoo fósil del Paleozoico que se encuentra en calizas. La colonia está formada por una especie de pedúnculo a partir del cual se extiende una lámina reticulada y flexuosa que recuerda a una fina labor de encaje. La superficie de este abanico muestra un dibujo reticulado con celdillas rectangulares. Las cámaras, cortas y cilíndricas, contienen una columna central. Sus aberturas ovaladas se distribuyen en hileras que convergen hacia el pedúnculo. Entre dos hileras consecutivas presenta una quilla longitudinal. Si observamos con lupa la superficie de la colonia veremos que cada hilera está flanqueada por dos líneas de poros mucho más finos. *Fenestella* es una forma ectoprocta: el aparato digestivo presenta forma de U y la boca se abre en el centro de la corona de tentáculos.

Biología-Ecología: *Fenestella* es un buen fósil de facies que vivía en mares cálidos, en zonas favorables para los arrecifes coralinos. Se asocia a braquiópodos, equinodermos y trilobites.

40 HETEROPORA

Clasificación: Filum: Briozoos. Cl.: Ectoproctos. O.: Ciclostomados. Fam.: Heteropóridos. **Piso:** Cretácico inferior. Aparición: –130 M. a. Extinción: –120 M. a. **Distribución mundial:** Principales yacimientos en Francia, Suiza, Alemania y Gran Bretaña. **Tamaño del fósil:** 3 mm de diámetro.

Descripción: Lo que fosiliza es el esqueleto de *Heteropora*, quitinoso y con incrustaciones calcáreas. La colonia es de forma ramosa, con cámaras cilíndricas de paredes finamente porosas, soldadas entre sí salvo en su extremo superior. Su amplia abertura carece de opérculo. Sobre la superficie, junto a los orificios redondeados de estas cámaras, se observan perforaciones de tamaño mucho menor y formas variadas que corresponden a la presencia de unos tubos accesorios más pequeños. Entre las cámaras podía desarrollarse tejido vesiculoso. *Heteropora* recuerda a ciertos hidrozoos por una especie de tábulas que en ocasiones cortan transversalmente los tubos. Se trata de una forma primitiva de briozoos que carece de cámaras especializadas en las que podría desarrollarse la larva.

Biología-Ecología: Las colonias de *Heteropora* vivían en medios marinos poco profundos con aguas transparentes y agitadas. Progresivamente fueron invadiendo las zonas ocupadas por los arrecifes de celentéreos.

41 HORNERA

Clasificación: Filum: Briozoos. Cl.: Ectoproctos. O.: Ciclostomados. Fam.: Horméridos. **Piso:** Mioceno inferior a Plioceno. Aparición: –25 M. a. Extinción: –2 M. a. **Distribución mundial:** Principales yacimientos en España, Francia e Italia. **Tamaño del fósil:** 10 cm de altura y 10 cm de anchura.

Descripción: *Hornera* es un briozoo ciclostomado del que conservamos el esqueleto externo. Las numerosas ramas que conforman la colonia están formadas por cámaras tubulares de paredes finamente perforadas. Todos los tubos se abren en una sola cara a través de un orificio circular carente de opérculo. La superficie del esqueleto muestra numerosos surcos longitudinales en el interior, en los cuales se abren vacuolas. La colonia comprende individuos especializados, como los ovicelos, que sirven para la incubación de los embriones y se presentan como bolsas que sobresalen de la cara del esqueleto. El embrión primario puede dividirse en un gran número de embriones secundarios; cada uno de ellos dará una larva libre.

Biología-Ecología: *Hornera* tenía una amplia distribución geográfica. Vivía fijo al fondo, por lo que evitaba sustratos poco favorables, como los arcillosos o margosos. Mostraba preferencia, sin embargo, por las aguas bien oxigenadas.

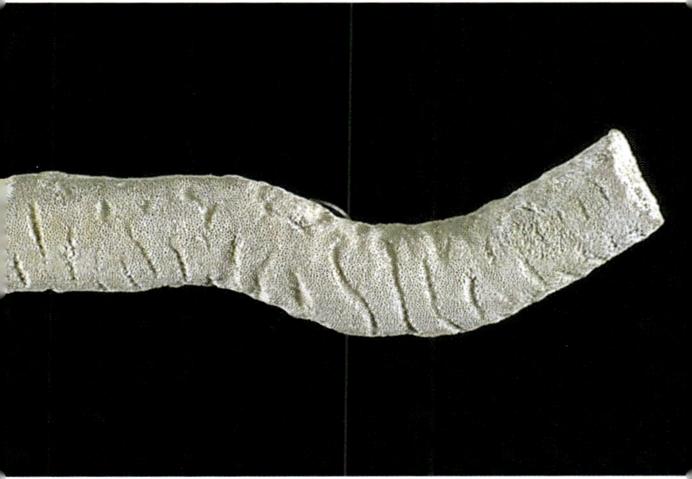

42 LINGULA

CLASIFICACIÓN: Filum: Braquiópodos. Cl.: Inarticulados. O.: Atremados. Fam.: Lingú-lidos. **PISO:** Cámbrico hasta la actualidad. Aparición: –570 M. a. **DISTRIBUCIÓN MUN-DIAL:** Cosmopolita. **TAMAÑO DEL FÓSIL:** 4 cm de longitud.

DESCRIPCIÓN: La concha, de naturaleza córnea o formada por fosfato cálcico, es fin y de contorno alargado, con dos valvas unidas simplemente por músculos. La au sencia de charnela explica el hecho de que no suelan encontrarse las dos valvas jun tas fosilizadas. El umbo ventral presenta una depresión triangular que da paso a pedúnculo de fijación. La superficie de la concha es lisa o presenta finas estrías con céntricas. En el interior, las huellas musculares son simétricas. El animal está des provisto de braquidio (esqueleto interno calcáreo).

BIOLOGÍA-ECOLOGÍA: El género *Lingula*, aún representado en nuestros días, se ha con servado sin apenas cambios a lo largo de los tiempos geológicos (500 millones d años), por lo que no es un buen fósil estratigráfico. Se trata de un organismo soli tario que vivía enterrado en la arena o el fango, principalmente en zonas de estua rio. En ocasiones se emplea como indicador de facies. De hecho, las pizarras co lingulas son muy características del Cámbrico superior.

43 OBOLUS

CLASIFICACIÓN: Filum: Braquiópodos. Cl.: Inarticulados. O.: Atremados. Fam.: Obó lidos. **PISO:** Cámbrico a Silúrico. Aparición: –570 M. a. Extinción: –395 M. a. **DISTRI BUCIÓN MUNDIAL:** Principales yacimientos en Europa. **TAMAÑO DEL FÓSIL:** 4 cm d longitud.

DESCRIPCIÓN: Género exclusivamente paleozoico, *Obolus* agrupa diversas especie de concha gruesa, lenticular, de contorno circular a subtriangular. En la parte supe rior de cada valva, un área estriada y con un surco permitía el paso de un corto pe dúnculo. Algunas especies son inequivalvas, con la valva ventral más desarrollada A menudo se observa un pequeño septo, interno y central, con escaso relieve. L superficie externa de la concha presenta una fina estriación concéntrica. Al igual qu los lingúlidos, los obólidos están desprovistos de charnela y braquidio.

BIOLOGÍA-ECOLOGÍA: Probablemente se trataba de organismos que vivían fijos a ob jetos flotantes. El Cámbrico del escudo báltico comprende formaciones conocida como «areniscas con Obolus» que se caracterizan por la presencia de numeroso especímenes de *Obolus apollinis*. Los *Obolus* son buenos fósiles estratigráficos marcadores de facies.

44 DISCINA NITIDA

CLASIFICACIÓN: Filum: Braquiópodos – Cl.: Inarticulados – O.: Neotremados – Fam. Discínidos. **PISO:** Pleistoceno – Aparición: -1 M.a. **DISTRIBUCIÓN MUNDIAL:** (principa les yacimientos): África occidental. **TAMAÑO DEL FÓSIL:** 1,5 cm de diámetro.

DESCRIPCIÓN: Este fósil se caracteriza por tener una concha fosfatada que constituy el esqueleto externo del animal: las dos valvas que componen esta concha está soldadas entre sí y no articuladas. El foramen peduncular se halla en posición ex céntrica en la valva inferior. *Discina* es una forma arcaica (inarticulada), si bien l composición de la concha muestra unos caracteres más evolucionados. La orna mentación consiste en estrías concéntricas.

BIOLOGÍA-ECOLOGÍA: *Discina* nitida es una forma marina actual que habita en latitu des tropicales o ecuatoriales. Como el resto de braquiópodos, vive fija por un pe dúnculo sobre el sustrato u otros organismos. Aunque no es un buen fósil estrati gráfico, sí puede servir de indicador del clima para el Cuaternario reciente.

45

CRANIA PARISIENSIS

Clasificación: Filum: Braquiópodos. Cl.: Inarticulados. O.: Neotremados. Fam.: Cránidos. **Piso:** Silúrico hasta la actualidad. Aparición: –420 M. a. **Distribución mundial:** Principales yacimientos en Europa. **Tamaño del fósil:** 0,7 a 1 cm de diámetro.

Descripción: Los cránidos son formas aberrantes de conchas exclusivamente calcáreas. El género *Crania*, en concreto, presenta una concha muy gruesa. La valva ventral estaba totalmente cementada al soporte, con lo que la valva dorsal adoptaba una función opercular. La regresión del pedúnculo como consecuencia de este modo particular de fijación explica la ausencia de foramen. En forma de cono rebajado, la valva superior presenta estrías concéntricas y gruesos pliegues radiales. En el interior de la valva ventral aparecen impresiones musculares y vasculares cuyo conjunto recuerda vagamente a una calavera.

Biología-Ecología: La particularidad de los cránidos reside en su modo de fijación por cementación. Vivían en facies coralígenas. Son formas muy estables, que apenas han evolucionado desde el Silúrico hasta la actualidad, por lo que no son buenos fósiles estratigráficos.

46

ORTHIS

Clasificación: Filum: Braquiópodos. Cl.: Articulados. O.: Protremados. Fam.: Órtidos. **Piso:** Devónico medio. Aparición: –430 M. a. Extinción: –280 M. a. **Distribución mundial:** Principales yacimientos en Europa. **Tamaño del fósil:** 3 cm de longitud.

Descripción: La concha, de tamaño generalmente reducido, es muy aplastada y subequivalva. La valva ventral está provista de un pseudodeltidium, es decir, una placa segregada por el lóbulo ventral del manto que limita un pequeño foramen para la salida del pedúnculo. La línea cardinal es muy recta y abarca toda la anchura del organismo. La concha presenta una ornamentación reticulada, con estrías concéntricas y costillas radiales, finas y apretadas, sobre todo cerca del borde, donde son más numerosas. El aparato braquial, destinado a contener en algunos géneros el lofóforo, órgano respiratorio, está en este caso limitado por dos apófisis simétricas.

Biología-Ecología: El género *Orthis* vivía fijo al fondo mediante un corto pedúnculo. Suele encontrarse en facies correspondientes a aguas tranquilas en zonas próximas al litoral. Aunque no es buen fósil estratigráfico, sí es un buen indicador de paleoambiente.

47

LEPTODUS

Clasificación: Filum: Braquiópodos. Cl.: Articulados. O.: Protremados. Fam.: Estrofoménidos. **Piso:** Pérmico. Aparición: –290 M. a. Extinción: –240 M. a. **Distribución mundial:** Principales yacimientos en sur de China, Mongolia, Japón, Estados Unidos y Túnez. **Tamaño del fósil:** 10 cm de altura y 7 cm de diámetro.

Descripción: La concha de *Leptodus*, de naturaleza silícea, es una forma aberrante dentro de los braquiópodos. Ambas valvas son aplastadas, con la línea cardinal corta y rectilínea. La valva ventral se fija únicamente por la zona umbonal y posee un aparato septal en forma de cuchara; presenta además una cresta central y lóbulos laterales (hasta 48 pares). La valva dorsal es opercular, con numerosos lóbulos que corresponden a los de la valva ventral. Los septos laterales, profundos y acintados, resultan de la aglutinación de espículas silíceas; precisamente en estos septos laterales o braquiales se alojan los aparatos braquiales que comprenden los órganos respiratorios.

Biología-Ecología: *Leptodus* tenía un modo de vida bentónico en mares poco profundos de aguas templadas y muy agitadas. Su extensión en el tiempo no hacen de él un buen fósil estratigráfico ni un buen marcador de facies ni paleoambiente.

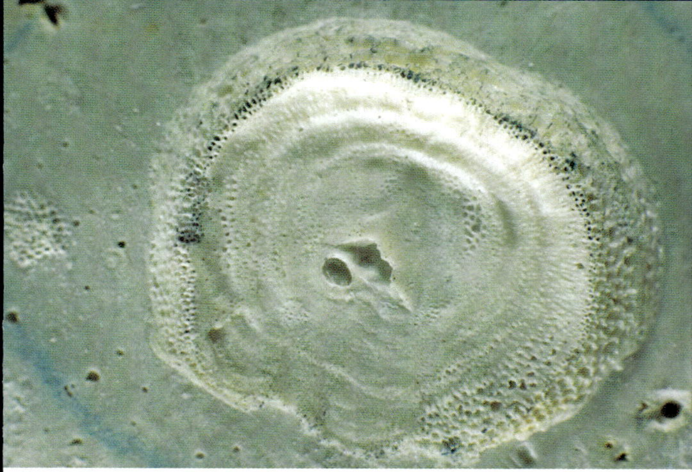

48

STROPHOMENA

Clasificación: Filum: Braquiópodos. Cl.: Articulados. O.: Protremados. Fam.: Estrofoménidos. **Piso:** Silúrico. Aparición: –440 M .a. Extinción: –395 M. a. **Distribución mundial:** Principales yacimientos en Europa y América del Norte. **Tamaño del fósil:** 3 cm de longitud.

Descripción: El género *Strophomena* se caracteriza principalmente por la forma cóncavo-convexa de la concha. Así como la valva ventral es naturalmente convexa, la dorsal, por el contrario, es marcadamente cóncava, por lo que la cámara del animal se ve enormemente reducida. El borde de la concha tiene forma de semicírculo y su diámetro está ocupado por la línea cardinal, larga y recta. La superficie, generalmente reticulada, presenta una serie de costillas radiales y pliegues concéntricos. En algunas especies, sólo la ornamentación radial se continúa sobre una parte de la concha.

Biología-Ecología: El género *Strophomena* vivía sobre fondos móviles, a los que se había adaptado para evitar hundirse en ellos. Prefería aguas más bien tranquilas a profundidades no superiores a las del margen continental. Strophomena es un buen indicador del medio.

49

GIGANTOPRODUCTUS GIGANTEUS

Clasificación: Filum: Braquiópodos. Cl.: Articulados. O.: Protremados. Fam.: Gigantoprodúctidos. **Piso:** Viseense (Carbonífero). Aparición: –340 M. a. Extinción: –325 M. a. **Distribución mundial:** Principales yacimientos en Europa occidental. **Tamaño del fósil:** 16 cm de longitud.

Descripción: *Gigantoproductus giganteus* es seguramente el mayor de los braquiópodos conocidos. El tamaño de su concha puede alcanzar 30 cm de diámetro. La valva peduncular, en su parte posterior y a nivel del prominente umbo, tiende a cerrarse sobre la valva dorsal. Sobre la pared interior de la valva ventral, se pueden observar unas huellas espiraladas que corresponden a los brazos, así como dos pares de huellas musculares. Sobre la valva dorsal se localiza una gran apófisis para la inserción de los músculos y un septo central que separa otras huellas musculares. La ornamentación se compone de costillas radiales moderadamente regulares y flexuosas que, a veces, se complementan con otras sinuosidades radiales. El borde cardinal suele presentar una serie de pequeñas espinas curvadas.

Biología-Ecología: *Gigantoproductus giganteus* es una especie característica del Viseense superior.

50

HORRIDONIA HORRIDA

Clasificación: Filum: Braquiópodos. Cl.: Articulados. O.: Protremados. Fam.: Prodúctidos. **Piso:** Turingiense (Pérmico). Aparición: –240 M. a. Extinción: –225 M. a. **Distribución mundial:** Principales yacimientos en Europa occidental. **Tamaño del fósil:** 6 cm de longitud.

Descripción: La concha de los prodúctidos es inequivalva, con una valva dorsal opercular. Son formas que nunca se han fijado a través del pedúnculo, lo cual explica la ausencia en ellas de foramen o deltidium. Podían ser libres o bien anclarse verticalmente mediante espinas huecas, como ocurre en *Horridonia horrida*. La única ornamentación visible sobre la concha de este braquiópodo son las cicatrices dejadas por sus espinas. El borde cardinal es largo y muy recto. El conjunto tiene forma trapezoidal, con una valva ventral muy convexa y provista de un fuerte umbo. La valva dorsal presenta una gran apófisis para la inserción de los músculos.

Biología-Ecología: *Horridonia horrida*, con sus largas espinas, caracteriza el Turingiense. De forma general, los prodúctidos son buenos fósiles estratigráficos para el Carbonífero y el Pérmico.

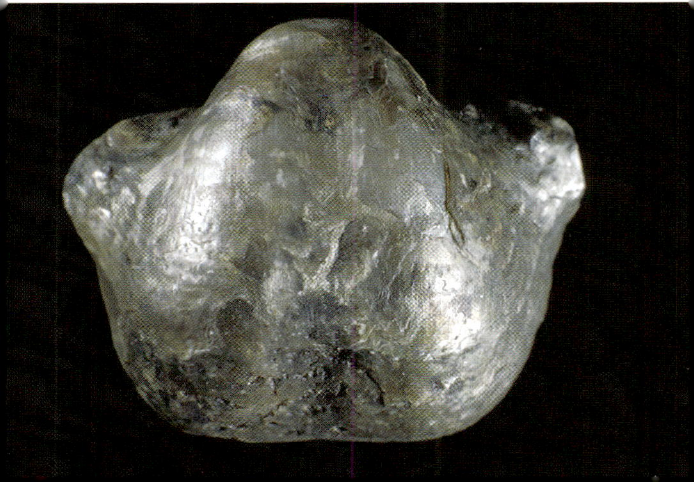

51 DICTYOCLOSTUS SEMIRETICULATUS

CLASIFICACIÓN: Filum: Braquiópodos. Cl.: Articulados. O.: Protremados. Fam.: Dictioclóstidos. **PISO:** Tournaisiense (Carbonífero). Aparición: –345 M. a. Extinción: –330 M. a. **DISTRIBUCIÓN MUNDIAL:** Principales yacimientos en Europa occidental. **TAMAÑO DEL FÓSIL:** 7 cm de longitud.

DESCRIPCIÓN: La concha está formada por dos valvas muy desiguales: la mayor es la ventral, con un perfil semicircular, mientras que la dorsal es planocóncava. La particular ornamentación de la concha se compone de un doble motivo: sobre toda la superficie se disponen finas costillas radiales, pero únicamente cerca del proceso cardinal éstas se cruzan con unas arrugas concéntricas onduladas, lo que da una ornamentación reticulada.

BIOLOGÍA-ECOLOGÍA: *Dictyoclostus semireticulatus*, desprovisto de pedúnculo, vivía fijo o posado sobre el fondo gracias a unas largas espinas tubulares. Tenía además la particularidad de vivir en mares templados, incluso fríos, cerca del litoral. Se trata de un fósil muy utilizado en la estratigrafía del Carbonífero.

52 CYCTACANTHORIA KINGORUM

CLASIFICACIÓN: Filum: Braquiópodos. Cl.: Articulados. O.: Estrofomenáceos. Fam.: Estrofoménidos. **PISO:** Pérmico. Aparición: –280 M. a. Extinción: –240 M. a. **DISTRIBUCIÓN MUNDIAL:** Principales yacimientos en América del Norte, sur de Europa, Asia y norte de África. **TAMAÑO DEL FÓSIL:** 6 cm de altura.

DESCRIPCIÓN: *Cyctacanthoria kingorum* es un braquiópodo adaptado a la vida en los arrecifes. Su concha es muy inequivalva: la valva ventral es muy alargada, en forma de cornete y espinosa por fuera, mientras que la dorsal tiene forma de opérculo. Las partes blandas apenas disponían de espacio entre ambas valvas.

BIOLOGÍA-ECOLOGÍA: Esta forma vivía en los arrecifes; se fijaba a través de la valva ventral y por espinas laterales. Debido a su estructura, *Cyctacanthoria kingorum* presenta una marcada convergencia con ciertos corales, entre los cuales vivía, así como con los rudistas de tipo *Hippurites*. Este braquiópodo, que sólo se encuentra en las facies coraloides del Pérmico, presenta una distribución geográfica mundial, por lo que puede ser considerado como un buen fósil estratigráfico y también de facies.

53 ECHINAURIS LATERALIS

CLASIFICACIÓN: Filum: Braquiópodos. Cl.: Articulados. O.: Protremados. Fam.: Marginiféridos. **PISO:** Pérmico. Aparición: –270 M. a. Extinción: –240 M. a. **DISTRIBUCIÓN MUNDIAL:** Principales yacimientos en Estados Unidos (Texas). **TAMAÑO DEL FÓSIL:** 3 cm de longitud.

DESCRIPCIÓN: *Echinauris lateralis* es un braquiópodo articulado de concha muy inequivalva. La valva dorsal es plana y opercular; la ventral es lisa y muy abombada. En este braquiópodo, la línea cardinal es recta y el aparato braquial es prácticamente inexistente. Forma libre, carecía de pedúnculo y se anclaba al fondo mediante numerosas espinas huecas distribuidas por toda la superficie de la valva ventral.

BIOLOGÍA-ECOLOGÍA: *Echinauris lateralis* caracteriza el Pérmico de Texas, en Estados Unidos. Aunque los braquiópodos siguen estando presentes en los océanos actuales, estas formas espinosas han desaparecido totalmente. Vivían sobre los sedimentos blandos del fondo marino, donde sus espinas actuaban como estabilizadores y, quizá también, como protección frente a ciertos predadores. Como todos los braquiópodos, Echinauris es un excelente fósil estratigráfico que caracteriza los estratos pérmicos.

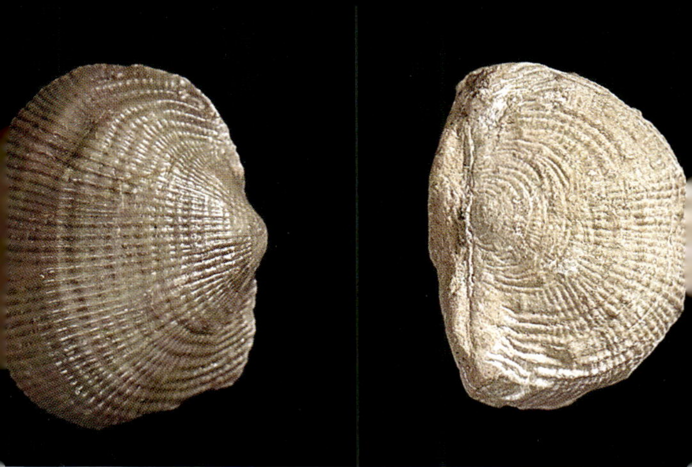

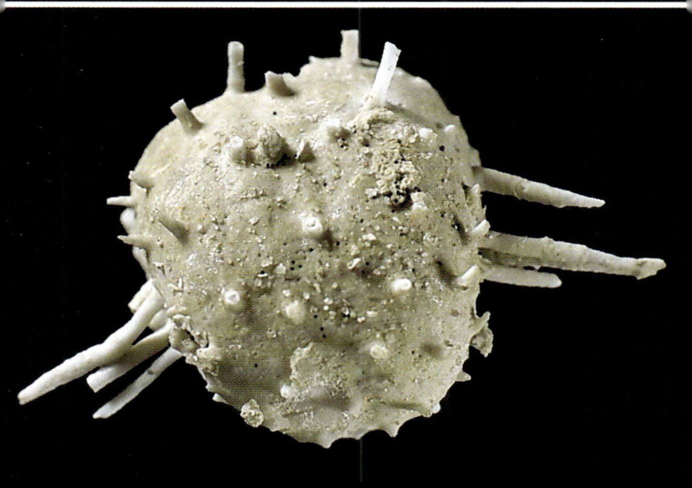

54 GYPIDULA

Clasificación: Filum: Braquiópodos. Cl.: Articulados. O.: Protremados. Fam.: Pentaméridos. **Piso:** Silúrico a Devónico. Aparición: –430 M. a. Extinción: –360 M. a. **Distribución mundial:** Principales yacimientos en América del Norte, Europa, Rusia, China y Marruecos. **Tamaño del fósil:** 5 cm de longitud.

Descripción: *Gypidula* es un braquiópodo fósil de la primera mitad del Paleozoico. La concha, globosa y de contorno ovalado, está compuesta de calcita. La valva ventral, de mayor tamaño, es convexa, con un pliegue central y terminada en un umbo prominente y curvado. La valva dorsal es más pequeña y presenta un seno central. La ornamentación de la concha consiste en un conjunto de costillas radiales de perfil redondeado que se marcan fundamentalmente en el centro. Las dos valvas de la concha están articuladas entre sí; la línea cardinal es curva. El aparato braquial está reducido a dos apófisis o cruras. Observando la concha en sección se puede ver que la valva ventral está dividida en dos por un gran septo.

Biología-Ecología: *Gypidula* era un animal marino que vivía fijo al fondo por el pedúnculo. Los braquiópodos revisten un gran interés desde el punto de vista estratigráfico, ya que se encuentran en formaciones donde los ammonites están ausentes.

55 CONCHIDIUM KNIGHTI

Clasificación: Filum: Braquiópodos. Cl.: Articulados. O.: Protremados. Fam.: Pentaméridos. **Piso:** Silúrico superior. Aparición: –420 M. a. Extinción: –395 M. a. **Distribución mundial:** Principales yacimientos en Europa occidental. **Tamaño del fósil:** 3,5 cm de longitud.

Descripción: Se trata de una concha gruesa con el umbo ventral muy recurvado. Más desarrollada en altura que en anchura, su línea cardinal es curva, desprovista de área. En los pentaméridos, el aparato braquial comienza a individualizarse con la presencia de dos pequeñas apófisis simétricas (las cruras) en la parte posterior de la valva dorsal, cerca del proceso cardinal. La superficie de la concha muestra una ornamentación de numerosas costillas radiales, interrumpidas a veces por estriaciones concéntricas discontinuas. En este caso, el pseudodeltidium ha desaparecido y se ha sustituido por una profunda foseta rómbica situada bajo el umbo ventral.

Biología-Ecología: El género *Conchidium* agrupa especies silúricas y devónicas. Conchidium knighti, en concreto, es una especie típica del Silúrico superior. Es poco lo que se sabe sobre su tipo de vida, excepto que vivía fija a través del pedúnculo.

56 ATRYPA RETICULARIS

Clasificación: Filum: Braquiópodos. Cl.: Articulados. O.: Telotremados. Fam.: Atrípidos. **Piso:** Devónico. Aparición: –400 M. a. Extinción: –380 M. a. **Distribución mundial:** Principales yacimientos en Europa y Estados Unidos. **Tamaño del fósil:** 2,5 cm de longitud.

Descripción: El rasgo más característico de la especie *Atrypa reticularis* es el aspecto reticulado de su concha, debido a la superposición de costillas radiales y estrías concéntricas. El braquidio, de forma espiralada con los dos conos opuestos por su vértice, está muy desarrollado. El foramen es pequeño y redondo, limitado por una placa deltidial. Se trata de organismos muy inequivalvos: la valva dorsal es ampliamente abombada para poder alojar al braquidio, dispuesto verticalmente, mientras que la valva ventral es prácticamente plana. La línea cardinal es curva, desprovista de área.

Biología-Ecología: Así como el género Atrypa se extiende desde el Silúrico hasta el Devónico, la especie Atrypa reticularis es típica del Devónico. Vivía fija mediante el pedúnculo, fuera de la zona de influencia de las mareas, en el área circalitoral, menos agitada. Teniendo en cuenta su amplia distribución geográfica y su reducida extensión en el tiempo, se trata de un buen fósil estratigráfico.

57 CYRTOSPIRIFER VERNEUILLI

Clasificación: Filum: Braquiópodos. Cl.: Articulados. O.: Telotremados. Fam.: Cirtospiriféridos. **Piso:** Frasniense a Fameniense (Devónico superior). Aparición: –360 M. a. Extinción: –345 M. a. **Distribución mundial:** Principales yacimientos en Europa occidental y Estados Unidos. **Tamaño del fósil:** 6 cm de longitud.

Descripción: La concha, de naturaleza fibrosa, es imperforada y presenta finas costillas radiales muy apretadas; muy desarrollada en anchura pero con los extremos más redondeados que en *Euryspirifer speciosus*. El género *Spirifer* tiene la particularidad de que su aparato braquial está formado por dos conos en espiral opuestos por su base. Éstos se disponen horizontalmente en la concha y el yugo que los une en algunos géneros, en este caso, está ausente. La línea cardinal es rectilínea, provista de un área ventral en toda su longitud. El foramen está rodeado de forma incompleta por un pseudodeltidio.

Biología-Ecología: *Cyrtospirifer verneuilli* caracteriza el Devónico superior (Frasniense y Fameniense). Junto con otras especies del género, sirve para trazar una detallada escala estratigráfica del Devónico. Se trata de un excelente fósil, muy empleado por los geólogos, que vivía en medios tranquilos, en el interior de la zona infralitoral.

58 PARASPIRIFER CULTRIJUGATUS

Clasificación: Filum: Braquiópodos. Cl.: Articulados. O.: Telotremados. Fam.: Deltirídidos. **Piso:** Emsiense superior a Couviniense (Devónico). Aparición: –380 M. a. Extinción: –365 M. a. **Distribución mundial:** Principales yacimientos en Europa y Estados Unidos. **Tamaño del fósil:** 3,5 cm de longitud.

Descripción: Provisto de un seno ventral y un pliegue dorsal muy marcado, *Paraspirifer cultrijugatus* tiene un característico perfil truncado. Se trata de una forma muy estrecha de Spirifer, en la que el típico aspecto en «ala de avión» está poco pronunciado. El aparato braquial está muy desarrollado y se compone de dos conos en espiral dispuestos horizontalmente. La charnela es perfectamente recta y ocupa toda la longitud de la concha, del mismo modo que el área ventral, relativamente estrecha. La ornamentación de la concha se compone de finas costillas dispuestas de forma radial a partir del pseudodeltidio.

Biología-Ecología: Los *Spirifer* permiten definir nueve zonas estratigráficas en el Devónico. Paraspirifer cultrijugatus marca el Couviniense medio. Fijo a los sedimentos blandos a través del pedúnculo, vivía en aguas tranquilas, fuera de la zona de influencia de las mareas. Su escasa distribución geográfica limita, sin embargo, su interés.

59 EURYSPIRIFER SPECIOSUS

Clasificación: Filum: Braquiópodos. Cl.: Articulados. O.: Telotremados. Fam.: Deltirídidos. **Piso:** Couviniense (Devónico). Aparición: –370 M. a. Extinción: –365 M. a. **Distribución mundial:** Principales yacimientos en Europa. **Tamaño del fósil:** 3,5 cm de longitud y 11 cm de ancho.

Descripción: La concha es muy ancha, de extremos afilados, con un aspecto muy aerodinámico. Su ornamentación se compone de algunas costillas radiales espaciadas que recortan el borde anterior de la concha. La línea cardinal, perfectamente recta, está bordeada por un área muy estrecha, la cual presenta una entalladura triangular que permitía el paso del pedúnculo de fijación. El pliegue dorsal es mucho más pronunciado que el seno ventral. El braquidio, espiralado y horizontal, carece de yugo y se sitúa en la valva dorsal, cuya área es más bien pequeña. La concha es gruesa, de naturaleza fibrosa e imperforada.

Biología-Ecología: *Euryspirifer speciosus* habitaba en mares de aguas cálidas o templadas. Organismo bentónico, vivía fijo en zonas tranquilas con sustrato formado por sedimentos blandos. Este fósil participa en la definición de las nueve zonas estratigráficas del Devónico. Por otro lado, su distribución geográfica, relativamente amplia, justifica su utilidad en estratigrafía.

60 SPIRIFERINA WALCOTTI

Clasificación: Filum: Braquiópodos. Cl.: Articulados. O.: Telotremados. Fam.: Espiriferínidos. **Piso:** Sinemuriense (Lías). Aparición: –190 M. a. Extinción: –175 M. a. **Distribución mundial:** Principales yacimientos en Europa occidental. **Tamaño del fósil:** 4,5 cm de longitud.

Descripción: La concha presenta algunos caracteres de los *Spirifer*, pero las terminaciones laterales son redondeadas y la superficie presenta una fina granulación, a la que se superponen unas fuertes costillas radiales (entre cuatro y seis) por cada lado del seno. El umbo ventral es en ocasiones muy prominente. Otras diferencias con los *Spirifer* son la línea cardinal curva, la valva ventral con un septo central muy desarrollado y las espiras del braquidio unidas por un yugo.

Biología-Ecología: El género *Spiriferina* es particularmente importante en el Lías. La especie *Spiriferina walcotti* podría haber alcanzado incluso el Jurásico medio, sobre todo en Marruecos. Dentro de los espiriferínidos, es la rama de mayor longevidad.

61 SPIRIFERINA TUMIDA

Clasificación: Filum: Braquiópodos. Cl.: Articulados. O.: Telotremados. Fam.: Espiriferínidos. **Piso:** Hettangiense a Pliensbachiense (Jurásico). Aparición: –195 M. a. Extinción: –175 M. a. **Distribución mundial:** Principales yacimientos en Europa. **Tamaño del fósil:** 3,5 cm de longitud.

Descripción: El aspecto de *Spiriferina tumida* es el de un Spirifer achaparrado, con marcado umbo ventral y área importante. Se distingue por los caracteres propios de los *Spiriferina*: terminaciones laterales cortas y redondeadas, línea cardinal curva y braquidio provisto de yugo. La ornamentación se compone de ocho a doce costillas estrechas y redondeadas, dispuestas radialmente a cada lado del seno, a las que se superponen unas puntuaciones correspondientes a la huella de las espinas. De manera general, la ornamentación está poco marcada y parece haber sido borrada. Algunos autores han llegado a describir esta especie como de concha lisa.

Biología-Ecología: El género *Spiriferina comienza* en el Carbonífero, tiene su apogeo en el Lías y desaparece en el Jurásico medio con especies como Spiriferina tumida o walcotti. La amplia distribución geográfica y el carácter evolutivo del género hacen de estas especies unos buenos fósiles estratigráficos.

62 UNCITES GRYPHUS

Clasificación: Filum: Braquiópodos. Cl.: Articulados. O.: Telotremados. Fam.: Uncítidos. **Piso:** Devónico medio. Aparición: –370 M. a. Extinción: –360 M. a. **Distribución mundial:** Principales yacimientos en Europa. **Tamaño del fósil:** 7 cm de longitud.

Descripción: *Uncites gryphus* es un Spirifer aberrante adaptado a la vida arrecifal. La concha es alta, de gran tamaño, provista de un voluminoso umbo ventral. Caso único en los *Spirifer*, la línea cardinal es corta y curvada, con apenas área cardinal. El deltidium, formado por numerosas placas soldadas, permite el paso al pedúnculo justo bajo la punta del umbo. La valva ventral presenta una depresión central que modifica su contorno. La superficie de la concha muestra numerosas costillas finas y radiales.

Biología-Ecología: La especie *Uncites gryphus* se desarrolló en los arrecifes de los mares cálidos devónicos, más concretamente en el Givetiense. De este modo, se adaptó a las aguas cálidas, agitadas por las corrientes marinas y fuertemente oxigenadas. Buen indicador de facies, resulta igualmente interesante para situar el Givetiense, ya que en Europa posee una distribución bastante amplia: Francia, Bélgica, Alemania y Gran Bretaña.

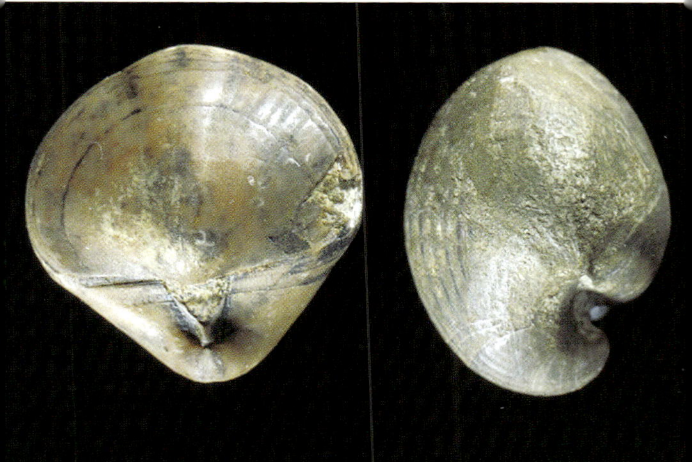

63 ATHYRIS

Clasificación: Filum: Braquiópodos. Cl.: Articulados. O.: Telotremados. Fam.: Athirídidos. **Piso:** Devónico a Triásico. Aparición: –395 M. a. Extinción: –200 M. a. **Distribución mundial:** Principales yacimientos en Estados Unidos y Europa. **Tamaño del fósil:** 3,3 cm de longitud.

Descripción: La forma general es mucho más recogida que en los *Spirifer*. Sin embargo, presenta numerosos caracteres análogos: seno ventral, pliegue dorsal y braquidio compuesto por dos conos en espiral opuestos por su base. Apuntemos que las dos espiras están unidas por un yugo mucho más complicado que en los Spirifer. La concha es subcircular, casi equivalva, con línea cardinal curvada y desprovista de área cardinal. El umbo de la valva ventral, recurvado por encima de la dorsal, presenta el extremo truncado por el foramen. El deltidium es en este caso rudimentario y determina un amplio orificio circular. La superficie de la concha puede ser lisa, presentar costillas o bien láminas concéntricas.

Biología-Ecología: Los athirídidos representan fundamentalmente el Devónico a través de su género más conocido: *Athyris*. Se mantuvieron sin embargo hasta el Triásico. Constituyen buenos fósiles estratigráficos, cuyo interés se halla limitado por su escasa distribución geográfica.

64 ACANTHOTHYRIS SPINOSA

Clasificación: Filum: Braquiópodos. Cl.: Articulados. O.: Telotremados. Fam.: Rinconélidos. **Piso:** Bajociense a Batoniense (Jurásico). Aparición: –175 M. a. Extinción: –165 M. a. **Distribución mundial:** Principales yacimientos en Europa. **Tamaño del fósil:** 2,5 cm de longitud.

Descripción: Forma globosa con seno frontal poco marcado, *Acanthothyris spinosa* es una rhynchonella de costillas espinosas y radiales, de ahí su nombre específico. Las espinas se alternan de un lado a otro. El foramen, siempre muy pequeño, está situado bajo el umbo ventral. Éste, relativamente discreto y en forma de pequeño pico puntiagudo, ha dado nombre a los rinconélidos. El braquidio, destinado a sostener el lofóforo, se reduce en esta especie a las cruras. De naturaleza fibrosa, la concha presenta un punteado que corresponde a la posición de las espinas, lo que constituye una excepción dentro de los rinconélidos.

Biología-Ecología: De las 600 formas de rinconélidos que se suceden desde el Silúrico superior hasta la actualidad, *Acanthothyris*, género cercano a Rhynchonella, caracteriza el Bajociense. Se trata de un fósil estratigráfico relativamente interesante, contrariamente a otras rhynchonellas que, pese a sus múltiples formas, no han permitido establecer una escala estratigráfica.

65 CYCLOTHYRIS VESPERTILIO

Clasificación: Filum: Braquiópodos. Cl.: Articulados. O.: Telotremados. Fam.: Rinconélidos. **Piso:** Coniaciense a Santoniense (Cretácico superior). Aparición: –90 M. a. Extinción: –80 M. a. **Distribución mundial:** Principales yacimientos en Europa occidental. **Tamaño del fósil:** 2,5 cm de longitud.

Descripción: La concha de *Cyclothyris vespertilio* presenta un fuerte seno ventral y extremos aplastados, y adopta una forma amplia, poco común en los rinconélidos, con aspecto de murciélago, de ahí su nombre específico. La superficie muestra entre 30 y 45 costillas, de las que más o menos una docena conforman un seno central. Las dos valvas están unidas por el lado anterior mediante una serie de dientes que corresponden, de hecho, a las costillas. El braquidio está ausente o se reduce a las cruras. La línea cardinal es curva y el foramen, muy discreto, está situado bajo el umbo ventral.

Biología-Ecología: *Cyclothyris vespertilio* es característico de las facies gredosas del Emscheriense. Lo que limita el uso en estratigrafía de las múltiples formas de rhynchonellas es la dificultad para diferenciarlas. *Cyclothyris vespertilio* presenta, sin embargo, una forma lo bastante curiosa como para no plantear problemas de identificación; por ello, resulta relativamente útil en el estudio del Cretácico superior.

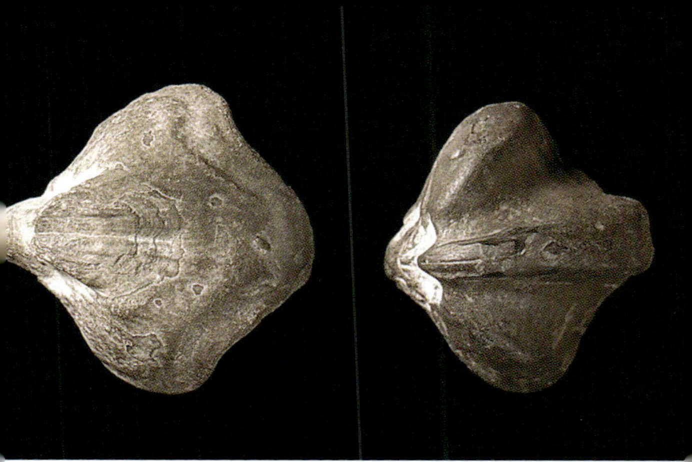

66 HYPOTHYRIDINA CUBOIDES

Clasificación: Filum: Braquiópodos. Cl.: Articulados. O.: Telotremados. Fam.: Uncinúlidos. **Piso:** Givetiense a Frasniense (Devónico). Aparición: –370 M. a. Extinción: –350 M. a. **Distribución mundial:** Principales yacimientos en el norte de Europa. **Tamaño del fósil:** 2,5 cm de longitud.

Descripción: *Hypothyridina cuboides* forma parte de las rhynchonellas pero no lleva el nombre del género, ya que éste queda reservado a las formas del Mesozoico. Este fósil paleozoico se caracteriza por una valva braquial fuertemente convexa y por un seno frontal rectangular muy pronunciado. Este último carácter le confiere el aspecto cúbico al que alude el nombre específico. El umbo ventral, más bien discreto y en forma de pequeño pico puntiagudo, justifica la pertenencia de la especie a los rhynchoneláceos. El seno ventral apenas está esbozado; la valva peduncular es casi plana y termina en su parte anterior en una lengua elevada que se corresponde con el seno frontal.

Biología-Ecología: *Hypothyridina cuboides* es una especie que se encuentra en materiales del Givetiense y el Frasniense. Existen formas aún más primitivas de rhynchonellas que aparecieron 65 millones de años antes, en el Silúrico. Esto demuestra la longevidad de los rhynchoneláceos, ya que aún están representados en la actualidad.

67 RHYNCHONELLA

Clasificación: Filum: Braquiópodos. Cl.: Articulados. O.: Telotremados. Fam.: Rinconélidos. **Piso:** Triásico a Cretácico superior. Aparición: –235 M. a. Extinción: –65 M. a. **Distribución mundial:** Cosmopolita. **Tamaño del fósil:** De 1 a 4 cm de longitud.

Descripción: Los rinconélidos son braquiópodos articulados telotremados. En esta familia, el braquidio es inexistente o está reducido a las cruras. El foramen se sitúa por debajo del umbo. En principio, el término de *Rhynchonella* está reservado a algunas formas del Mesozoico. Los rinconélidos comprenden más de 600 especies y representan, por lo tanto, a una familia importante. Las valvas son muy abombadas y presentan un seno. La línea cardinal es curva. *Rhynchonella* constituye el tipo medio de los braquiópodos. Las formas ancestrales del Paleozoico están principalmente representadas por los uncinúlidos y familias afines. En el Mesozoico, las especies más caracterizadas son *Burmirhynchia decorata*, *Thurmanella thurmanini* y *Cyclothyris vespertilio*. Algunas de estas especies están descritas en las páginas siguientes. No siempre son buenos fósiles estratigráficos, ya sea por su reducida extensión geográfica o por la dificultad de su identificación. Por lo general, la concha tiene simetría bilateral. Una de las valvas posee el centro deprimido y presenta un borde sinuoso. *Rhynchonella* es un género próximo a *Acanthothyris*.

Biología-Ecología: Se trata de especies bentónicas, sedentarias y de régimen micrófago.

68 HOMOEORHYNCHIA CYNOCEPHALA

CLASIFICACIÓN: Filum: Braquiópodos. Cl.: Articulados. O.: Telotremados. Fam.: Rinconélidos. **PISO:** Pliensbachiense a Aaleniense (Jurásico). Aparición: –180 M. a. Extinción: –165 M. a. **DISTRIBUCIÓN MUNDIAL:** Principales yacimientos en Europa. **TAMAÑO DEL FÓSIL:** 2 cm de longitud.

DESCRIPCIÓN: De tamaño reducido, *Homoeorhynchia cynocephala* debe su nombre específico a su característico perfil en «cabeza de perro», ya que presenta un seno frontal muy pronunciado formado por dos prominentes costillas. El foramen, muy discreto, se localiza bajo la curva del umbo ventral, también poco desarrollado. La charnela que permite la articulación de las valvas es corta y curvada. Las valvas son muy abombadas y muestran las típicas costillas radiales de las rhynchonellas. En el interior, el braquidio se reduce a dos apófisis no espiraladas. El caparazón, de naturaleza fibrosa, no está punctuado y en vista anterior está recortado en zigzag por las terminaciones de las costillas.

BIOLOGÍA-ECOLOGÍA: *Homoeorhynchia cynocephala* forma parte de un grupo que presenta una amplia distribución geográfica y temporal. Esta especie marca en el Jurásico el límite entre Lías y Dogger (hace 175 millones de años). Pese a su multiplicidad, resulta muy delicado establecer una escala estratigráfica a partir de este fósil.

69 SPHENORHYNCHIA PLICATELLA

CLASIFICACIÓN: Filum: Braquiópodos. Cl.: Articulados. O.: Telotremados. Fam.: Rinconélidos. **PISO:** Bajociense. Aparición: –175 M. a. Extinción: –165 M. a. **DISTRIBUCIÓN MUNDIAL:** Principales yacimientos en Francia y Gran Bretaña. **TAMAÑO DEL FÓSIL:** 4 cm de longitud.

DESCRIPCIÓN: *Sphenorhynchia plicatella* representa el tipo medio de las rhynchonellas. La valva peduncular es relativamente plana, mientras que la dorsal es más bien globulosa. Por lo general, en los rinconélidos es la valva ventral la menos desarrollada, lo que constituye una excepción en el filum de los braquiópodos. El seno frontal es en este caso poco acusado, con una típica ornamentación de finas costillas radiales. El braquidio, esqueleto de sostén del lofóforo, es inexistente o se reduce a las cruras. El foramen está situado bajo el umbo y la línea cardinal es curva. Hay que resaltar la importancia de la valva braquial, que confiere al caparazón, en vista frontal, un aspecto cuadrado, lo cual es un buen signo de reconocimiento.

BIOLOGÍA-ECOLOGÍA: *Sphenorhynchia plicatella* es una especie del Bajociense medio y superior. Su escasa distribución geográfica restringe su interés estratigráfico.

70

BURMIRHYNCHIA DECORATA

Clasificación: Filum: Braquiópodos. Cl.: Articulados. O.: Telotremados. Fam.: Rinconélidos. **Piso:** Bathoniense (Jurásico). Aparición: –170 M. a. Extinción: –160 M. a. **Distribución mundial:** Principales yacimientos en Europa occidental. **Tamaño del fósil:** 3,5 cm de longitud.

Descripción: Burmirhynchia decorata presenta una concha alta y estrecha, con la valva dorsal fuertemente convexa. El seno ventral es muy acusado, formado por dos a cuatro costillas. La unión entre las dos valvas es sinuosa, desviada en la parte central de la concha por el seno y el pliegue. Las costillas, agudas y dispuestas de forma radial, son la única ornamentación de la concha. Otros caracteres no específicos de la especie, pero típicos de las rhynchonellas, son la línea cardinal curva, el deltidium de tipo amplectens (las placas deltidiales rodean al foramen), el braquidio reducido a las cruras y el caparazón fibroso e impunctuado.

Biología-Ecología: Burmirhynchia es un género mesozoico que marca el Bathoniense. Vivía fijo mediante el pedúnculo sobre fondos móviles, fuera de la zona de influencia de las mareas. El interés que presenta en estratigrafía por su breve aparición en el tiempo se ve limitado por su escasa distribución geográfica. En ocasiones es útil como fósil de facies.

71

DICTYOTHYRIS COARCTATA

Clasificación: Filum: Braquiópodos. Cl.: Articulados. O.: Telotremados. Fam.: Dic tiotirídidos. **Piso:** Bathoniense (Jurásico). Aparición: –170 M. a. Extinción: –160 M a. **Distribución mundial:** Principales yacimientos en el norte de Francia y Gran Bre taña. **Tamaño del fósil:** 2,5 cm de longitud.

Descripción: Dictyothyris coarctata es una forma aberrante cuyo senos están in vertidos con respecto a las verdaderas terebrátulas. Posee un seno ventral y dos se nos dorsales. La ornamentación se compone de finas costillas radiales y estrías de crecimiento concéntricas que confieren un aspecto reticulado a la superficie de la concha. En los puntos de intersección de ambos dibujos se sitúa una espina. El bra quidio adquiere en este caso la forma de una cinta no espiralada pero a veces com plicada. El extremo del umbo está truncado por el foramen. El contorno del capa razón es más o menos pentagonal.

Biología-Ecología: Dictyothyris coarctata es una especie del Bathoniense que vi vía fija en aguas bastante agitadas de la zona circalitoral, sobre fondos más bien ro cosos. Pese a ser un fósil bien representado en el norte de Francia y en Gran Bre taña, su distribución geográfica no es lo suficientemente amplia para ser utilizado en estratigrafía.

72 STRINGOCEPHALUS BURTINI

Clasificación: Filum: Braquiópodos. Cl.: Articulados. O.: Telotremados. Fam.: Estringocefálidos. **Piso:** Givetiense (Devónico). Aparición: –365 M. a. Extinción: –360 M. a. **Distribución mundial:** Principales yacimientos en el norte de Europa y América. **Tamaño del fósil:** 10 cm de longitud.

Descripción: *Stringocephalus burtini* puede medir hasta 40 cm de longitud. Su gruesa concha constituye una excepción entre los terebratúlidos y señala su adaptación a la vida arrecifal. Se trata de un organismo más ancho que alto, con una valva ventral muy convexa, provisto de un fuerte umbo y un septo central interno que a veces determina una cicatriz en el lado exterior. El braquidio está formado por dos anchas cintas que se extienden a uno y otro lado del septo de la valva opuesta. El foramen es ínfero y no apical. La superficie del caparazón es prácticamente lisa, a excepción de las estrías de crecimiento poco marcadas.

Biología-Ecología: *Stringocephalus burtini* es una forma adaptada a la vida arrecifal, constantemente asociado a *Uncites gryphus*. Su vida en el medio coralino indica que prefería las aguas cálidas fuertemente oxigenadas y agitadas por las corrientes. Se trata de un fósil interesante, indicador tanto de facies como de zona.

73 CERERITHYRIS

Clasificación: Filum: Braquiópodos. Cl.: Articulados. O.: Telotremados. Fam.: Terebratúlidos. **Piso:** Bathoniense (Jurásico). Aparición: –165 M. a. Extinción: –155 M. a. **Distribución mundial:** Principales yacimientos en Europa occidental. **Tamaño del fósil:** 5 cm de longitud.

Descripción: *Cererithyris* representa el prototipo de los terebratúlidos. La concha presenta un seno central sobre la valva dorsal, mientras que sobre la valva peduncular se aprecia la presencia de un pliegue central. El braquidio muestra un desarrollo más o menos complicado en forma de cinta pero nunca en espiral, y está unido a la concha por las cruras. El foramen está situado en el extremo del umbo truncado. El caparazón suele ser fino, marcado con algunas estrías de crecimiento concéntricas.

Biología-Ecología: *Cererithyris* es un género próximo a *Terebratula*. Hay que destacar que el término de terebrátula se reserva a las formas de las eras secundaria y terciaria. El antiguo género Terebratula estaba formado por otros muchos géneros que se han clasificado aparte. *Cererithyris* está representado principalmente por la especie intermedia del Bathoniense.

74 SPHAEROIDOTHYRIS SPHAEROIDALIS

Clasificación: Filum: Braquiópodos. Cl.: Articulados. O.: Telotremados. Fam.: Terebratúlidos. **Piso:** Bajociense superior. Aparición: –165 M. a. Extinción: –160 M. a. **Distribución mundial:** Principales yacimientos en Francia y Gran Bretaña. **Tamaño del fósil:** 3 cm.

Descripción: La concha de *Sphaeroidothyris sphaeroidalis* es de tamaño medio, biconvexa, esférica (de ahí el nombre específico) y punctuada. El umbo es muy corto y la línea cardinal, curva (característica de la mayoría de los braquiópodos del Mesozoico). El deltidium está parcialmente cerrado por un symphytium (placas deltidiales soldadas o diferenciadas) no aparente. La comisura frontal es casi rectilínea. El caparazón, de naturaleza calcárea, es liso, sólo con estrías de crecimiento.

Biología-Ecología: *Sphaeroidothyris sphaeroidalis* es un organismo bentónico y sésil. Vivía en las plataformas carbonatadas del Bajociense, en mares cálidos y poco profundos, de aguas oxigenadas y muy agitadas. Se trata de un buen fósil estratigráfico y también un buen fósil de facies (paleoclima y paleoambiente). A menudo se encuentra asociado a otros invertebrados característicos de la misma facies, como moluscos y equinodermos.

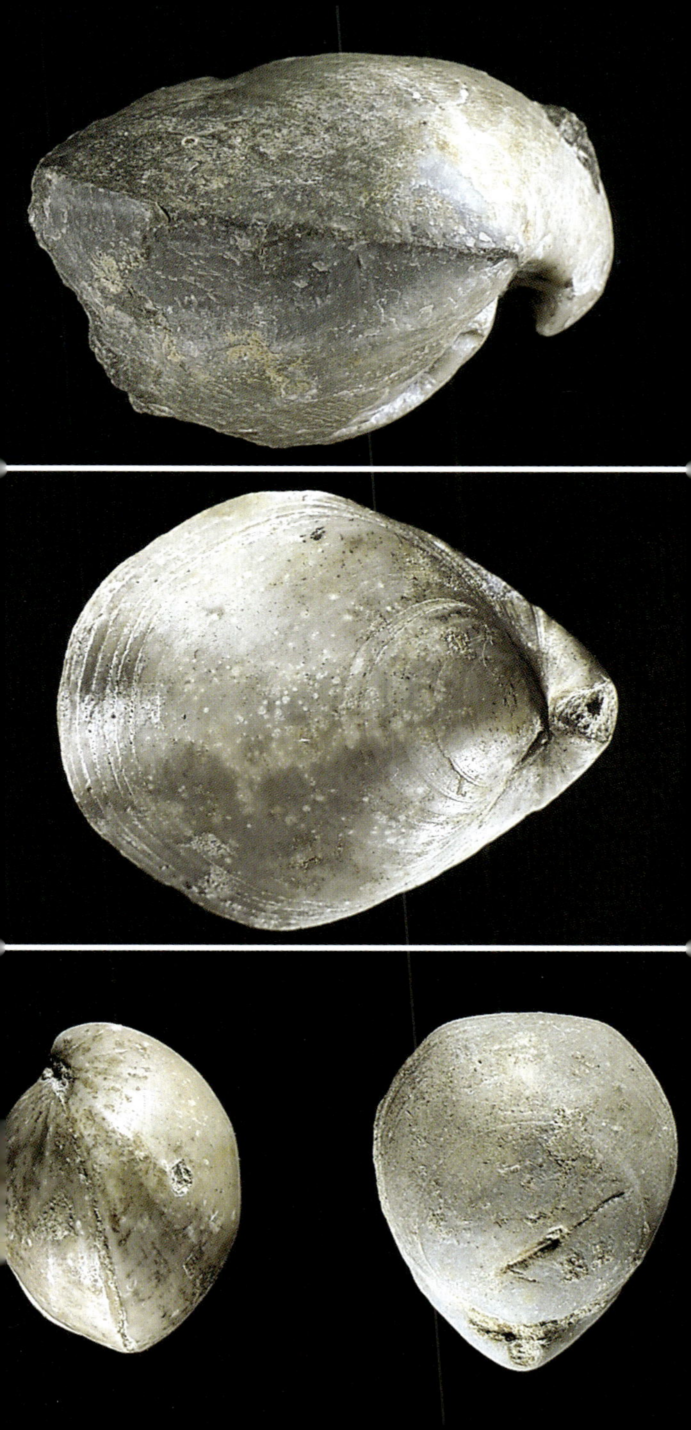

75

PRAELONGITHYRIS PRAELONGIFORMIS

Clasificación: Filum: Braquiópodos. Cl.: Articulados. O.: Telotremados. Fam.: Terebratúlidos. **Piso:** Aptiense (Cretácico inferior). Aparición: –125 M. a. Extinción: –105 M. a. **Distribución mundial:** Principales yacimientos en Europa. **Tamaño del fósil:** 4 cm de longitud.

Descripción: La concha recuerda a la de *Cererithyris*, aunque más estrecha y larga, con pliegues que afectan únicamente al tercio anterior. La valva dorsal presenta un seno central y dos pliegues laterales; la valva peduncular, más desarrollada por el lado posterior, muestra un fuerte umbo truncado por un enorme foramen circular. Este último está reforzado en su perímetro por un abultamiento de la concha. Las cintas del braquidio están unidas a la valva dorsal por dos apófisis. La ornamentación es muy simple, a base de estrías de crecimiento concéntricas y espaciadas.

Biología-Ecología: *Praelongithyris praelongiformis* caracteriza el piso Aptiense (Cretácico). El tamaño del foramen induce a pensar que el animal disponía de un fuerte pedúnculo que le permitía mantenerse fijo en aguas agitadas.

76

PYGOPE JANITOR

Clasificación: Filum: Braquiópodos. Cl.: Articulados. O.: Telotremados. Fam.: Pigópidos. **Piso:** Portlandiense (Jurásico). Aparición: –145 M. a. Extinción: –140 M. a. **Distribución mundial:** Principales yacimientos en el sureste de Francia. **Tamaño del fósil:** 5 cm de longitud.

Descripción: Se trata de un género fácilmente reconocible por su contorno triangular, con dos lóbulos, más o menos unidos, que delimitan una perforación central. La valva ventral presenta un pliegue medio que une el orificio al umbo; en la valva dorsal, el orificio se prolonga en una depresión simple. El umbo es recurvado y está truncado por el foramen. La superficie del caparazón es lisa y presenta únicamente la perforación y la escotadura.

Biología-Ecología: Los pygopes son terebrátulas perforadas que vivieron en el Jurásico y el Cretácico, en las facies profundas del geosinclinal alpino. El paso del tipo terebrátula al tipo pygope se observa en los individuos jóvenes y en ciertas especies intermedias. *Pygope* janitor caracteriza el Portlandiense.

77

PYGITES DIPHYOIDES

Clasificación: Filum: Braquiópodos. Cl.: Articulados. O.: Telotremados. Fam.: Pigópidos. **Piso:** Berriasiense (Cretácico inferior). Aparición: –135 M. a. Extinción: –130 M. a. **Distribución mundial:** Principales yacimientos en el sureste de Francia. **Tamaño del fósil:** 6,5 cm de longitud.

Descripción: La forma general es más redondeada que su ascendiente *Pygope janitor*. La concha está formada por dos lóbulos laterales más o menos diferenciados que siempre delimitan una perforación central en el fósil. Sobre la valva ventral, el pliegue que une orificio y umbo está separado en dos por un surco. Dorsalmente, el orificio se prolonga en dos cortos canalillos que pueden ir acompañados por dos pliegues laterales que nacen en la parte central de la charnela. El foramen, de tamaño medio, trunca el extremo del umbo. Las estrías de crecimiento suelen ser bien visibles y refuerzan la forma de corazón invertido del animal.

Biología-Ecología: *Pygites diphyoides*, especie del Berriasiense, se sitúa en la línea iniciada en el Portlandiense por Pygope janitor. Estos géneros agrupan individuos que vivían sobre los grandes fondos del geosinclinal alpino durante el Jurásico y el Cretácico inferior. Resultan interesantes fósiles de facies.

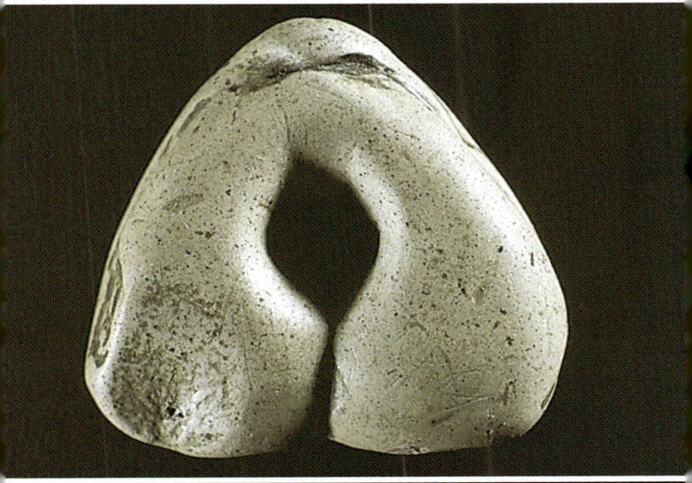

78 COENOTHYRIS VULGARIS

Clasificación: Filum: Braquiópodos. Cl.: Articulados. O.: Telotremados. Fam.: Dielasmátidos. **Piso:** Muschelkalk (Triásico). Aparición: –220 M. a. Extinción: –210 M. a. **Distribución mundial:** Principales yacimientos en Europa occidental. **Tamaño del fósil:** 3,5 cm de longitud.

Descripción: *Coenothyris vulgaris* recuerda a una terebrátula con un único y amplio seno ventral. Se trata de una forma aberrante en las terebrátulas, con un braquidio reducido que no sobrepasa el centro de la concha. En la valva dorsal presenta un septo al que se sueldan las cintillas del aparato braquial. El deltidium es de tipo «discretum» y determina un foramen generalmente más grande. El contorno de la concha es más o menos pentagonal. La superficie del caparazón sólo muestra dos inflexiones sinuosas y estrías de crecimiento concéntricas.

Biología-Ecología: *Coenothyris vulgaris* es una especie frecuente en el Triásico, principalmente en las series estratigráficas del Muschelkalk. Se trata de un buen fósil estratigráfico y sirve precisamente para caracterizar este piso. En Europa occidental tiene una distribución bastante amplia, principalmente en Alemania.

79 EUDESIA CARDIUM

Clasificación: Filum: Braquiópodos. Cl.: Articulados. O.: Telotremados. Fam.: Eudéslidos. **Piso:** Bathoniense (Jurásico). Aparición: –170 M. a. Extinción: –160 M. a. **Distribución mundial:** Principales yacimientos en Europa. **Tamaño del fósil:** 3,5 cm de longitud.

Descripción: Las costillas radiales que conforman la ornamentación de *Eudesia cardium* le confieren el aspecto de una rhynchonella, de la que se diferencia fundamentalmente por tener un desarrollado aparato braquial que alcanza la comisura de las valvas. El contorno de la concha es ovalado o semicircular, con pequeños dientes que corresponden a los pliegues radiales y angulosos de la superficie. La valva peduncular presenta un enorme foramen en la punta del umbo. La valva dorsal está dividida en dos por un tabique central, longitudinal e interno. Los senos frontales están ausentes. La soldadura directa de las cintillas braquiales al septo constituye un carácter propio de la familia de los terebratúlidos.

Biología-Ecología: *Eudesia cardium* es una especie característica del Bathoniense. Hay que señalar su proximidad con la familia de los terebratúlidos, actualmente la mejor representada de todos los braquiópodos, y en concreto con la especie litoral Megathyris decollata. Esta familia cuenta con individuos bentónicos que viven fijos y pueden resistir aguas agitadas.

80 PEREGRINELLA MULTICARINATA

Clasificación: Filum: Braquiópodos. Cl.: Articulados. O.: Telotremados. Fam.: Dimeréllidos. **Piso:** Valanginiense a Hauteriviense (Cretácico inferior). Aparición: –135 M. a. Extinción: –145 M. a. **Distribución mundial:** Principales yacimientos en Europa occidental y Estados Unidos (costa oeste). **Tamaño del fósil:** De 6 a 8 cm.

Descripción: La concha es muy regular y de contorno redondeado. La ornamentación se compone de costillas radiales que se cruzan con las estrías concéntricas de crecimiento. El foramen es muy pequeño, limitado por un umbo que apenas sobresale. La línea cardinal es rectilínea. Este fósil, inequivalvo y equilátero, es de aragonito. La charnela es ancha, con dos dientes cardinales en la valva ventral que encajan en las dos fosetas de la valva dorsal o braquial.

Biología-Ecología: *Peregrinella multicarinata* es un organismo bentónico que vivía fijo gracias a un pedúnculo musculoso, como la mayor parte de los braquiópodos. La forma de la concha no era precisamente la adecuada para vivir enterrada. Esta especie habitaba en zonas de sedimentos blandos, no lejos de la costa, a una profundidad de unos 50 m, fuera de la zona de influencia de las mareas. La alimentación era de tipo suspensívoro: el lofóforo filtraba las partículas orgánicas en suspensión. Su aparición limitada en el tiempo harían de él un buen fósil estratigráfico si no fuese porque su distribución geográfica es demasiado reducida.

81

DIGONELLA DIGONA

CLASIFICACIÓN: Filum: Braquiópodos. Cl.: Articulados. O.: Telotremados. Fam.: Zeilléridos. **PISO:** Bathoniense (Jurásico). Aparición: –170 M. a. Extinción: –160 M. a. **DISTRIBUCIÓN MUNDIAL:** Principales yacimientos en Francia y Gran Bretaña. **TAMAÑO DEL FÓSIL:** 2,5 cm de longitud.

50 m

DESCRIPCIÓN: Se trata de una forma globulosa, bruscamente truncada en su lado anterior, lo que le confiere el aspecto de un «saco de carbón». Dos pequeñas costillas señalan las esquinas de este saco, separadas por un seno frontal muy amplio y poco profundo. La comisura valvar es rectilínea; el umbo presenta un buen desarrollo, truncado por un pequeño foramen. Éste está formado por un deltidium de tipo «discretum». La valva peduncular es la más desarrollada; la dorsal presenta un septo, interno y central, sobre el que se sueldan las cintillas braquiales. La superficie de la concha presenta unas finas estrías de crecimiento y está ligeramente punctuada.

BIOLOGÍA-ECOLOGÍA: En líneas generales, los zeilléridos son buenos fósiles estratigráficos, ya que cada especie tiene una breve aparición en el tiempo, lo que permite delimitar de forma muy precisa las distintas series sedimentarias del Jurásico.

82

ZEILLERIA NUMMISMALIS

CLASIFICACIÓN: Filum: Braquiópodos. Cl.: Articulados. O.: Telotremados. Fam.: Zeilléridos. **PISO:** Pliensbachiense (Lías). Aparición: –180 M. a. Extinción: –175 M. a. **DISTRIBUCIÓN MUNDIAL:** Principales yacimientos en Europa occidental. **TAMAÑO DEL FÓSIL:** 3 cm de longitud.

50 m

DESCRIPCIÓN: Los braquiópodos del género *Zeilleria* son los únicos, dentro de los terebratuláceos, cuya comisura valvar es rectilínea. La especie nummismalis es una forma discoidal, subcircular y casi equivalva. En su parte anterior está ligeramente truncada por un seno poco marcado y central sobre ambas valvas. La superficie del caparazón es lisa, con numerosas punctuaciones muy visibles bajo la lupa. Contrariamente a otros representantes de esta familia, el foramen es pequeño, situado en el extremo del umbo apenas marcado de la valva ventral. Las cintillas braquiales están directamente soldadas al septo central de la valva dorsal.

BIOLOGÍA-ECOLOGÍA: El género *Zeilleria* comprende numerosas especies características de un piso concreto. La especie nummismalis, por ejemplo, es representativa del Pliensbachiense inferior. Estos animales vivían sobre el litoral, fijos por un pedúnculo ramificado. El carácter evolutivo del grupo es de gran utilidad en la estratigrafía del Jurásico inferior.

83

OXYTOMA

CLASIFICACIÓN: Filum: Moluscos. Cl.: Lamelibranquios. O.: Pterioideos. Fam.: Oxitómidos. **PISO:** Jurásico medio. Aparición: –175 M. a. Extinción: –167 M. a. **DISTRIBUCIÓN MUNDIAL:** Principales yacimientos en Europa occidental. **TAMAÑO DEL FÓSIL:** Aproximadamente 3 cm.

50 m

DESCRIPCIÓN: Lo que encontramos en los sedimentos es la concha bivalva calcárea de este organismo. De tamaño reducido, es inequilateral y posee dos «alas», siendo la delantera algo más corta respecto a la posterior. La valva derecha es plana y presenta una escotadura que corresponde al paso del biso. La valva izquierda, más abombada, muestra entre 12 y 16 costillas lisas principales, entre las que se intercalan otras más finas. Oxytoma es un lamelibranquio disodonto que posee una larga charnela rectilínea; cada valva presenta un pequeño diente cardinal y uno laminar. Una gran parte del ligamento que mantiene unidas las dos valvas se inserta en una profunda ranura. El área ligamentaria externa, reducida, está limitada a la parte anterior de la charnela y presenta un fino estriado. La concha es nacarada por dentro y presenta la huella del músculo aductor posterior en posición subcentral.

BIOLOGÍA-ECOLOGÍA: *Oxytoma* era un animal marino que vivía fijo por el biso sobre fondos fangosos. La reducción de la parte anterior guarda relación con este modo de vida. La fauna asociada era muy variada y comprendía, entre otros, esponjas, crustáceos y cefalópodos.

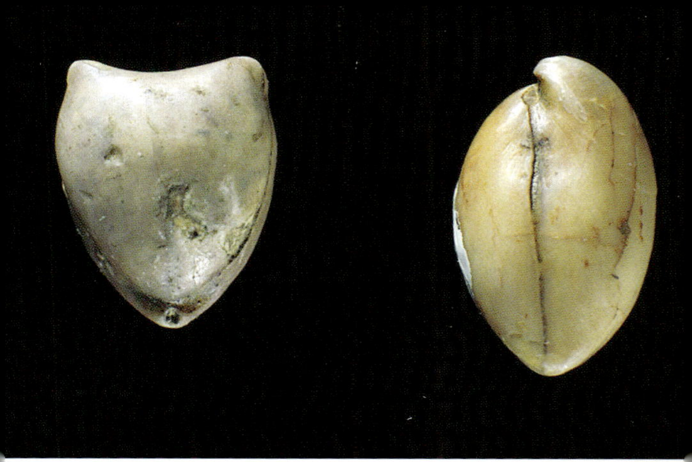

84 POSIDONIA

CLASIFICACIÓN: Filum: Moluscos. Cl.: Lamelibranquios. O.: Pterioideos. Fam.: Posidónidos. **PISO:** Viseense (Carbonífero). Aparición: –330 M. a. Extinción: –320 M. a. **DISTRIBUCIÓN MUNDIAL:** Principales yacimientos en Bélgica, Alemania, España y Gran Bretaña. **TAMAÑO DEL FÓSIL:** 6 m de longitud.

DESCRIPCIÓN: La concha de *Posidonia* es de paredes finas y naturaleza calcárea, ligeramente inequivalva, ovalada, algo cóncava e inequilateral. Los umbos son pequeños; el borde cardinal, rectilíneo; y la charnela, desprovista de dientes. El área ligamentaria es triangular. La ornamentación de Posidonia se caracteriza por pliegues irregulares concéntricos a los que se añaden estrías muy finas. La impresión paleal, bien visible en el interior de la concha, es continua.

BIOLOGÍA-ECOLOGÍA: *Posidonia* es una forma bentónica que se desarrolló principalmente en el Carbonífero inferior (Viseense), periodo durante el cual hubo una gran inestabilidad de las líneas de costa y de los fondos marinos. La fijación en los ejemplares adultos se realizaba bien mediante un biso que pasaba por una escotadura de la valva derecha o bien por cimentación de la valva derecha. Eran formas carnívoras. Dada su amplia distribución geográfica y su limitación en el tiempo, Posidonia es un buen fósil estratigráfico y de facies.

85 PINNA

CLASIFICACIÓN: Filum: Moluscos. Cl.: Lamelibranquios. O.: Mitiloideos. Fam.: Pínnidos. **PISO:** Devónico a la actualidad. Aparición: –395 M. a. **DISTRIBUCIÓN MUNDIAL:** Cosmopolita. **TAMAÑO DEL FÓSIL:** De 10 a 30 cm de longitud.

DESCRIPCIÓN: *Pinna* posee una gran concha bivalva bastante plana con una ornamentación de costillas radiales que puede verse interrumpida o no por un surco central que recorre la valva en toda su longitud. Se distingue una amplia huella muscular interna en posición subcentral.

El sistema de unión de las valvas en el género *Pinna* es muy rudimentario: no existe charnela, sino un ligamento elástico encajado entre ambas valvas y que las mantiene unidas. Los bordes de las valvas no están en contacto en la parte más ancha, de manera que no ajustan del todo. El biso es grueso.

BIOLOGÍA-ECOLOGÍA: El género *Pinna* vive semienterrado en los fondos arenosos de aguas moderadamente profundas. Se fija mediante el biso, que pasa por una escotadura anterior de la concha. El tipo actual es el «jamón de mar» del Atlántico.

86 MYTILUS

CLASIFICACIÓN: Filum: Moluscos. Cl.: Lamelibranquios. O.: Mitiloideos. Fam.: Mitílidos. **PISO:** Jurásico hasta la actualidad. Aparición: –195 M. a. **DISTRIBUCIÓN MUNDIAL:** Principales yacimientos en Europa. **TAMAÑO DEL FÓSIL:** 5 cm de longitud.

DESCRIPCIÓN: La concha es equivalva e inequilateral, de aspecto anguloso y triangular. De paredes finas, presenta algo de nácar y su superficie externa no exhibe ninguna ornamentación. El umbo terminal es ligeramente incurvado.

El mejillón es un representante de este género. El animal carece de charnela, si acaso presenta unos dientecillos muy pequeños. Las dos huellas musculares son de tamaño desigual. Una de ellas está situada bajo el umbo pero puede estar ausente; la otra es más grande y está situada en posición opuesta. *Mytilus* posee un biso bien desarrollado.

BIOLOGÍA-ECOLOGÍA: El género *Mytilus* es el tipo clásico de lamelibranquio fijo por un biso. Es característico de las zonas costeras con rocas, sobre las que vive fijo en gran número. Las especies del género *Mytilus* se encuentran tanto en aguas saladas como en aguas dulces o salobres.

87 MODIOLUS

Clasificación: Filum: Moluscos. Cl.: Lamelibranquios. O.: Mitiloideos. Fam.: Mitílidos. **Piso:** Devónico hasta la actualidad. Aparición: –395 M. a. **Distribución mundial:** Principales yacimientos en Europa occidental. **Tamaño del fósil:** Varios centímetros de longitud.

Descripción: Se trata de una concha equivalva, convexa y de contorno ovalado. Su superficie es lisa, sin apenas ornamentación, únicamente estrías de crecimiento concéntricas. Presenta dos inflexiones laterales que parten del umbo y que le confieren un aspecto sinuoso e inequilateral. El umbo es subterminal, contrariamente al género *Mytilus*, donde es casi terminal. Las impresiones musculares apenas están marcadas, y una es más grande que la otra. *Modiolus* posee una charnela reducida de tipo «disodonta».

Biología-Ecología: *Modiolus* es un animal que vive en la zona intermareal hasta profundidades superiores a 150 metros. En las formas fósiles el biso aparece después del Ordovícico inferior. La posición cada vez más terminal del umbo y la reducción de la parte anterior de la concha son una muestra de adaptación a un modo de vida fijo.

88 INOCERAMUS SULCATUS

Clasificación: Filum: Moluscos. Cl.: Lamelibranquios. O.: Pterioideos. Fam.: Inocerámidos. **Piso:** Albiense medio (Cretácico). Aparición: –110 M. a. **Distribución mundial:** Principales yacimientos en Europa occidental. **Tamaño del fósil:** De 5 a 6 cm.

Descripción: *Inoceramus* presenta una concha calcárea muy característica: forma subcircular, muy inequivalva (valva izquierda más convexa que la derecha) y muy inequilateral. Los umbos están en posición muy anterior, curvados hacia delante y prominentes. La línea cardinal es rectilínea, con charnela desprovista de dientes y área ligamentaria con numerosos huecos. La ornamentación de *Inoceramus sulcatus* se caracteriza por costillas radiales angulosas. La impresión paleal, visible en el interior de la concha, es continua. Los músculos aductores son desiguales, estando el anterior reducido o incluso ausente, lo que para algunos autores se traduce en la fijación por el biso. El interior de la concha es nacarado.

Biología-Ecología: *Inoceramus sulcatus* es una forma bentónica que fue muy abundante. Se trata de formas fijas por un biso que pasa a través de una escotadura en la valva derecha, o fijas por cementación de esta última. Inoceramus sulcatus es un excelente fósil estratigráfico y un indicador de paleoambiente.

89 NEITHEA

Clasificación: Filum: Moluscos. Cl.: Lamelibranquios. O.: Pterioideos. Fam.: Pectínidos. **Piso:** Cretácico. Aparición: –141 M. a. Extinción: –65 M. a. **Distribución mundial:** Principales yacimientos en Francia e Inglaterra. **Tamaño del fósil:** 5 cm de longitud.

Descripción: La concha posee una valva muy convexa y otra plana o ligeramente cóncava. La ornamentación es de tipo radial, con las costillas principales muy marcadas y entre ellas, a intervalos regulares, otras más discretas. Según las especies se observan dos orejetas que pueden ser iguales o no. La charnela consta de dos pequeños dientes, a veces ligeramente crenulados.

Biología-Ecología: *Neithea* era un animal libre que no vivía fijo por el biso. Habitaba sobre fondos arenosos, apoyado sobre la valva más abombada, mientras que la valva plana (superior) adoptaba la función de opérculo. La anatomía del músculo aductor les permitía cerrar rápidamente las valvas y desplazarse por reacción. Este sistema es frecuente en las especies de la familia de los pectínidos.

90 PECTEN

Clasificación: Filum: Moluscos. Cl.: Lamelibranquios. O.: Pterioideos. Fam.: Pectínidos. **Piso:** Cretácico inferior hasta la actualidad. Aparición: –141 M. a. **Distribución mundial:** Principales yacimientos en Europa meridional y occidental. **Tamaño del fósil:** Desde pocos centímetros, hasta más de 10 cm de longitud.

Descripción: La concha es siempre inequivalva. Por lo general, una de las valvas es casi plana y la otra, abombada; pero también pueden ser las dos convexas, aunque de forma desigual. A ambos lados del umbo presenta dos orejetas de igual tamaño, lo que permite diferenciar este género de *Chlamys*. La forma general es circular, relativamente equilateral o ligeramente oblicua. La ornamentación está formada por costillas radiales dispuestas de forma regular y que a menudo se hacen más anchas a partir del centro de la concha hasta el borde, frecuentemente ondulado. El interior de la valva muestra una gran impresión muscular redonda.

Biología-Ecología: Los *Pecten* viven sobre fondos arenosos, en aguas muy profundas. Se trata de especies oportunistas, como los *Chlamys*, y constituyen buenos fósiles estratigráficos, especialmente para el Terciario.

91 CHLAMYS

Clasificación: Filum: Moluscos. Cl.: Lamelibranquios. O.: Pterioideos. Fam.: Pectínidos. **Piso:** Devónico hasta la actualidad. Aparición: –395 M. a. **Distribución mundial:** Cosmopolita. **Tamaño del fósil:** Desde pocos centímetros, hasta 30 cm de longitud.

Descripción: La concha es equivalva, bastante plana, de aspecto general subcircular y con dos orejetas de tamaño desigual. La ornamentación se compone de costillas radiales y a veces pequeñas asperezas. La charnela, al principio isodonta, pasa a ser disodonta en las formas adultas, con dientes muy reducidos. *Chlamys* es una forma monomiaria, es decir, sólo posee un músculo aductor, el posterior, cuya huella se puede observar en la parte central de la concha. Además, se fijaba mediante el biso.

Biología-Ecología: El animal vivía fijo, preferentemente en zonas litorales, tanto en aguas frías como cálidas, según las especies. En ecología se distinguen las especies muy especializadas de las especies oportunistas, como los *Chlamys*, un género muy fecundo que forma generaciones que aparecen y desaparecen muy rápidamente en el tiempo. *Chlamys* se emplea con frecuencia en estratigrafía.

92 PLICATULA

Clasificación: Filum: Moluscos. Cl.: Lamelibranquios. O.: Pterioideos. Fam.: Plicatúlidos. **Piso:** Triásico hasta la actualidad. Aparición: –225 M. a. **Distribución mundial:** Cosmopolita. **Tamaño del fósil:** 2,5 cm de longitud.

Descripción: La concha es muy inequivalva e inequilateral, de forma deltoidal o irregular y ostreiforme, con una de las valvas muy abombada y la otra casi plana. Presenta una ornamentación irregular a base de costillas radiales con espinas crenuladas o simples nudosidades. El área próxima al umbo es muy reducida. El interior de la valva muestra una impresión muscular neta y redonda, ligeramente desviada hacia la periferia. La charnela isodonta está presente únicamente en el estado adulto.

Biología-Ecología: Como todos los plicatúlidos, los lamelibranquios del género *Plicatula* viven fijos al sustrato por su valva más abombada. Poseen un sistema que les permite la brusca contracción del músculo aductor, asegurándoles así el rápido cierre de las valvas.

93 **SPONDYLUS SPINOSUS**

CLASIFICACIÓN: Filum: Moluscos. Cl.: Lamelibranquios. O.: Pterioideos. Fam.: Espondílidos. **PISO:** Turoniense a Senoniense (Cretácico superior). Aparición: –90 M. a. Extinción: –82 M. a. **DISTRIBUCIÓN MUNDIAL:** Principales yacimientos en Inglaterra, Bélgica y Francia. **TAMAÑO DEL FÓSIL:** 6 cm de longitud.

DESCRIPCIÓN: La concha es inequivalva e inequilateral. Ambas valvas son convexas pero la que permanece fija al sustrato suele tener forma irregular. Los umbos están bien desarrollados, sobre todo el de la valva fija, que es largo y recto. La ornamentación es de tipo radial, con costillas desiguales y espinosas, lo que explica el nombre específico. La charnela es isodonta, con dientes muy desarrollados. La impresión muscular es redonda, algo desplazada hacia el exterior.

BIOLOGÍA- ECOLOGÍA: *Spondylus spinosus* habitaba en las aguas cálidas de los arrecifes coralinos durante el Senoniense. Vivía fijo por una valva y, al igual que los pectínidos y el resto de espondílidos, tenía un músculo aductor especial formado por fibras lisas y fibras estriadas que le permitía cerrar bruscamente las valvas. Spondylus spinosus es un buen fósil de facies.

94 **CONGERIA SUBGLOBOSA**

50 m

CLASIFICACIÓN: Filum: Moluscos. Cl.: Lamelibranquios. O.: Veneroideos. Fam.: Dreisénidos. **PISO:** Pontiense (Mioceno). Aparición: –10 M. a. Extinción: –5 M. a. **DISTRIBUCIÓN MUNDIAL:** Principales yacimientos en Austria. **TAMAÑO DEL FÓSIL:** De 9 a 10 cm de longitud.

DESCRIPCIÓN: La concha es gruesa, cuadrangular, con una charnela desprovista de dientes, un ligamento interno y umbo enrollado. Presenta las dos huellas musculares correspondientes a los músculos aductores y, por detrás de la huella muscular anterior, se observa una protuberancia que sirve de inserción al músculo del biso. La impresión paleal está entera. La ornamentación externa se limita a las estrías de crecimiento. *Congeria subglobosa* destaca por su gran tamaño.

BIOLOGÍA-ECOLOGÍA: *Congeria subglobosa* es una forma bentónica característica del Pontiense. En aquella época, los mares eran cálidos y este lamelibranquio vivía fijo por el biso. El grosor de la concha responde a una adaptación a cierto tipo de vida (resistencia a los golpes…). Su distribución geográfica y su limitada extensión en el tiempo hacen de este fósil un buen marcador estratigráfico y un indicador de medio: zona costera, incluso lagunar, en la zona de influencia de las mareas.

95 **RASTELLUM RECTANGULARE**

50 m

CLASIFICACIÓN: Filum: Moluscos. Cl.: Lamelibranquios. O.: Ostreina. Fam.: Ostreidos. **PISO:** Cretácico inferior. Aparición: –130 M. a. Extinción: –110 M. a. **DISTRIBUCIÓN MUNDIAL:** Principales yacimientos en Europa. **TAMAÑO DEL FÓSIL:** De 8 a 12 cm de longitud.

DESCRIPCIÓN: La concha es de tamaño medio, alargada y curvada, casi equivalva, con una foseta ligamentaria triangular. No posee ni dientes ni impresión paleal. El contorno de la concha tiene forma de media luna (más o menos arqueada) con un flanco anterior convexo y uno posterior cóncavo. La ornamentación se caracteriza por una estrecha cresta a lo largo del eje central de las valvas, de la que parten costillas simples que terminan en pliegues. De ello resulta una comisura en forma de zigzag. La impresión del músculo aductor está situada cerca de la charnela. Este tipo de lamelibranquio poseía un sistema respiratorio formado por dos pares de branquias.

BIOLOGÍA-ECOLOGÍA: *Rastellum rectangulare* es una forma bentónica característica del Cretácico inferior (Valanginiense a Aptiense), periodo en el que sigue existiendo el clima cálido que ya existía en el Jurásico. Estas «ostras» carnívoras vivían fijas por la valva izquierda sobre fondos marinos más o menos carbonatados poco profundos, en aguas cálidas y oxigenadas. Dada su extensión en el tiempo, Rastellum rectangulare no es un buen fósil estratigráfico, pero sí un indicador paleoecológico

96

LOPHA GREGAREA

Clasificación: Filum: Moluscos. Cl.: Lamelibranquios. O.: Ostreina. Fam.: Ostreidos. **Piso:** Jurásico medio y superior. Aparición: –160 M. a. Extinción: –145 M. a. **Distribución mundial:** Principales yacimientos en Europa occidental. **Tamaño del fósil:** De 6 a 8 cm de longitud.

Descripción: La concha es de tamaño medio, incluso pequeña, biconvexa, subequivalva. Las valvas presentan pliegues muy agudos y márgenes dentados. Esta especie, de morfología variable, muestra una valva izquierda con numerosas costillas que se cruzan con las láminas de crecimiento, que pueden formar espinas tubulares. La impresión del músculo aductor se sitúa cerca del borde posterior. El sistema respiratorio está formado por dos pares de branquias. La concha cuenta con una foseta ligamentaria triangular, sin dientes ni impresión paleal.

Biología-Ecología: *Lopha* o *Alectryona gregarea* es una forma bentónica característica del Jurásico medio y superior (Bajociense a Oxfordiense), periodo en el que predominan las plataformas carbonatadas. *L. gregarea* habitaba en mares cálidos a profundidades de hasta 1.000 metros. Estos lamelibranquios vivían fijos por la valva izquierda y eran carnívoros. Dada su extensión geográfica, *Lopha gregarea* no es un fósil estratigráfico pero sí un buen fósil de facies, característico de un biotopo del Jurásico medio y superior.

97

DELTOIDEUM DELTA

Clasificación: Filum: Moluscos. Cl.: Lamelibranquios. O.: Ostreina. Fam.: Ostreidos. **Piso:** Jurásico superior. Aparición: –150 M. a. Extinción: –146 M. a. **Distribución mundial:** Principales yacimientos en Francia. **Tamaño del fósil:** Hasta 15 cm de longitud.

Descripción: De aspecto vagamente triangular, *Deltoideum delta* es inequilateral, inequivalvo y de tamaño relativamente grande. Se trata de una especie plana, de umbo ligeramente opistogiro (dirigido hacia la parte posterior de la concha), contrariamente a la mayoría de los lamelibranquios. La ornamentación del caparazón se compone de láminas irregulares concéntricas. La impresión muscular es pequeña y situada en posición central. La charnela es disodonta. El borde interno situado bajo el umbo es ancho y presenta estrías; en él podemos observar la amplia foseta triangular del ligamento.

Biología-Ecología: Esta especie solía vivir en fondos fangosos de aguas poco profundas. Sin embargo, también se ha encontrado en zonas próximas a la costa con salinidad normal y en zonas con salinidad inestable. Se alimentaba de plancton y partículas en suspensión. Es un buen fósil estratigráfico, empleado para datar y caracterizar las facies limosas.

98

OSTREA BELLOVACINA

Clasificación: Filum: Moluscos. Cl.: Lamelibranquios. O.: Ostreina. Fam.: Ostreidos. **Piso:** Paleoceno. Aparición: –57 M. a. Extinción: –55 M. a. **Distribución mundial:** Principales yacimientos en Europa occidental. **Tamaño del fósil:** Hasta 12 cm de longitud.

Descripción: La concha de *Ostrea bellovacina* es de forma irregular, tendiendo a ovalada, con dos valvas desiguales, una convexa (la izquierda) y la otra plana. Los umbos son prominentes. La superficie externa es laminar e irregular, con ornamentación de láminas y escamas concéntricas, así como gruesos pliegues radiales, sobre todo en la valva más abombada. La impresión del músculo es ovoide y ocupa una posición central. La charnela carece de dientes. La zona estriada situada bajo el umbo presenta una importante depresión en forma de canal que corresponde a la foseta ligamentaria interna.

Biología-Ecología: *Ostrea bellovacina* era un animal bentónico que vivía en aguas poco profundas apoyado sobre su valva convexa en sustratos de cieno. Se trata de un excelente fósil estratigráfico, característico del Thanetiense.

99 CRASSOSTREA LONGIROSTRIS

Clasificación: Filum: Moluscos. Cl.: Lamelibranquios. O.: Ostreina. Fam.: Ostreidos. **Piso:** Estampiense. Aparición: –37 M. a. Extinción: –20 M. a. **Distribución mundial:** Principales yacimientos en Europa occidental. **Tamaño del fósil:** 12 cm de longitud.

Descripción: *Crassostrea longirostris* es una ostra fósil de gran tamaño. La concha es irregular y rugosa, de estructura laminar y no nacarada. La valva derecha es plana y está poco ornamentada, con el borde crenulado en su parte anterior. La valva izquierda, por la que se fija Crassostrea al sustrato, es convexa y gruesa, con pliegues radiales escamosos. El ligamento que unía ambas valvas se insertaba sobre una amplia superficie. La charnela está desprovista de dientes y es rectilínea. Las pequeñas y numerosas perforaciones que presenta la concha corresponden a los refugios donde se instalaban las algas y las esponjas.

Biología-Ecología: *Crassostrea* es un lamelibranquio que vivía en la zona mareal y resistía bien las variaciones de salinidad. Su biología es idéntica a la de las ostras actuales. Crassostrea longirostris es característica de las arcillas y margas del Estampiense.

100 GRYPHAEA ARCUATA

Clasificación: Filum: Moluscos. Cl.: Lamelibranquios. O.: Ostreina. Fam.: Grifeidos. **Piso:** Sinemuriense (Lías). Aparición: –188 M. a. Extinción: –183 M. a. **Distribución mundial:** Principales yacimientos en Francia y Alemania. **Tamaño del fósil:** 6 cm de longitud.

Descripción: Esta especie presenta una concha alargada y relativamente arqueada, con una de las valvas muy convexa y la otra, plana o cóncava, más pequeña. El umbo es prominente y abombado, curvado hacia la valva pequeña, y por debajo se observa una amplia zona estriada. La ornamentación se limita a estrías de crecimiento en láminas bien marcadas. Rara vez se observa la huella muscular. Charnela sin dientes (disodonta).

Biología-Ecología: *Gryphaea arcuata* vivió durante el Sinemuriense en las zonas costeras sometidas a resaca. Formaba pequeñas colonias y se alimentaba filtrando el agua del mar. Su concha gruesa y fuertemente convexa le servía para resistir los fuertes embates. Es un buen fósil estratigráfico.

101 GRYPHAEA GIGANTEA

Clasificación: Filum: Moluscos. Cl.: Lamelibranquios. O.: Ostreina. Fam.: Grifeidos. **Piso:** Pliensbachiense (Lías). Aparición: –185 M. a. Extinción: –180 M. a. **Distribución mundial:** Principales yacimientos en Europa occidental. **Tamaño del fósil:** De 10 a 12 cm de longitud.

Descripción: La concha tiene un tamaño considerable. *Gryphaea gigantea* es una especie relativamente plana y casi tan larga como alta, con la valva izquierda convexa. El umbo es pequeño y puntiagudo, opistogiro a ortogiro. La ornamentación se caracteriza por una valva lisa u ornamentada con estrías concéntricas más o menos regulares. La valva derecha es ligeramente cóncava, truncada por la charnela y poco ornamentada. Se trata de un lamelibranquio monomiario, con una impresión del músculo aductor orbicular u oval. La impresión paleal es continua. Este tipo de lamelibranquio poseía un sistema respiratorio con dos pares de branquias y vivía fijo al sustrato calizo por la valva izquierda.

Biología-Ecología: *Gryphaea gigantea* es una forma bentónica característica de las facies carbonatadas del Lías. Es precisamente en las calizas del Pliensbachiense (calizas con *Gryphaea*) donde encontramos este fósil. Su reducida extensión en el tiempo hace de él un buen fósil estratigráfico, a la vez que un fósil de facies (calizas margosas enriquecidas en materia orgánica).

102 GRYPHAEA OBLIQUATA

Clasificación: Filum: Moluscos. Cl.: Lamelibranquios. O.: Ostreina. Fam.: Grifeidos. **Piso:** Lías inferior. Aparición: –188 M. a. Extinción: –170 M. a. **Distribución mundial:** Principales yacimientos en Europa occidental. **Tamaño del fósil:** 11 cm de longitud.

Descripción: *Gryphaea obliquata* es una especie del Lías. La concha inequivalva e inequilateral se fijaba al sustrato con la valva izquierda, ancha y muy abombada. El umbo es de mediano tamaño, poco curvado hacia la valva derecha. En vista superior se puede apreciar cómo el borde aparece engrosado formando una superficie plana y estriada bastante extensa. La valva derecha, opercular, es cóncava. La superficie es laminar, marcada por una estriación concéntrica. Gryphaea posee una charnela disodonta, y el ligamento interno, insertado sobre una foseta triangular, es el que aseguraba la unión entre las dos valvas. Hay que destacar que los ejemplares jóvenes, que vivían libres, poseían una concha equivalva con charnela taxodonta. Tras la fijación, la forma de la concha se iba modificando y los dientes desaparecían. Los grifeidos derivaban de los avicúlidos.

Biología-Ecología: *Gryphaea* es un lamelibranquio marino que vivía fijo en la zona de oscilación de las mareas; se instalaba preferentemente en lugares próximos a los sustratos de fango. Se trata de un buen fósil estratigráfico que pudo formar verdaderos bancos. La ostra portuguesa pertenece al mismo género que *Gryphaea obliquata*.

103 NUCULA PECTINATA

Clasificación: Filum: Moluscos. Cl.: Lamelibranquios. O.: Nuculoideos. Fam.: Nucúlidos. **Piso:** Albiense (Cretácico). Aparición: –110 M. a. Extinción: –100 M. a. **Distribución mundial:** Principales yacimientos en Europa occidental. **Tamaño del fósil:** 3 cm de longitud.

Descripción: *Nucula pectinata* es una pequeña concha equivalva con el interior nacarado. El aspecto general es disimétrico, triangular, con umbos curvados hacia la valva opuesta y ligeramente opistogiros. El ligamento, en posición interna, se aloja en una profunda foseta bajo el umbo. La charnela es taxodonta (numerosos dientecillos iguales). La ornamentación está constituida por finas costillas radiales. El interior de la valva muestra una línea (impresión paleal) que une las dos impresiones musculares y que corresponde a la huella del manto; al no presentar ninguna invaginación se denomina integripaleada.

Biología-Ecología: *Nucula* es un animal activo que se desplaza mediante movimientos del pie en los sedimentos blandos (cienos) de aguas muy profundas. Se trata de un género primitivo que extrae las partículas orgánicas de los sedimentos mediante sus palpos labiales.

104 ARCA NOAE

Clasificación: Filum: Moluscos. Cl.: Lamelibranquios. O.: Arcoideos. Fam.: Árcidos. **Piso:** Mioceno. Aparición: –30 M. a. **Distribución mundial:** Principales yacimientos en Europa. **Tamaño del fósil:** 4 cm de longitud.

Descripción: *Arca noae es* un bello representante de la familia de los árcidos. Su identificación resulta relativamente sencilla por la particular forma de la concha. Las valvas están más desarrolladas en longitud que en altura y su borde presenta una hendidura correspondiente a la salida del biso. La concha, equivalva, es de forma trapezoidal. Amplia área cardinal. La ornamentación se compone de costillas radiales muy marcadas que cortan las estrías concéntricas más finas, dando lugar a un fino enrejado. El interior de las valvas muestra dos impresiones musculares que corresponden a los músculos aductores. La charnela es taxodonta (numerosos dientes pequeños) y el umbo se localiza en el eje de simetría de la concha. A lo largo de los tiempos geológicos, el género Arca se ha diversificado en no menos de 600 especies, de las cuáles 200 aún viven cerca de las costas de todo el mundo.

Biología-Ecología: *Arca noae* vive fija al sustrato, no lejos de la línea de costa.

105 ANADARA DILUVII

Clasificación: Filum: Moluscos. Cl.: Lamelibranquios. O.: Arcoideos. Fam.: Árcidos **Piso:** Mioceno. Aparición: –25 M. a. **Distribución mundial:** Principales yacimientos en Europa occidental. **Tamaño del fósil:** De 3 a 4 cm de longitud.

Descripción: La concha es subtrapezoidal, con una ornamentación exterior de fuertes costillas, surcos radiales muy marcados y discretas estrías concéntricas. Asimismo el interior de las valvas presenta una estriación fina y difuminada, así como las inserciones simétricas de los dos músculos aductores. El borde de las valvas, del lado interior, está marcado por la impresión (inversa) de las costillas y los surcos. La charnela es típicamente taxodonta, con numerosos dientes alineados sobre una larga línea cardinal. Esta especie se distingue de *Arca noae* por la longitud de esta área (superior en *A. noae*) y por la forma del borde de las valvas, redondeado en *A. diluvii*. El umbo se sitúa prácticamente en el eje de simetría de la concha.

Biología-Ecología: Esta especie vive fija en aguas muy profundas. Su dilatada extensión a lo largo de los tiempos geológicos no hace de él un buen fósil estratigráfico.

106 ANADARA TURONICA

Clasificación: Filum: Moluscos. Cl.: Lamelibranquios. O.: Arcoideos. Fam.: Árcidos. **Piso:** Mioceno. Aparición: –20 M. a. Extinción: –6 M. a. **Distribución mundial:** Principales yacimientos en Francia, España y sur de Europa. **Tamaño del fósil:** 6 cm de longitud.

Descripción: *Anadara turonica* es una especie típica de la familia de los árcidos. La charnela es larga y recta, de tipo taxodonta, con pequeños y numerosos dientes. La concha calcárea es equivalva y muy inequilateral. La ornamentación, muy marcada, está formada por costillas radiales y regularmente espaciadas, así como por finas estrías de crecimiento. El borde de la concha es redondeado, con el lado posterior más desarrollado. Las estrías del área, correspondientes a las inserciones del ligamento, tienen forma de espigas. La concha es homomiaria, de tipo integripaleada. El ligamento es externo, como en el resto de árcidos, y se inserta sobre un área ligamentaria extensa de forma triangular.

Biología-Ecología: *Anadara turonica* es una forma fija que vivía no lejos de la costa, en la zona litoral. El régimen alimenticio era de tipo micrófago. Esta especie no es un buen fósil estratigráfico, si acaso proporciona algunas indicaciones sobre la facies.

107 GLYCYMERIS

Clasificación: Filum: Moluscos. Cl.: Lamelibranquios. O.: Arcoideos. Fam.: Gliciméridos. **Piso:** Cretácico inferior. Aparición: –130 M. a. **Distribución mundial:** Cosmopolita. **Tamaño del fósil:** De 5 a 10 cm de diámetro.

Descripción: Esta especie presenta una concha gruesa y casi circular. Placa cardinal grande, con el margen inferior fuertemente curvado. Charnela taxodonta, con numerosos dientes cada vez más arqueados a partir del centro. El área cardinal muestra una ornamentación de estrías en forma de V invertida. Umbos pequeños. Superficie externa con ornamentación radial poco marcada. Las impresiones musculares, iguales y redondas, están bien marcadas. Concha integripaleada, con clara impresión paleal. Las variaciones de forma entre un individuo y otro son muy frecuentes según los yacimientos.

Biología-Ecología: *Glycymeris* es una forma libre y activa que vivía en las zonas litorales arenosas. Descansaba sobre el sustrato apoyada sobre una de sus valvas. La charnela taxodonta es herencia de ancestros heterodontos.

108 TRIGONIA RETICULATA

Clasificación: Filum: Moluscos. Cl.: Lamelibranquios. O.: Trigonioideos. Fam.: Trigónidos. **Piso:** Jurásico superior. Aparición: −150 M. a. Extinción: −140 M. a. **Distribución mundial:** Principales yacimientos en Europa occidental. **Tamaño del fósil:** Aproximadamente 10 cm de longitud.

Descripción: El *género Trigonia* se caracteriza por la forma y el importante grosor de su concha. La ornamentación también es muy marcada, con dos carenas posteriores. *Trigonia reticulata* tiene unas proporciones muy variables. Se compone de dos valvas convexas de contorno trigonal, con una ornamentación muy diferente a un lado y a otro de las carenas posteriores: costillas concéntricas muy marcadas en la región anterior y láminas más finas, verticales, en la posterior. El área posterior presenta en el medio una costilla punctuada con fuerte relieve. El interior de la concha es nacarado, con dos amplias impresiones musculares unidas por la línea paleal.

Biología-Ecología: *Trigonia reticulata* vivía en las zonas arrecifales próximas a las costas. El desarrollo de la concha atestigua su adaptación a este medio. Este género comprende un gran número de especies, que han vivido a lo largo de los tiempos geológicos sin modificaciones importantes. Actualmente existen representantes del género Trigonia en algunas regiones del Pacífico.

109 SCAPHOTRIGONIA NAVIS

Clasificación: Filum: Moluscos. Cl.: Lamelibranquios. O.: Trigonioideos. Fam.: Trigónidos. **Piso:** Jurásico inferior. Aparición: −185 M. a. Extinción: −175 M. a. **Distribución mundial:** Principales yacimientos en Francia y Alemania. **Tamaño del fósil:** De 7 a 8 cm de longitud.

Descripción: *Scaphotrigonia navis* se caracteriza por tener una gruesa concha bivalva y convexa cuyo aspecto recuerda al casco de un barco. Esta concha presenta dos quillas que delimitan una región posterior, cóncava, llamada escudo. La ornamentación es muy característica y distingue a esta especie de *Trigonia reticulata*: en la región central presenta unas costillas muy gruesas y de fuerte relieve, regularmente espaciadas, cuyo número oscila entre ocho y quince. Estas costillas presentan tubérculos más o menos desarrollados y redondeados. La región posterior tiene una ornamentación de finas costillas concéntricas que recuerdan a las estrías de crecimiento. Sobre la cara interna de las valvas se observan dos impresiones musculares.

Biología-Ecología: *Scaphotrigonia navis* es uno de los representantes más conocidos de la familia de los trigónidos. Asimismo, forma parte de las primeras formas aparecidas en el Lías. Esta especie vivía cerca de las costas, en aguas cálidas.

110 CRASSATELLA PONDEROSA

50 m

Clasificación: Filum: Moluscos. Cl.: Lamelibranquios. O.: Veneroideos. Fam.: Crasatélidos. **Piso:** Ypresiense a Barthoniense (Eoceno). Aparición: −55 M. a. Extinción: −43 M. a. **Distribución mundial:** Principales yacimientos en Europa occidental. **Tamaño del fósil:** 6 cm de longitud.

Descripción: De grosor importante, la concha es equivalva, poco convexa y disimétrica, con una parte lateral más desarrollada que la otra. La importancia del coselete rectilíneo le confiere forma trapezoidal. El umbo es pequeño. El ligamento es interno y se aloja en una foseta ligamentaria de gran tamaño. Los dientes cardinales son gruesos, excepto los próximos a la foseta ligamentaria. Los dientes laterales son reducidos. La charnela es de tipo heterodonto, con dos dientes sobre una valva y de uno a tres en la otra. La ornamentación consiste en estrías de crecimiento poco marcadas.

Biología-Ecología: Animal bentónico activo, se desplazaba en aguas poco profundas. Era suspensívoro, por lo que se alimentaba de las partículas orgánicas que filtraba del agua marina.

111 NEOCRASSINA

Clasificación: Filum: Moluscos. Cl.: Lamelibranquios. O.: Veneroideos. Fam.: Astártidos. **Piso:** Bajociense a Kimmeridgiense. Aparición: –165 M. a. Extinción: –145 M. a. **Distribución mundial:** Cosmopolita. **Tamaño del fósil:** Unos 3 cm de longitud.

Descripción: Por lo general gruesas, las conchas del género *Neocrassina* presentan una gran diversidad morfológica y normalmente son ovaladas y bastante altas. La concha es siempre inequilátera y sin nácar; la lúnula y el coselete están bien señalados. A un lado y otro del umbo, la charnela heterodonta presenta dos tipos de dientes: los cardinales son grandes y rectos; los laterales, oblicuos y laminares. El interior de la concha muestra dos impresiones musculares y la impresión paleal es de tipo integripaleado. La ornamentación está formada por estrías concéntricas, a menudo difuminadas cerca del umbo.

Biología-Ecología: *Neocrassina* es una forma libre que se movía activamente. Así como las especies actuales viven en aguas frías, en el Jurásico lo hacían en aguas cálidas y toleraban la salinidad de las lagunas.

112 VENUS

Clasificación: Filum: Moluscos. Cl.: Lamelibranquios. O.: Veneroideos. Fam.: Venéridos. **Piso:** Oligoceno hasta la actualidad. Aparición: –37 M. a. **Distribución mundial:** Principales yacimientos en Francia, Marruecos y Portugal. **Tamaño del fósil:** 3,5 cm de longitud.

Descripción: La concha es muy abombada, de contorno elíptico, equivalva pero siempre inequilateral. El umbo es puntiagudo y prosogiro. Una zona plana, delimitada por un pliegue anguloso que parte del umbo, marca la parte posterior. La ornamentación concéntrica está formada por láminas de marcado relieve que a veces se desprenden en placas. Los dientes cardinales son fuertes y parecidos a los laterales dispuestos bajo el umbo. El resto está poco desarrollado o ausente. El seno paleal es profundo y triangular. El borde interno de las valvas comprende numerosos dientecillos.

Biología-Ecología: El género *Venus* agrupa especies bentónicas y excavadoras. Con frecuencia, las conchas están agujereadas, ya que el animal no podía huir de los gasterópodos depredadores. La disposición y el desarrollo de las costillas que componen su ornamentación le imponían una lucha constante contra el enterramiento. Las especies más extendidas son verrucosa y plicata.

113 CODAKIA

Clasificación: Filum: Moluscos. Cl.: Lamelibranquios. O.: Veneroideos. Fam.: Lucínidos. **Piso:** Cretácico superior hasta la actualidad. Aparición: –100 M. a. **Distribución mundial:** Cosmopolita. **Tamaño del fósil:** De 2 a 3 cm de diámetro.

Descripción: Son especies de concha plana, discoidal, equivalva y ligeramente inequilateral. Umbo pequeño y curvado. Suelen observarse la lúnula y el coselete. La charnela es heterodonta, a menudo ausente, compuesta de dos dientes cardinales y, si acaso, dos dientes laterales alargados. Este género se caracteriza por sus impresiones musculares: una de ellas muy alargada y en posición interna con respecto a la impresión paleal. Concha integripaleada. La ornamentación consiste únicamente en estrías concéntricas poco marcadas.

Biología-Ecología: Estas especies viven profundamente enterradas en el sedimento, principalmente fondos de cieno pobres en oxígeno. Poseen grandes sifones separados a uno y otro lado de la concha. El tubo inhalante impone la forma particular del músculo aductor. Animal suspensívoro.

114

CERASTODERMA EDULE

Clasificación: Filum: Moluscos. Cl.: Lamelibranquios. O.: Veneroideos. Fam.: Cardiidos. **Piso:** Plioceno. Aparición: –4 M. a. **Distribución mundial:** Principales yacimientos en Europa. **Tamaño del fósil:** De 5 a 6 cm de diámetro.

Descripción: La concha es equivalva, abultada, con umbos prominentes ligeramente enrollados. Ligamento externo, dos dientes cardinales en cada valva y uno lateral anterior y posterior. Esta especie presenta grandes variaciones, tanto en el espesor de la concha como en la oblicuidad de las valvas. Las costillas radiales pueden ser lisas o granulosas. La impresión paleal es continua (integripaleada) y las musculares, casi iguales. Tenían un modo de vida activo, más raramente excavador o sedentario.

Biología-Ecología: *Cerastoderma edule* es una forma muy abundante desde el Plioceno hasta la actualidad y se localiza en todo tipo de mares, estuarios y aguas salobres. Vivió en las aguas cálidas del Plioceno y se adaptó a las aguas más frías del Cuaternario. Dada su amplia distribución a lo largo del Terciario en todo tipo de mares, Cerastoderma edule no es buen fósil estratigráfico ni tampoco paleoambiental.

115

CARDITES BAZINI

Clasificación: Filum: Moluscos. Cl.: Lamelibranquios. O.: Veneroideos. Fam.: Cardítidos. **Piso:** Oligoceno. Aparición: –33 M. a. Extinción: –29 M. a. **Distribución mundial:** Principales yacimientos en Francia. **Tamaño del fósil:** 3 cm de longitud.

Descripción: La concha de esta especie es abombada, equivalva e inequilateral, de contorno casi trapezoidal, con un lado desviado. El umbo es prominente y prosogiro (dirigido hacia delante). La charnela es heterodonta, con dientes cardinales cortos y cónicos y dientes laterales netamente alejados de estos últimos, en forma de láminas oblicuas. La ornamentación se compone de unas veinte costillas radiales con tubérculos, más desarrolladas y laminosas en la parte posterior. El borde de la concha es crenulado. Concha integripaleada e isomiaria (las dos impresiones musculares son iguales).

Biología-Ecología: Se trata de una especie bentónica, que vivía más o menos enterrada en los sedimentos, cerca de las costas. Los dientes de la charnela tienden a reducirse en la parte posterior de la concha.

316

VENERICARDIA PLANICOSTA

Clasificación: Filum: Moluscos. Cl.: Lamelibranquios. O.: Veneroideos. Fam.: Cardítidos. **Piso:** Eoceno. Aparición: –49 M. a. Extinción: –43 M. a. **Distribución mundial** Principales yacimientos en Francia, Bélgica, Inglaterra y Estados Unidos. **Tamaño del fósil:** 6 cm de longitud.

Descripción: La concha es muy gruesa, de forma trigonal redondeada o cordiforme. Umbos gruesos y prominentes. Amplia placa cardinal. Charnela importante, con dientes cardinales oblicuos, lo que diferencia a esta especie de *Astarte*. Los dientes laterales son reducidos y paralelos al contorno de la concha. La ornamentación es siempre de tipo radial. Se trata en este caso de gruesas costillas planas que en su origen son indentaciones del borde inferior interno de las valvas. La concha es integripaleada.

Biología-Ecología: Esta especie vivía enterrada en los sedimentos, en aguas profundas cercanas a las costas. Las conchas suelen estar perforadas por gasterópodos depredadores de la familia de los natícidos o los murícidos.

117 **MACTRA**

Clasificación: Filum: Moluscos. Cl.: Lamelibranquios. O.: Veneroideos. Fam.: Mac-trícidos. **Piso:** Eoceno hasta la actualidad. Aparición: –55 M. a. **Distribución mun-dial:** Principales yacimientos en Europa occidental. **Tamaño del fósil:** Unos 4 cm de longitud.

Descripción: Las especies del género *Mactra* tienen un contorno ovoide o triangu-lar. Las valvas son más o menos abombadas y presentan umbos puntiagudos. Los bordes externos muestran zonas aplastadas a uno y otro lado del umbo. La char-nela se caracteriza por tener dientes cardinales que rodean una profunda foseta li-gamentaria y dientes laterales muy fuertes. El ligamento es interno. Concha sinu-paleada e isomiaria.

Biología-Ecología: Esta especie vive enterrada, a lo que contribuye su particula forma. El sifón puede alojarse en el seno cuando la concha se cierra. Las conchas suelen estar perforadas por gasterópodos de la familia de los natícidos. Son espe-cies oportunistas (ver pectínidos) y buenos fósiles estratigráficos, ya que presentar una amplia distribución geográfica y evolucionan muy rápidamente.

118 **TELLINA**

Clasificación: Filum: Moluscos. Cl.: Lamelibranquios. O.: Veneroideos. Fam.: Tellíni dos. **Piso:** Paleoceno hasta la actualidad. Aparición: –65 M. a. **Distribución mundial** Cosmopolita. **Tamaño del fósil:** 4 cm de longitud.

Descripción: Las formas encontradas en este género son siempre inequivalvas. L concha es aplanada, de forma oval o subtrapezoidal alargada, con la parte poste rior frecuentemente aquillada. Umbos pequeños y opistogiros. La charnela es he terodonta, con pequeños dientes. La ornamentación se compone de láminas con céntricas, pero la concha puede ser lisa. Una de las impresiones musculares es má alargada que la otra. El seno es profundo e irregular.

Biología-Ecología: La forma plana de estas conchas facilita su penetración en e sedimento. Únicamente los largos sifones emergen de la arena para poder alimen tarse.

119 **SOLEN**

Clasificación: Filum: Moluscos. Cl.: Lamelibranquios. O.: Veneroideos. Fam.: Solé nidos. **Piso:** Eoceno hasta la actualidad. Aparición: –65 M. a. **Distribución mundia** Cosmopolita. **Tamaño del fósil:** De 5 a 15 cm de longitud.

Descripción: La especie tipo presenta una concha plana y muy alargada transve salmente, de contorno rectangular y abierta por los extremos. Las valvas presenta un aspecto tubular, con umbos muy discretos. La charnela, muy reducida, sólo pre senta un diente. El ligamento interno se aloja en un área excavada independient mente de la región cardinal, rasgo característico de los desmodontos. Las impresione musculares son irregulares. Dos apéndices marcan la impresión paleal. Las valva carecen de una ornamentación particular y la superficie externa es lisa.

Biología-Ecología: Estos individuos viven enterrados verticalmente en la arena. sifón es enorme y está protegido por un tubo epidérmico muy grueso. El pie c nico permite un enterramiento muy rápido. Viven exclusivamente en las facies ar nosas de la zona litoral.

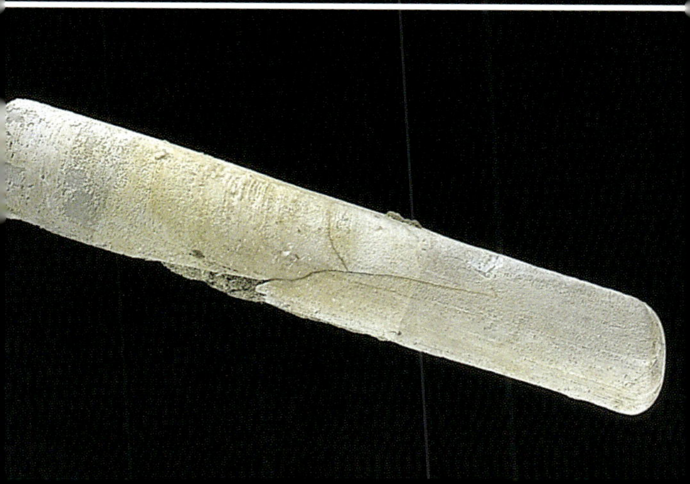

120 CORBULA GALLICA

Clasificación: Filum: Moluscos. Cl.: Lamelibranquios. O.: Mioideos. Fam.: Corbúlidos. **Piso:** Eoceno. Aparición: –49 M. a. Extinción: –43 M. a. **Distribución mundial:** Principales yacimientos en Francia, Inglaterra y Bélgica. **Tamaño del fósil:** 4 cm de longitud.

Descripción: *Corbula gallica* posee una concha fina, inequilateral, de forma triangular y a veces truncada posteriormente. Ocasionalmente una de las valvas está más desarrollada que la otra. La charnela es de tipo desmodonta, con el ligamento interno alojado en un área excavada independientemente de la región cardinal. Por lo general sólo posee un diente cardinal muy grueso o una foseta sobre la valva opuesta. Las impresiones musculares son redondeadas y están bien marcadas, unidas por una línea fina que dibuja un seno poco desarrollado en el lado truncado (concha sinupaleada). La superficie externa de las valvas presenta una ornamentación de discretas costillas concéntricas. A veces, sin embargo, es totalmente lisa.

Biología-Ecología: Esta especie vivía en los fondos cenagosos del litoral, por lo general en aguas cálidas. La forma redondeada de la concha le permitía no hundirse muy profundamente en la arena. El sifón está muy poco desarrollado.

121 PHOLADOMYA PROTEI

Clasificación: Filum: Moluscos. Cl.: Lamelibranquios. O.: Mioideos. Fam.: Foladómidos. **Piso:** Jurásico superior. Aparición: –151 M. a. Extinción: –140 M. a. **Distribución mundial:** Principales yacimientos en Europa occidental. **Tamaño del fósil:** De 6 a 7 cm de longitud.

Descripción: De gran tamaño, equivalva e inequilateral, la concha de *Pholadomya* es rechoncha y angulosa. Las dos valvas son convexas, redondeadas en un extremo y alargadas en el otro. Umbos gruesos y abombados. La charnela es casi inexistente y sólo muestra un diente poco individualizado. El ligamento es interno. La ornamentación se compone de características líneas poco marcadas. En la región central presenta de tres a cinco carenas radiales que confieren a esta especie un aspecto característico.

Biología-Ecología: Se trata de una especie excavadora que vivía en fondos cenagosos. La evolución de este tipo excavador llevó a la desaparición casi total de la charnela. El sifón está bien desarrollado. Los foladómidos vivieron fundamentalmente en el Jurásico. Esta especie es un buen fósil de facies (margas).

122 TEREDINA PERSONATA

Clasificación: Filum: Moluscos. Cl.: Lamelibranquios. O.: Mioideos. Fam.: Foládidos. **Piso:** Eoceno inferior. Aparición: –55 M. a. Extinción: –45 M. a. **Distribución mundial:** Principales yacimientos en Europa occidental. **Tamaño del fósil:** 15 cm de longitud y 3 cm de diámetro.

Descripción: La concha es muy característica, en forma de largo tubo cilíndrico, con dos valvas simétricas y convexas. Uno de los extremos, redondeados, está cerrado por un escudete prominente; el otro presenta un largo tubo arqueado que corresponde al tubo adventicio sifonal. La concha es pequeña y trilobulada. La ornamentación se compone de estrías concéntricas. *Teredina* era un organismo perforador, la extraña forma que muestra se debe al tubo sifonal, que se encuentra también en la familia de los clavagélidos, donde aún está más desarrollado. En algunos casos, este tubo sifonal presenta incrustaciones de sales calcáreas y fosiliza.

Biología-Ecología: Las especies del género *Teredina* son xilófilas: perforan la madera que flota en el agua para alojarse en ella. *Teredina* es un género muy próximo a las actuales tarazas, ya presentes en el Jurásico y que han permanecido sin cambios hasta nuestros días.

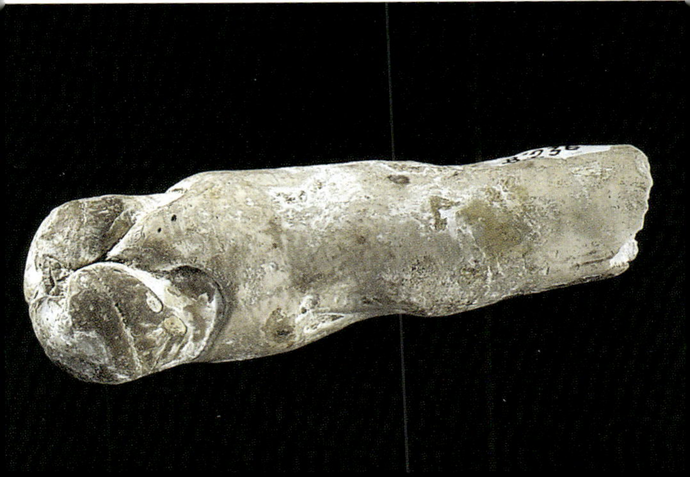

123 CARDIOLA INTERRUPTA

CLASIFICACIÓN: Filum: Moluscos. Cl.: Lamelibranquios. O.: Precardioideos. Fam.: Precardídidos. **PISO:** Silúrico. Aparición: –430 M. a. Extinción: –420 M. a. **DISTRIBUCIÓN MUNDIAL:** Principales yacimientos en Francia, Escocia y Bohemia. **TAMAÑO DEL FÓSIL:** 2 cm de longitud.

DESCRIPCIÓN: Es una especie pequeña, de concha fina y forma ovalada, ligeramente inequilateral y equivalva. El umbo sobresale de la concha. La ornamentación radial y concéntrica dibuja un retículo en relieve muy característico. La charnela es de tipo criptodonto, sin dientes ni fosetas. La prolongación de las costillas radiales sobre la placa cardinal realiza la función de charnela. Este tipo primitivo de sistema de articulación con borde cardinal recto separa claramente al género *Cardiola* del Cardium, con el que muestra algunas convergencias.

BIOLOGÍA-ECOLOGÍA: Son formas muy primitivas del Paleozoico, seguramente muy próximas al tipo ancestral de los lamelibranquios. La charnela criptodonta es una forma arcaica de engranaje de las valvas. Los individuos de esta familia, bastante próxima a los nuculáceos, suelen encontrarse en los esquistos con graptolitos.

124 CHAMA LAMELLOSA

CLASIFICACIÓN: Filum: Moluscos. Cl.: Lamelibranquios. O.: Veneroideos. Fam.: Chámidos. **PISO:** Eoceno. Aparición: –50 M. a. Extinción: –40 M. a. **DISTRIBUCIÓN MUNDIAL:** Principales yacimientos en Europa occidental. **TAMAÑO DEL FÓSIL:** 5 cm de diámetro.

DESCRIPCIÓN: *Chama lamellosa*, al igual que *C. calcarata*, es una forma «normal», es decir, que se fijaba por la valva izquierda; la valva derecha era libre. En *C. fimbriata*, sin embargo, es la valva izquierda la que queda libre. *C. lamellosa* presenta una ornamentación diferente a la de *C. calcarata* sobre la superficie externa de las valvas. En la primera no se observan largas expansiones de tipo espinas sobre las láminas concéntricas sino que éstas, regularmente espaciadas, presentan relieve y un ligero crenulado. La charnela está formada por el ajuste entre un diente que separa dos fosetas sobre una de las valvas, y dos dientes separados por una foseta sobre la otra valva. El interior de la concha deja ver claramente las dos impresiones musculares y la impresión paleal. En los chámidos suele llamarse valva a la valva libre y valva a la que se fija.

La placa cardinal es maciza y los dientes, muy fuertes, recuerdan los de los rudistas, si bien no existe ninguna relación entre ellos.

BIOLOGÍA-ECOLOGÍA: Los chámidos aparecieron en el Paleoceno. El grosor de la concha y su ornamentación atestiguan su adaptación a las zonas litorales. Este género aún está representado por especies que viven en mares cálidos.

125 CHAMA CALCARATA

CLASIFICACIÓN: Filum: Moluscos. Cl.: Lamelibranquios. O.: Veneroideos. Fam.: Chámidos. **PISO:** Eoceno. Aparición: –50 M. a. Extinción: –40 M. a. **DISTRIBUCIÓN MUNDIAL:** Principales yacimientos en Francia, Bélgica, Alemania, Suiza y Gran Bretaña. **TAMAÑO DEL FÓSIL:** 5 cm de diámetro.

DESCRIPCIÓN: La concha está formada por dos valvas casi simétricas. La ornamentación de las valvas es muy particular, con láminas que presentan un marcado relieve, lo que permite una fácil identificación de esta especie. Láminas concéntricas muy marcadas, con espinas irregularmente desarrolladas, alternan con láminas más discretas y desprovistas de espinas. La ornamentación es diferente en ambas valvas: las láminas concéntricas son más apretadas sobre la valva izquierda, que muestra además costillas en los intervalos. Es difícil confundir esta especie con *Chama fimbriata*, ya que en esta última se observan láminas más apretadas y menos espinosas. La charnela es de tipo sencillo y tamaño modesto, con dos dientes robustos, gruesos y crenulados. El umbo de la valva izquierda está fuertemente curvado.

BIOLOGÍA-ECOLOGÍA: Esta especie vivía fija y estaba adaptada a los fondos con restos conchíferos. Esto explica la paquiostosis (hipertrofia de la concha) frecuente en estas facies. Las relaciones filogenéticas de los chámidos no están muy claras: puede ser que deriven de ciertos heterodontos lucinoides.

126 DICERAS ARIETINUM

CLASIFICACIÓN: Filum: Moluscos. Cl.: Lamelibranquios. O.: Hippuritoideos. Fam.: Dicerátidos. **PISO:** Oxfordiense. Aparición: –150 M. a. Extinción: –140 M. a. **DISTRIBUCIÓN MUNDIAL:** Principales yacimientos en Francia y Alemania. **TAMAÑO DEL FÓSIL:** De 10 a 15 cm de longitud.

DESCRIPCIÓN: Esta especie se reconoce fácilmente por su forma de cuerno. Las dos valvas son desiguales y poseen enormes umbos enrollados. Se trata de una forma inversa, caracterizada por el gran desarrollo de la valva derecha. La concha es muy gruesa; el borde interno ocupa la mitad de la superficie. La charnela es paquiodonta, con un enorme diente cónico. Las impresiones musculares son irregulares, y la del músculo posterior, la lámina miofora, es la más desarrollada. La concha carece de ornamentación.

BIOLOGÍA-ECOLOGÍA: En esta especie, la paquiostosis es más importante que en los cámidos (ver *Chama lamellosa*). Forma parte de los primeros rudistas y vivía en los arrecifes del Rauraciense en aguas poco profundas, asociada frecuentemente a los nerineidos (gasterópodos). La fijación se realizaba mediante la valva más desarrollada, generalmente la derecha en esta especie. Se trata de un buen fósil estratigráfico.

127 REQUIENIA AMMONIA

CLASIFICACIÓN: Filum: Moluscos. Cl.: Lamelibranquios. O.: Hippuritoideos. Fam.: Requiénidos. **PISO:** Cretácico inferior. Aparición: –135 M. a. Extinción: –100 M. a. **DISTRIBUCIÓN MUNDIAL:** Principales yacimientos en Francia. **TAMAÑO DEL FÓSIL:** De 10 a 12 cm de longitud.

DESCRIPCIÓN: Se trata de una forma muy particular, con concha muy inequivalva e inequilateral, sin ornamentación. La valva izquierda, más desarrollada, posee un enorme umbo carenado en forma de cuerno enrollado. La valva derecha es casi plana, con un umbo de aspecto idéntico. La charnela es paquiodonta, con un diente muy prominente. La cavidad interna es muy reducida, teniendo en cuenta el grosor de la concha.

BIOLOGÍA-ECOLOGÍA: *Requienia ammonia* es un rudista del Urgoniense inferior. Vivía fijo por una de sus valvas en los arrecifes, a poca profundidad, y la otra valva funcionaba como tapadera y opérculo. Como todos los rudistas, era muy exigente en cuanto a la temperatura, la salinidad y la transparencia de las aguas. Los ancestros de los rudistas seguramente pertenezcan al grupo de los cárdidos. Se trata de un excelente fósil estratigráfico.

128 HIPPURITES

CLASIFICACIÓN: Filum: Moluscos. Cl.: Lamelibranquios. O.: Hippuritoideos. Fam.: Hipurítidos. **PISO:** Cretácico superior. Aparición: –100 M. a. Extinción: –65 M. a. **DISTRIBUCIÓN MUNDIAL:** Principales yacimientos en Francia y Austria. **TAMAÑO DEL FÓSIL:** De 10 a 40 cm de longitud.

DESCRIPCIÓN: Estas especies han sido durante mucho tiempo un enigma por su morfología, muy diferente al resto de lamelibranquios. Su concha es muy gruesa. La valva superior, que funciona como opérculo, es plana, con apófisis muy desarrolladas en su cara inferior y ornamentación compuesta de estrías radiales; además, está atravesada por un sistema muy complejo de canales. La valva inferior, de forma cónico-cilíndrica y provista de costillas longitudinales, presenta en su interior dos pilares separados y una arruga ligamentaria que puede faltar en algunas especies.

BIOLOGÍA-ECOLOGÍA: La paquiostosis es evidente cuando observamos el pequeño tamaño de la valva superior opercular; la fijación al arrecife se realiza mediante la valva inferior. Los *Hippurites* formaban auténticos bancos sobre los arrecifes. Son excelentes fósiles estratigráficos.

129 **BOURNONIA BOURNONI**

CLASIFICACIÓN: Filum: Moluscos. Cl.: Lamelibranquios. O.: Hippuritoideos. Fam.: Radiolítidos. **PISO:** Cretácico superior. Aparición: –70 M. a. Extinción: –65 M. a. **DISTRIBUCIÓN MUNDIAL:** Principales yacimientos en Francia. **TAMAÑO DEL FÓSIL:** 30 cm de longitud y 20 cm de diámetro.

DESCRIPCIÓN: *Bournonia bournoni* es una forma muy particular de lamelibranquio La valva izquierda, muy gruesa, sirve de opérculo y es muy convexa, con dos apófisis (una anterior y otra posterior) y un diente posterior. La valva derecha es cónica con una pared gruesa formada por varias capas y con una foseta en el interior cuyo fondo es acanalado. Son formas sin ligamento, con bandas sifonales lisas marcadas por ondulaciones del caparazón o por costillas prominentes. Vivían fijas por la valva basal (valva derecha). Estas formas poseen dos músculos aductores insertados sobre las dos apófisis descritas anteriormente.

BIOLOGÍA-ECOLOGÍA: *Bournonia bournoni* es una forma típica del Maastrichtiense. Esta especie vivía fija formando colonias sobre un sustrato rocoso en mares cálidos más o menos agitados. Su reducida extensión en el tiempo hacen de él un buen fósil estratigráfico.

130 **VACCINITES**

CLASIFICACIÓN: Filum: Moluscos. Cl.: Lamelibranquios. O.: Hippuritoideos. Fam.: Hippurítidos. **PISO:** Cretácico superior. Aparición: –90 M. a. Extinción: –70 M. a. **DISTRIBUCIÓN MUNDIAL:** Principales yacimientos en Francia, España e Italia. **TAMAÑO DEL FÓSIL:** 15 cm de longitud y 5 cm de diámetro.

DESCRIPCIÓN: *Vaccinites* presenta una concha calcárea formada por dos valvas: la derecha es cónica y la izquierda es plana. La valva derecha puede alcanzar gran tamaño, tanto en longitud como en diámetro, y está ornamentada con fuertes costillas longitudinales y transversales; además, presenta unos repliegues de la capa externa de la concha que quedan marcados por tres surcos exteriores que corresponden a una arruga ligamentaria y a dos pilares (esqueleto de sostén). La valva izquierda es plana y opercular; presenta dos dientes o apófisis calcáreas.

BIOLOGÍA-ECOLOGÍA: *Vaccinites* es un rudista muy característico, ya sea del Coniaciense (*V. giganteus*) o del Campaniense (*V. sulcatus*). Es un excelente fósil estratigráfico y de facies, ya que estos organismos formaban bancos muy extensos y llegaban a construir arrecifes («calizas con hippurites»).

131 **LAPEIROUSIA JOUANNETI**

CLASIFICACIÓN: Filum: Moluscos. Cl.: Lamelibranquios. O.: Hippuritoideos. Fam.: Radiolítidos. **PISO:** Maastrichtiense (Cretácico superior). Aparición: –80 M. a. Extinción: –65 M. a. **DISTRIBUCIÓN MUNDIAL:** Principales yacimientos en Francia. **TAMAÑO DEL FÓSIL:** 10 cm de altura y 25 cm de diámetro.

DESCRIPCIÓN: La concha de *Lapeirousia* es de naturaleza calcárea, con dos valvas protectoras, pero el animal sólo ocupaba una de ellas. La concha tiene forma de cono recubierto con un opérculo: la valva derecha es muy gruesa, con forma de cono aplastado. En el interior se observan dos pseudopilares, formaciones que se extienden a lo largo de la valva derecha, de cuyo interior sobresalen. Los dos dientes de la valva izquierda encajan en las dos fosetas dentarias. Las formas vivas presentan dos músculos aductores: uno posterior y otro anterior.

BIOLOGÍA-ECOLOGÍA: *Lapeirousia jouanneti* es un rudista característico del Cretácico superior que vivía formando colonias; se fijaba por la valva derecha. Este rudista formaba parte de los arrecifes y vivía en mares de aguas cálidas y oxigenadas, a mediana profundidad. Constituye un buen marcador estratigráfico y de facies.

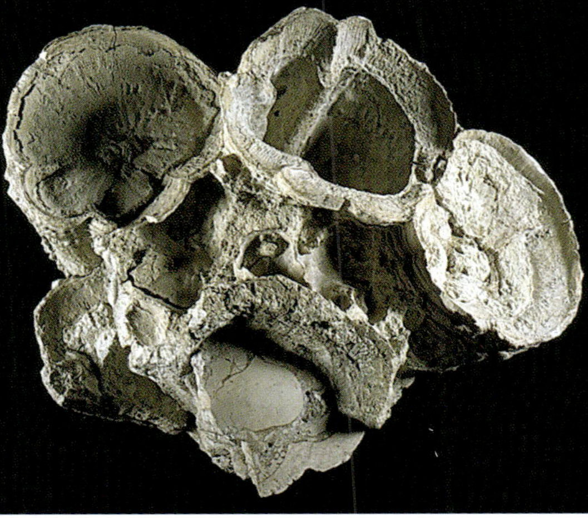

132 MURCHISONIA

Clasificación: Filum: Moluscos. Cl.: Gasterópodos. O.: Prosobranquios. Fam.: Murchisónidos. **Piso:** Ordovícico a Triásico. Aparición: –450 M. a. Extinción: –200 M. a. **Distribución mundial:** Principales yacimientos en Europa y América del Norte. **Tamaño del fósil:** 7 cm de altura y 3 cm de diámetro.

Descripción: Concha grande y sólida, de forma turriculada, con numerosas vueltas, espira muy elevada, suturas profundas y enrollamiento dextrógiro. El peristoma es continuo, con un seno labial que forma una escotadura poco profunda. Las semejanzas morfológicas con las turritelas, aún representadas en nuestros días, no significan su pertenencia a una misma línea.

Biología-Ecología: *Murchisonia* es una forma bentónica adaptada tanto a las facies detríticas como a las carbonatadas (arrecifes del Devónico). El animal se desplazaba reptando gracias a su musculoso pie ventral y se alimentaba de vegetales fijos al sustrato. La concha se mantenía ligeramente inclinada. Es un fósil estratigráfico poco importante, que caracteriza, sin embargo, los medios bentónicos del Paleozoico. Su mayor distribución se localiza en el Silúrico.

133 PLEUROTOMARIA (PEROTROCHUS)

Clasificación: Filum: Moluscos. Cl.: Gasterópodos. O.: Prosobranquios. Fam.: Pleurotomáridos. **Piso:** Lías hasta la actualidad. Aparición: –195 M. a. **Distribución mundial:** Cosmopolita. **Tamaño del fósil:** 7 cm de altura y de 5,2 a 6,5 cm de diámetro.

Descripción: Concha grande y troquiforme, poco elevada y con enrollamiento dextrógiro. Presenta una escotadura característica en el labro, con ornamentación de numerosas cuerdas espirales sinuosas y tubérculos en la quilla superior. Las formas vivas y algunas formas fósiles bien conservadas poseen una concha con el interior nacarado. Los representantes actuales tienen un opérculo córneo.

Biología-Ecología: *Pleurotomaria* es un género característico de las plataformas carbonatadas (vivía en mares de aguas cálidas y oxigenadas) que aparece abundantemente en las calizas oolíticas del Bajociense. Se trata de una forma herbívora que pastaba sobre el fondo marino. Por su amplia distribución temporal no es un buen fósil estratigráfico.

134 PATELLA

Clasificación: Filum: Moluscos. Cl.: Gasterópodos. O.: Prosobranquios. Fam.: Patélidos. **Piso:** Eoceno hasta la actualidad. Aparición: –55 M. a. **Distribución mundial:** Cosmopolita. **Tamaño del fósil:** De 3 a 5 cm de altura y de 5,5 a 6 cm de diámetro.

Descripción: La concha de *Patella* es sólida, de forma cónica más o menos aplanada y sin espiras. El ápice está situado en posición subcentral y es imperforado. Ornamentación de gruesas costillas radiales. La pared está recubierta interiormente de una capa irisada. El pie del animal deja sobre el fósil una impresión muscular semicircular. La ausencia de espiralización podría interpretarse como un carácter primitivo, pero lo cierto es que la concha larvaria era espiralada.

Biología-Ecología: Se trata de una forma marina reciente que vive fuertemente adherida a las rocas o sobre otro organismo. Las patelas son fitófagas y se alimentan de algas gracias a la rádula. En el Terciario, y principalmente en el Paleógeno, las patelas vivieron sobre plataformas carbonatadas. No son buenos fósiles estratigráficos, ya que presentan una evolución lenta y una amplia distribución temporal.

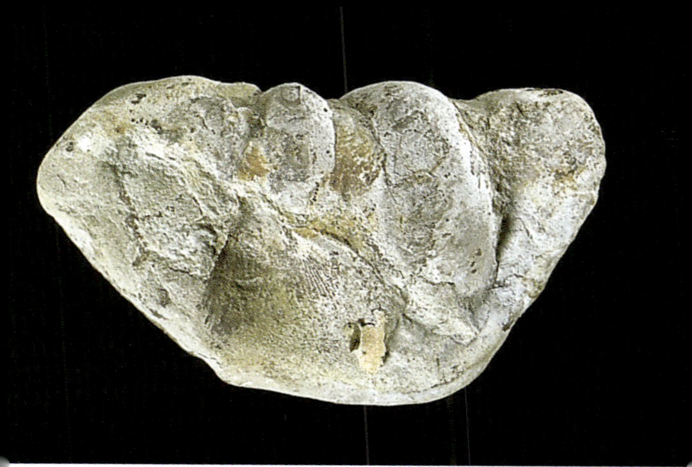

135 FISSURELLA

Clasificación: Filum: Moluscos. Cl.: Gasterópodos. O.: Prosobranquios. Fam.: Fisu- rélidos. **Piso:** Eoceno hasta la actualidad. Aparición: –55 M. a. **Distribución mundial:** Cosmopolita. **Tamaño del fósil:** De 1 a 2,5 cm de altura y de 1,7 a 3,5 cm de diá- metro.

Descripción: De forma general cónica, la concha posee una protoconcha espiralada El ápice, en posición central, presenta una perforación rodeada generalmente de u cuello redondeado. En el lado opuesto, el peristoma ocupa toda la parte inferior de fósil. La ornamentación externa está formada por costillas radiales y estrías concéntrica que dibujan una especie de reticulado. Las capas internas de la concha son con fre cuencia nacaradas, lisas o débilmente crenuladas. La impresión muscular dejada po el pie del animal tiene forma de herradura abierta hacia la parte delantera del fósi

Biología-Ecología: Este género se encuentra durante todo el Terciario y el Cua ternario hasta la actualidad. Caracteriza durante el Paleógeno y el Neógeno los ma res cálidos y los climas subtropicales. Está ligado a las plataformas litorales y conti nentales. Presenta un reducido interés estratigráfico dada su amplia distribució temporal.

136 HALIOTIS

Clasificación: Filum: Moluscos. Cl.: Gasterópodos. O.: Prosobranquios. Fam.: Ha liótidos. **Piso:** Mioceno hasta la actualidad. Aparición: –25 M. a. **Distribución mun dial:** Cosmopolita. **Tamaño del fósil:** 1 cm de altura y 4,5 cm de diámetro.

Descripción: *Haliotis* es una forma reciente que suele aparecer en buen estado d conservación dentro de los sedimentos. La concha se enrolla en una espiral de do o tres vueltas, la última de las cuales le da su característica forma auricular. El ápic es casi marginal. En su cara superior se distingue una serie de perforaciones que s van rellenando a medida que crece el animal. La abertura, o peristoma, ocupa tod la parte inferior. El exterior de la concha es rugoso.

Biología-Ecología: *Haliotis* es un género marino que habita actualmente cerca d las costas, sobre fondos rocosos. Vivía en mares cálidos durante el Mioceno, má templados en el Pliocuaternario. Con su musculoso pie ventral se desplaza reptand y se alimenta de las algas fijas al sustrato. No es un buen fósil estratigráfico por s amplia distribución espacial y temporal.

137 EUOMPHALUS PENTAGULATUS

Clasificación: Filum: Moluscos. Cl.: Gasterópodos. O.: Prosobranquios. Fam.: Euom fálidos. **Piso:** Silúrico a Pérmico. Aparición: –440 M. a. Extinción: –225 M. a. **Distri bución mundial:** Cosmopolita. **Tamaño del fósil:** 2,5 cm de altura y 7 cm de diá metro.

Descripción: El género *Euomphalus*, muy primitivo, posee una concha subdiscoida de espira rebajada y enrollamiento algo disimétrico. En la parte superior de la vuelta el borde externo presenta forma angulosa. Esta zona estaba probablemente ocu pada en las formas vivas por un canal exhalante. El lado inferior es más redonde ado. Las suturas son generalmente profundas. La superficie de la concha present tubérculos y algunas finas estrías de crecimiento. La gruesa pared se compone d una capa externa prismática y una capa interna laminar.

Biología-Ecología: Forma marina bentónica, *Euomphalus* está presente tanto e los depósitos detríticos del Silúrico, Carbonífero y Pérmico, como en los medios arre cifales del Devónico, por lo que aporta poca información sobre las facies en las qu aparece. Este animal herbívoro se desplazaba reptando. Su moderada extensión tem poral le permite marcar el final del Paleozoico.

138 TECTUS CRENULARIS

Clasificación: Filum: Moluscos. Cl.: Gasterópodos. O.: Prosobranquios. Fam.: Tró-quidos. **Piso:** Cretácico superior hasta la actualidad. Aparición: –100 M. a. **Distribu-ción mundial:** Principales yacimientos en Francia e Inglaterra. **Tamaño del fósil:** 4 cm de altura y 2,5 cm de diámetro.

Descripción: Su nombre genérico hace referencia al aspecto de su concha, en forma de tejado puntiagudo. La espiral de la concha es moderadamente elevada, con en-rollamiento dextrógiro. El peristoma es continuo (concha holostomada) y de forma cuadrangular. Su ornamentación es casi exclusivamente longitudinal, con «cordones» que presentan a su vez gránulos y tubérculos. El interior de la concha está reves-tido de una capa de nácar. El opérculo quitinoso que cierra el peristoma tiene una geometría espiral.

Biología-Ecología: Según las épocas, el género *Tectus* aparece en facies muy di-ferentes: detríticas en el Cretácico superior, carbonatadas en el Eoceno y arenosas en el Neógeno. Sin embargo, estas facies tienen en común el que caracterizan ma-res relativamente cálidos. La amplia distribución temporal del género, así como su facilidad para adaptarse a numerosos medios, explican por qué estas formas fósiles apenas se emplean en Geología.

139 XENOPHORA

Clasificación: Filum: Moluscos. Cl.: Gasterópodos. O.: Prosobranquios. Fam.: Xeno-fóridos. **Piso:** Cretácico superior hasta la actualidad. Aparición: –100 M. a. **Distribu-ción mundial:** Cosmopolita. **Tamaño del fósil:** De 2,3 a 6,5 cm de altura y de 4 a 6 cm de diámetro.

Descripción: De tamaño medio, esta concha espiralada tiene forma cónica rebajada y enrollamiento dextrógiro. La particularidad de este género es tener un peristoma oblicuo y continuo, limitado por un labro dilatado que se prolonga en una pequeña ala. La ornamentación es variada y nace cerca de la sutura. La pared de la concha es gruesa y desprovista de nácar interno. Las formas vivas carecen de opérculo a ni-vel del peristoma.

Biología-Ecología: Desde el Cretácico hasta nuestros días, *Xenophora* se ha adap-tado a todo tipo de facies, tanto detríticas como carbonatadas. Presenta la particu-laridad de aglutinar en su superficie cuerpos extraños, como conchas de bivalvos. Esto responde a un modo de vida estrechamente relacionado con el bentos pró-ximo, que se sirve de Xenophora como soporte de fijación. Carnívoro, se despla-zaba gracias a su musculoso pie ventral. Su amplia extensión temporal hace de é un fósil poco empleado en estratigrafía.

140 VELATES

Clasificación: Filum: Moluscos. Cl.: Gasterópodos. O.: Prosobranquios. Fam.: Nerí-tidos. **Piso:** Cretácico superior a Eoceno. Aparición: –100 M. a. Extinción: –35 M. a. **Distribución mundial:** Principales yacimientos en Europa. **Tamaño del fósil:** 5 cm de altura y 12 cm de diámetro.

Descripción: La concha es globosa, con una espira relativamente baja y pocas vuel-tas. La última de ellas está desviada y es muy envolvente. Esta forma carece de om-bligo y sifón. El canal septal ocupa toda la base. El peristoma presenta un borde co-lumelar dentado. La pared de la concha es gruesa, sin capa nacarada en su interior y a menudo conserva su color original. La única ornamentación está representada por las estrías de crecimiento. Un opérculo calcáreo cerraba el peristoma en las for-mas vivas.

Biología-Ecología: El género *Velates* está representado en la creta del Cretácico superior y en los sedimentos arenosos o carbonatados del Eoceno. Se trata de una forma bentónica que se desplazaba reptando. Su régimen alimenticio era de tipo herbívoro. Su breve existencia en la escala de los tiempos geológicos explica su uso en estratigrafía.

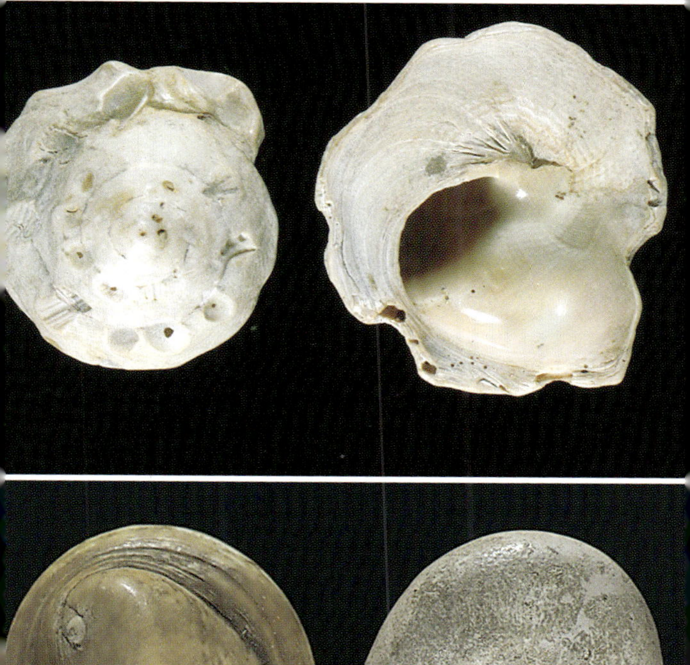
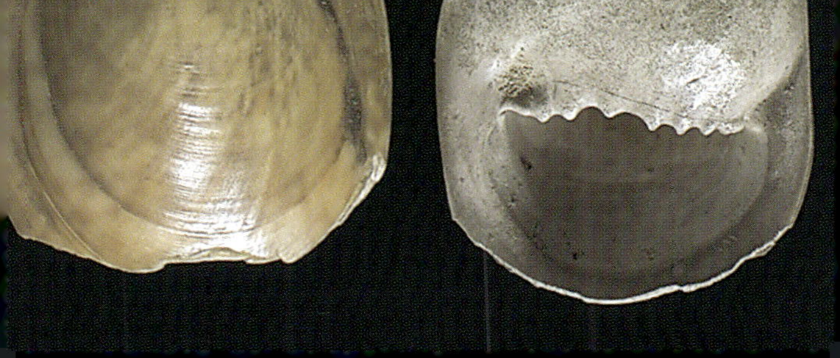

141 BELLEROPHON

Clasificación: Filum: Moluscos. Cl.: Gasterópodos. O.: Prosobranquios. Fam.: Bellerofóntidos. **Piso:** Silúrico a Triásico superior. Aparición: –430 M. a. Extinción: –210 M. a. **Distribución mundial:** Cosmopolita. **Tamaño del fósil:** Tiene 1,8 cm de altura y 2 cm de diámetro.

Descripción: Este gasterópodo, muy primitivo, tiene la particularidad de presentar una morfología en la que persiste un plano de simetría. Un «cordón» interrumpe las estrías de crecimiento normales de la concha. El peristoma se caracteriza por un labro con una escotadura equivalente a la de Pleurotomaria. La pared de la concha posee un espesor variable. Esta forma arcaica carece de sifón y ombligo. La concha no es nacarada y falta el opérculo.

Biología-Ecología: El género *Bellerophon* era una forma marina bentónica que no estaba ligada a ningún medio determinado, pues aparece tanto en los depósitos detríticos del Silúrico, Carbonífero, Pérmico y Triásico como en los medios arrecifales del Devónico. Era un animal herbívoro que se desplazaba reptando sobre diversos sustratos. Su lenta evolución en un dilatado periodo de tiempo no permite emplearlo en estratigrafía.

142 HYDROBIA

Clasificación: Filum: Moluscos. Cl.: Gasterópodos. O.: Prosobranquios. Fam.: Hidróbidos. **Piso:** Estampiense (Oligoceno) hasta la actualidad. Aparición: –35 M. a **Distribución mundial:** Principales yacimientos en Europa occidental. **Tamaño del fósil:** 5 mm de longitud.

Descripción: Las *hidrobias* presentan una concha alta y espiralada, de tamaño muy reducido. De pared fina, carece de ornamentación particular, a excepción de las discretas estrías de crecimiento concéntricas. Son formas muy próximas a los litorínidos. Durante la digestión, las hidrobias elaboran un estilete cristalino formado po materias digestivas mezcladas con mucus. Este estilete es característico de las especies que se alimentan de detritus.

Biología-Ecología: *Hydrobia* vive suspendida en la superficie del agua. Por su abundancia, ha jugado un gran papel en la formación de las calizas del Estampiense de ciertas regiones (calizas con hidrobias). Las conchas de hidrobias son empleadas a veces por las larvas de frigáneas para elaborar su tubo o «estuche». Las hidrobias fósiles son características de los medios lacustres de agua dulce. Las formas actuales viven en pantanos de aguas salobres y aguas dulces.

143 VIVIPARUS SUESSONIENSIS

Clasificación: Filum: Moluscos. Cl.: Gasterópodos. O.: Prosobranquios. Fam.: Vivipáridos. **Piso:** Eoceno. Aparición: –55 M. a. Extinción: –35 M. a. **Distribución mundial:** Principales yacimientos en Europa occidental. **Tamaño del fósil:** 2 cm de altura y 1,8 cm de diámetro.

Descripción: La concha, enrollada de forma helicoidal y dextrógira, está formada por una espira baja cuya última vuelta es relativamente dilatada. El conjunto presenta un aspecto globoso, con el ápice redondeado y poco marcado. En el peristoma, casi circular, se observa una ligera escotadura en la parte superior. El aspecto liso de la concha responde a la ausencia de toda ornamentación, salvo las estrías de crecimiento.

Biología-Ecología: *Viviparus suessoniensis* es una especie fluvial característica del Eoceno (Ypresiense). Estos organismos prefieren las aguas dulces, a menudo cargadas de cieno. Se alimentan gracias a sus filamentos branquiales, adaptados a un mecanismo de captación ciliar de los alimentos. Se desplazan reptando gracias a su musculoso pie ventral. Son excelentes fósiles estratigráficos.

144 LITTORINA LITTOREA

Clasificación: Filum: Moluscos. Cl.: Gasterópodos. O.: Prosobranquios. Fam.: Litto-rínidos. **Piso:** Pleistoceno hasta la actualidad. Aparición: –2 M. a. **Distribución mun-dial:** Principales yacimientos en Europa occidental y norte de Europa. **Tamaño del fósil:** 3 cm de altura y 2,4 cm de diámetro.

Descripción: La forma turbinada de esta concha responde a un enrollamiento espi-ral relativamente bajo de sentido dextrógiro. El peristoma es continuo (concha ho-lostomada), de forma ovalada, con un borde columelar generalmente aplastado. Unas simples espirales constituyen su única ornamentación. La pared de la concha, de grosor variable, carece de capa nacarada interna. Las formas vivas del género *Litto-rina* presentan un opérculo córneo que cierra el peristoma.

Biología-Ecología: Este género existe desde el Eoceno, pero no adquiere impor-tancia hasta el Pleistoceno con la especie *littorea*, que corresponde al bígaro actual. Llegó a vivir en el mar Báltico. El grosor de la concha constituía una barrera térmica para el animal. De régimen herbívoro, se desplazaba reptando. La especie marca las facies boreales del Pleistoceno.

145 HIPPONYX CORNUCOPIA

Clasificación: Filum: Moluscos. Cl.: Gasterópodos. O.: Prosobranquios. Fam.: Hip-ponícidos. **Piso:** Eoceno. Aparición: –55 M. a. Extinción: –35 M. a. **Distribución mun-dial:** Cosmopolita. **Tamaño del fósil:** 6,5 cm de altura y 4 cm de diámetro.

Descripción: De forma cónica, esta concha presenta un ápice incurvado en posición marginal. Carece de perforaciones y de septo interno. El peristoma es continuo (con-cha holostomada) y casi circular. La ornamentación se compone de estrías de cre-cimiento que a veces forman anillos. La impresión muscular dejada por el pie pre-senta forma de herradura abierta en su parte anterior.

Biología-Ecología: *Hipponyx cornucopia* es una especie bentónica que vivía fir-memente adherida al sustrato rocoso o, más frecuentemente, a otro organismo. Du-rante el Terciario, y sobre todo en el Paleoceno, estos gasterópodos vivieron sobre plataformas carbonatadas o en medios detríticos como arenas conchíferas. Por lo que se refiere a la alimentación, era carnívoro. *Hipponyx cornucopia* es una espe-cie común del Luteciense y el Bartoniense.

146 TURRITELLA

Clasificación: Filum: Moluscos. Cl.: Gasterópodos. O.: Prosobranquios. Fam.: Turri-téllidos. **Piso:** Cretácico superior hasta la actualidad. Aparición: –195 M. a. **Distri-bución mundial:** Cosmopolita. **Tamaño del fósil:** 10 cm de altura y 2 cm de diámetro.

Descripción: La concha tiene un enrollamiento dextrógiro, con espira muy alargada y típica forma turriculada. El peristoma es continuo y redondeado. Ornamentación de cordones longitudinales y estrías de crecimiento fuertemente sinuosas. A veces se superponen a estos elementos finas costillas espirales y una o más quillas su-prasuturales. La pared de la concha, relativamente gruesa, carece de nácar por den-tro. La fragilidad del ápice hace que éste rara vez se conserve.

Biología-Ecología: Aunque encontramos el género *Turritella* desde el Cretácico, su época de mayor desarrollo se sitúa en el Eoceno. Aparece en los medios sedi-mentarios más diversos: arenas, calizas e incluso arrecifes (en el Paleógeno). Du-rante el Cretácico, el género domina en las facies carbonatadas. Se enterraban en los sedimentos y eran detritívoros. Los turritélidos son muy utilizados en la estrati-grafía del Terciario.

147 VERMETUS

Clasificación: Filum: Moluscos. Cl.: Gasterópodos. O.: Prosobranquios. Fam.: Vermétidos. **Piso:** Eoceno hasta la actualidad. Aparición: –65 M. a. **Distribución mundial:** Cosmopolita. **Tamaño del fósil:** 2,5 cm de diámetro.

50 m

Descripción: La concha de *Vermetus* carece de geometría espiral en sentido estricto: se trata más bien de un tubo desenrollado, apelotonado sobre sí mismo y con la espiral suelta. La ornamentación se compone de las estrías de crecimiento de la concha, fuertemente sinuosas. La capa interna de la pared está desprovista de nácar. La forma de la concha es extremadamente variable y la ornamentación no es siempre la misma.

Biología-Ecología: El género *Vermetus* es una forma bentónica que vive generalmente en colonias, siempre fijo al sustrato a la manera de los organismos tubícolas. Actualmente se localiza principalmente en medios carbonatados, donde el sustrato es duro. Son suspensívoros. Dada su amplia distribución temporal, no resultan buenos fósiles estratigráficos.

148 HINIA SEMISTRIATA

Clasificación: Filum: Moluscos. Cl.: Gasterópodos. O.: Prosobranquios. Fam.: Nássidos. **Piso:** Astiense (Plioceno). Aparición: –4 M. a. Extinción: –2 M. a. **Distribución mundial:** Principales yacimientos en Italia y Francia. **Tamaño del fósil:** 3 cm de longitud.

50 m

Descripción: *Hinia* es un gasterópodo fósil de finales del Terciario. La concha es helicoidal, con una ornamentación discreta, más o menos reticulada. Las vueltas de la espira son cortas, y cada vuelta está delimitada por profundas suturas. Además, se observan dos estrías espirales: una sobre la parte anterior de cada vuelta y la otra hacia atrás, donde dobla la sutura. La última vuelta, o cámara de habitación, es bastante amplia, con una abertura fusiforme en la que el labro se dobla ligeramente hacia dentro. El borde columelar es grueso. El canal sifonal es corto y se curva hacia la parte dorsal de la concha. El animal podía encerrarse en el interior de su concha gracias a un opérculo.

Biología-Ecología: *Hinia* era un animal marino que respiraba con la ayuda de branquias. Vivía en mares tropicales y se desplazaba sobre los fondos fangosos muy profundos. Su alimentación era de tipo limnívoro.

149 GLOBULARIA

Clasificación: Filum: Moluscos. Cl.: Gasterópodos. O.: Prosobranquios. Fam.: Ampullospíridos. **Piso:** Carbonífero hasta la actualidad. Aparición: –340 M. a. **Distribución mundial:** Cosmopolita. **Tamaño del fósil:** 3 cm de altura y 2,5 cm de diámetro.

50 m

Descripción: La corta espira de esta concha, junto con una última vuelta bien desarrollada, le confiere un aspecto globoso. El enrollamiento es dextrógiro y termina en un característico peristoma continuo; el borde columelar presenta un cuello. La concha es más bien lisa, sin ornamentación, salvo las estrías de crecimiento. La pared interna de la concha está desprovista de nácar. El género cuenta con un gran número de especies, algunas de las cuales se alejan del tipo descrito.

Biología-Ecología: Los ejemplares bien conservados de este género suelen estar asociados a sedimentos relativamente blandos. Animal bentónico, vivía en mares cálidos y tenía un régimen carnívoro. Ayudado de la rádula, podía perforar la concha de lamelibranquios y otros organismos. Su dilatada presencia a lo largo de los tiempos geológicos le restan cualquier interés estratigráfico.

150 CAMPANILE GIGANTEUM

Clasificación: Filum: Moluscos. Cl.: Gasterópodos. O.: Prosobranquios. Fam.: Cerítidos. **Piso:** Luteciense (Eoceno medio). Aparición: –50 M. a. Extinción: –45 M. a **Distribución mundial:** Principales yacimientos en Europa occidental. **Tamaño del fósil:** 60 cm de altura y 20 cm de diámetro.

Descripción: Esta concha turriculada, de enormes dimensiones, está formada por numerosas vueltas de enrollamiento dextrógiro. El peristoma presenta una escotadura o seno sifonal en la parte superior y el labro se extiende formando un pabellón. La ornamentación varía desde el ápice hasta la base de la concha: filamentos longitudinales y cordones con tubérculos más marcados cerca del peristoma; esta ornamentación se cruza con costillas transversales. Las estrías de crecimiento tienen la concavidad orientada hacia la parte anterior del fósil.

Biología-Ecología: Se trata de una forma bentónica que aparece tanto en facies carbonatadas como arenosas. En posición de vida, la concha está ligeramente inclinada hacia atrás. Al tiempo que se desplazaba sobre su musculoso pie ventral, se alimentaba de las partículas alimenticias del sustrato. Su limitada distribución temporal permite considerarlo como un buen fósil estratigráfico.

151 POTAMIDES LAMARCKI

Clasificación: Filum: Moluscos. Cl.: Gasterópodos. O.: Prosobranquios. Fam.: Cerítidos. **Piso:** Eoceno. Aparición: –55 M. a. Extinción: –35 M. a. **Distribución mundial:** Cosmopolita. **Tamaño del fósil:** 6,5 cm de altura y 4 cm de diámetro.

Descripción: La concha turriculada de *Potamides lamarcki* está formada por numerosas vueltas de enrollamiento dextrógiro. La abertura es sifonostomada. Presenta un corto canal sifonal y, en la parte superior, una escotadura o seno sifonal. El conjunto presenta una ornamentación de filas de crenulaciones espirales, con pequeños tubérculos unidos, y estrías de crecimiento. La cavidad está girada hacia el peristoma. El ápice suele aparecer roto. En la concha de esta especie se observan numerosas e importantes variaciones, principalmente en la forma de las vueltas de la espira y en la ornamentación.

Biología-Ecología: *Potamides lamarcki* era una forma bentónica que vivía en aguas salobres o marinas, someras, bajo clima cálido, siempre en medios muy tranquilos. Era herbívoro y se desplazaba reptando. Se trata de un fósil característico del Oligoceno, periodo en el que se encuentra a veces en gran número. Buen fósil estratigráfico e indicador de facies.

152 POTAMIDES LAPIDUS

Clasificación: Filum: Moluscos. Cl.: Gasterópodos. O.: Prosobranquios. Fam.: Cerítidos. **Piso:** Luteciense a Bartoniense (Eoceno). Aparición: –49 M. a. Extinción: –37 M. a. **Distribución mundial:** Principales yacimientos en Francia, España, América del Norte (costa este) y América del Sur (noroeste). **Tamaño del fósil:** 5 cm de altura y 1,4 cm de diámetro.

Descripción: La concha de *Potamides lapidus* es turriculada, de pequeño tamaño, con numerosas vueltas de enrollamiento dextrógiro. El peristoma se caracteriza por un corto canal sifonal y una escotadura en la parte superior. La ornamentación se compone de cordones lamelosos y filamentos longitudinales que cortan las costillas transversales. La quilla en el centro de la vuelta a veces está poco marcada. Las estrías de crecimiento son cóncavas hacia delante. La concha posee una capa interna no nacarada. En ocasiones aparece un gran número de ejemplares en los sedimentos.

Biología-Ecología: *Potamides* es una forma bentónica que vivía principalmente en las facies salobres del Eoceno. El animal poseía una concha erguida y ligeramente inclinada hacia atrás. Su reducida extensión en el tiempo hace de Potamides un buen fósil estratigráfico.

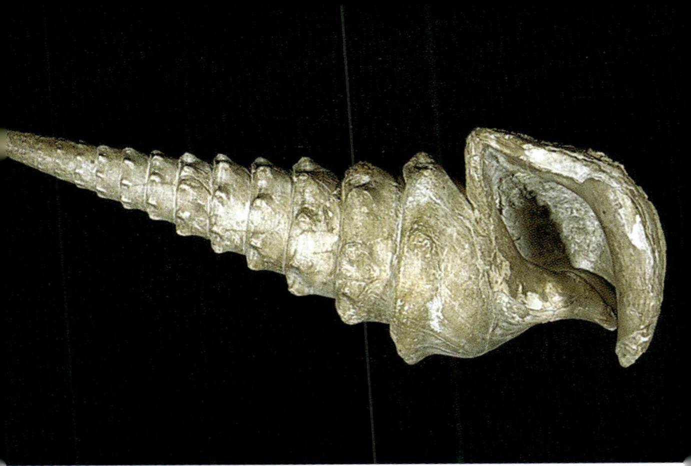

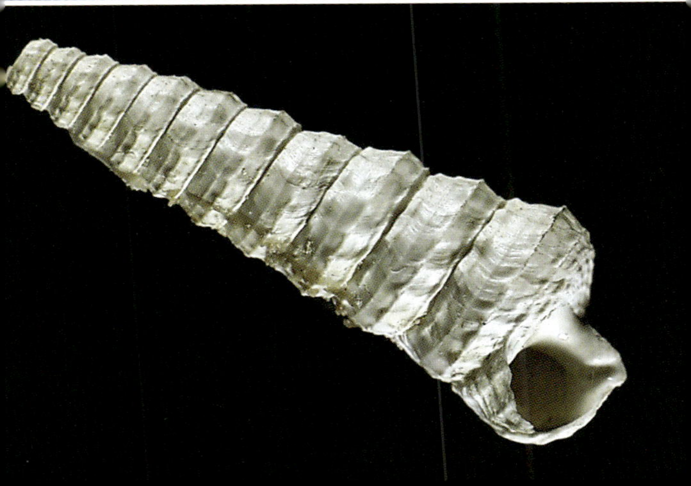

153 

HARPAGODES

Clasificación: Filum: Moluscos. Cl.: Gasterópodos. O.: Prosobranquios. Fam.: Aporrhaidae. **Piso:** Eoceno. Aparición: –55 M. a. Extinción: –35 M. a. **Distribución mundial:** Cosmopolita. **Tamaño del fósil:** 6,5 cm de altura y 4 cm de diámetro.

Descripción: De forma turriculada, la concha es redondeada, con la espira breve y cónica y última vuelta bien desarrollada. Enrollamiento dextrógiro. El peristoma es característico en este animal: el canal sifonal y el labro, fuertemente desarrollados se prolongan en unos apéndices digitales cuya conservación depende del medio de fosilización. La pared es muy gruesa, con ornamentación de cordones espiralados y estrías de crecimiento.

Biología-Ecología: El género *Harpagodes* está bien representado en las facies carbonatadas desde el Jurásico medio hasta el Cretácico inferior. La morfología de este animal guarda relación con su modo de vida: permanecía en el fondo y se sostenía gracias a sus digitaciones. Vivía principalmente en el medio litoral y era detritívoro Algunas de las especies de Harpagodes están consideradas como buenos fósiles estratigráficos.

154 

MELONGENA

Clasificación: Filum: Moluscos. Cl.: Gasterópodos. O.: Prosobranquios. Fam.: Fasciolaridos. **Piso:** Luteciense (Eoceno medio) a Mioceno. Aparición: –50 M. a. Extinción: –5 M. a. **Distribución mundial:** Principales yacimientos en Europa occidental. **Tamaño del fósil:** 8 cm de altura y 4 cm de diámetro.

Descripción: *Melongena* es un gasterópodo fósil del Terciario. La concha es de naturaleza calcárea, helicoidal y con enrollamiento dextrógiro. La espira es corta, la última vuelta es alargada y muy amplia, con un corto canal sifonal. La abertura es ancha y espaciosa en su parte superior. La ornamentación, muy variable de un individuo a otro, consiste en un conjunto de costillas radiales y transversales que, según las vueltas, presentan pliegues más o menos marcados. En las formas vivas, la concha estaba cerrada por un opérculo.

Biología-Ecología: *Melongena* es una forma bentónica característica de las calizas del Luteciense y las areniscas del Bartoniense. Vivía bajo climas subtropicales y ocupaba zonas litorales. Era un carnívoro especializado que se desplazaba reptando gracias a su musculoso pie ventral. Este fósil es un buen marcador estratigráfico.

155 

TRIVIA EUROPAEA

Clasificación: Filum: Moluscos. Cl.: Gasterópodos. O.: Prosobranquios. Fam.: Cipreidos. **Piso:** Mioceno hasta la actualidad. Aparición: –25 M. a. **Distribución mundial:** Principales yacimientos en Europa. **Tamaño del fósil:** 1,2 cm de altura y 0,8 cm de diámetro.

Descripción: La concha de *Trivia* es pequeña y en forma de «grano de café», si bien puede ser ovoide o piriforme. La espira es baja, cubierta por la última vuelta; abertura larga y estrecha, paralela al eje de la concha. La concha, finamente costulada, está recubierta por el manto. Un barniz protege las dos caras de la pared, aunque la cara externa presenta una coloración variable.

Biología-Ecología: *Trivia* europaea es una especie que se encuentra tanto en facies carbonatadas como detríticas. La concha suele estar bien conservada. Se trata de un animal fitófago que se desplaza reptando. Su distribución temporal es bastante dilatada, por lo que no es un buen fósil estratigráfico, y tampoco es un indicador de facies. Actualmente se encuentra en todas las costas europeas.

156 NERINEA

Clasificación: Filum: Moluscos. Cl.: Gasterópodos. O.: Prosobranquios. Fam.: Nerineidos. **Piso:** Jurásico a Cretácico. Aparición: –195 M. a. Extinción: –65 M. a. **Distribución mundial:** Cosmopolita. **Tamaño del fósil:** 20 cm de altura y 3 cm de diámetro.

Descripción: De tamaño muy variable, la concha de *Nerinea* puede medir hasta veinte centímetros. La espira es alargada y de enrollamiento dextrógiro; la concha adopta una forma cilindrocónica. La base de la concha es corta, con una abertura típicamente sifonostomada y forma subcuadrangular. La pared es muy gruesa y las vueltas están separadas por suturas bien marcadas bordeadas por dos salientes. Las paredes internas, visibles en sección longitudinal pulida, consolidan la estructura. Los pliegues columelares, parietales y labiales, corresponden a caracteres evolutivos del animal.

Biología-Ecología: Típica de las plataformas carbonatadas del Jurásico y el Cretácico, el género *Nerinea* se encuentra a veces asociado a los Diceras y otros rudistas en las formaciones coralígenas de mares cálidos poco profundos y de aguas bien oxigenadas. Buen fósil estratigráfico, se emplea también como marcador de las facies arrecifales.

157 FUSUS

Clasificación: Filum: Moluscos. Cl.: Gasterópodos. O.: Prosobranquios. Fam.: Fascioláridos. **Piso:** Mioceno hasta la actualidad. Aparición: –25 M. a. **Distribución mundial:** Principales yacimientos en Europa occidental. **Tamaño del fósil:** 4 cm de longitud.

Descripción: La concha es fusiforme, con un largo canal sifonal recto. Enrollada de forma helicoidal y dextrógira, la espira es más bien alta, con una última vuelta alargada pero poco ancha. El peristoma es largo y estrecho en su parte inferior, con un canal sifonal recto y bien desarrollado. Los pliegues columelares están ausentes en los fascioláridos. La ornamentación es reticulada: costillas transversales y gruesas costillas axiales que se desdibujan en las últimas vueltas. Las estrías de crecimiento también aparecen marcadas. Aunque existen diferencias de ornamentación, los rasgos principales se mantienen.

Biología-Ecología: El género *Fusus* marca las zonas litorales desde el Mioceno hasta nuestros días, sobre todo en el Plioceno. Vivía en aguas cálidas poco profundas y tranquilas, caracterizando las facies marinas lagunares. Era una forma libre que se desplazaba reptando y se alimentaba de otros organismos. Este fósil se emplea como marcador de plataformas litorales y es un buen indicador de facies.

158 SYCOSTOMA BULBUS

Clasificación: Filum: Moluscos. Cl.: Gasterópodos. O.: Prosobranquios. Fam.: Galeólidos. **Piso:** Cuisiense a Bartoniense (Eoceno). Aparición: –50 M. a. Extinción: –35 M. a. **Distribución mundial:** Principales yacimientos en el norte de Europa. **Tamaño del fósil:** De 7,5 a 8,5 cm de altura y 4,5 cm de diámetro.

Descripción: La concha, enrollada de forma helicoidal, presenta una espira corta y una última vuelta bien desarrollada. Ambos caracteres muestran, sin embargo, importantes variaciones en esta especie (espira más o menos corta y última vuelta más o menos grande). El conjunto es piriforme, con el ápice generalmente puntiagudo. En la abertura, estrecha y alargada, se observan un borde columelar calloso y un canal sifonal corto y recto. Sólo las estrías de crecimiento adornan la concha.

Biología-Ecología: *Sycostoma bulbus* es una especie marina bentónica, característica de las facies carbonatadas y detríticas del Eoceno, formaciones típicas de los mares cálidos litorales bajo un clima subtropical. Animal fitófago, se desplazaba reptando. Su restringida distribución temporal hace de él un buen fósil estratigráfico y de facies.

159

COMINELLA GOSSARDI

CLASIFICACIÓN: Filum: Moluscos. Cl.: Gasterópodos. O.: Prosobranquios. Fam.: Buc cínidos. **PISO:** Oligoceno. Aparición: –35 M. a. Extinción: –25 M. a. **DISTRIBUCIÓN MUN DIAL:** Principales yacimientos en Europa. **TAMAÑO DEL FÓSIL:** 2,6 cm de altura y 1,4 cr de diámetro.

DESCRIPCIÓN: Esta concha, de enrollamiento dextrógiro y helicoidal, presenta una es pira relativamente baja y la última vuelta bien desarrollada. Muestra forma cónica con ápice puntiagudo. El peristoma es alargado, anguloso en ambos extremos, co labro sin reborde. El canal sifonal es corto, escotado y recurvado. Ornamentació acusada, con costillas radiales y ondulantes, que se cruzan con las estrías de crec miento, y cordones transversales.

BIOLOGÍA-ECOLOGÍA: *Cominella gossardi* es una forma bentónica que caracteriza la areniscas del Oligoceno. Este organismo vivía en mares litorales de aguas cálida con clima subtropical. Por lo que se refiere a la alimentación, era carnívoro y se des plazaba reptando gracias a su musculoso pie ventral. De corta distribución tempo ral y ligado a medios arenosos, constituye un buen fósil estratigráfico y de facies

160

MUREX

CLASIFICACIÓN: Filum: Moluscos. Cl.: Gasterópodos. O.: Prosobranquios. Fam.: Mur cidos. **PISO:** Terciario hasta la actualidad. Aparición: –65 M. a. **DISTRIBUCIÓN MUNDIAL** Cosmopolita. **TAMAÑO DEL FÓSIL:** De 3 a 8 cm de altura y de 2,3 a 3 cm de diámetro

DESCRIPCIÓN: La concha calcárea que constituye su esqueleto externo presenta en rollamiento helicoidal. La espira es más o menos alta pero la última vuelta muestr siempre un gran desarrollo. En la abertura se observan dos bordes característicos hacia el exterior, el labro, labio de reborde crenulado, y en el interior se distingu el borde columelar, sin pliegues diferenciados. El peristoma se reconoce fácilment por su largo y abierto canal sifonal. La ornamentación se caracteriza por la preser cia de gruesas costillas axiales (tres por vuelta) y, principalmente, por varices pro vistas de espinas más o menos largas o expansiones foliáceas. También suele pre sentar espinas.

BIOLOGÍA-ECOLOGÍA: *Murex* es una forma bentónica. El momento de mayor expar sión de este fósil se sitúa entre el Eoceno y el Mioceno, épocas en las que ocupab los mares cálidos litorales de las zonas subtropicales. A causa de su dilatada pre sencia en el tiempo, este fósil no es un buen marcador estratigráfico pero sí un ir dicador de facies.

161

ATHLETA ELEVATA

CLASIFICACIÓN: Filum: Moluscos. Cl.: Gasterópodos. O.: Prosobranquios. Fam.: Volú tidos. **PISO:** Eoceno. Aparición: –46 M. a. Extinción: –40 M. a. **DISTRIBUCIÓN MUNDIAL** Principales yacimientos en Europa occidental. **TAMAÑO DEL FÓSIL:** 2,5 cm de altura

DESCRIPCIÓN: La concha de *Athleta elevata* es de naturaleza calcárea. Está enrollad de forma helicoidal y dextrógira, y presenta una espira muy corta y una última vuelt bien desarrollada. En la abertura se distinguen dos bordes característicos: el labro hacia el exterior, con un ligero repliegue de la concha, y el borde columelar haci el interior, que presenta pliegues. El peristoma es característico, con su largo y es cotado canal sifonal. La ornamentación consta de costillas longitudinales y trans versales con ligeras espinas a nivel de la sutura.

BIOLOGÍA-ECOLOGÍA: *Athleta* es una forma bentónica que se ha desarrollado desde el Turoniense hasta nuestros días. Las formas fósiles como Athleta elevata habita ron mares cálidos litorales con clima subtropical. *Athleta elevata* era un carnívoro especializado, que se desplazaba sobre el sustrato reptando gracias a su musculoso pie ventral. Este fósil es un buen marcador estratigráfico y un indicador de paleo ambiente.

162

ATHLETA SPINOSA

Clasificación: Filum: Moluscos. Cl.: Gasterópodos. O.: Prosobranquios. Fam.: Volú-tidos. **Piso:** Luteciense (Eoceno medio). Aparición: –50 M. a. Extinción: –40 M. a **Distribución mundial:** Principales yacimientos en Europa. **Tamaño del fósil:** 5,5 cm de altura y 3 cm de diámetro.

Descripción: La concha es de tamaño medio, dextrógira, con una espira corta y una última vuelta bien desarrollada. El resto de las vueltas son angulosas y presentan costillas espinosas cuyo desarrollo es máximo en la última vuelta. El peristoma, es-trecho y alargado, dispone de una escotadura sifonal y pliegues columelares espi-ralados muy finos.

Biología-Ecología: Distribuido desde el Cretácico superior hasta la actualidad, el género *Athleta* está muy presente en el límite Eoceno-Oligoceno. La especie A. spi-nosa caracteriza el Luteciense. Son animales típicos de mares cálidos y poco pro-fundos. En posición de vida, la concha está fuertemente inclinada y el animal se des-plaza reptando. Por lo que respecta a la alimentación, es carnívoro. Marcado estratigráfico, la especie A. spinosa es un buen fósil de facies.

163

VOLUTILITHES ANGUSTUS

Clasificación: Filum: Moluscos. Cl.: Gasterópodos. O.: Prosobranquios. Fam.: Volú-tidos. **Piso:** Cuisiense (Eoceno). Aparición: –55 M. a. Extinción: –50 M. a. **Distribu-ción mundial:** Principales yacimientos en Europa occidental y septentrional. **Tamaño del fósil:** 7 cm de altura y 2,5 cm de diámetro.

Descripción: La concha de *Volutilithes angustus*, de enrollamiento dextrógiro, pre-senta una espira alta, con una última vuelta alargada. El conjunto tiene aspecto fu-siforme, muy afilado, con un apéndice generalmente puntiagudo. La abertura, larga y estrecha, presenta en la base un corto canal sifonal. En el borde columelar se ob-servan pliegues espiralados. La ornamentación se compone de gruesas costillas ra-diales. La concha cuenta con pequeños peldaños desde la base hasta el ápex.

Biología-Ecología: *Volutilithes angustus* es una forma marina, bentónica, caracte-rística de las areniscas del Cuisiense, que vivía en mares litorales con clima subtro-pical. Por lo que se refiere a la alimentación, era carnívora. Dada la corta existencia de esta especie, sirve para caracterizar de forma muy precisa el subpiso Cuisiense y las facies detríticas.

164

ANCILLA BUCCINOIDES

Clasificación: Filum: Moluscos. Cl.: Gasterópodos. O.: Prosobranquios. Fam.: Olívi-dos. **Piso:** Cuisiense a Bartoniense (Eoceno). Aparición: –55 M. a. Extinción: –35 M. a. **Distribución mundial:** Principales yacimientos en Europa occidental. **Tamaño del fósil:** 4,5 cm de altura y 2 cm de diámetro.

Descripción: Enrollada de forma helicoidal, la concha de *Ancilla buccinoides* es dex-trógira, con una espira alta y una última vuelta alargada y envolvente. El conjunto es fusiforme, con un ápice muy puntiagudo. El peristoma es amigdaloide, con un corto canal sifonal en la base. El borde columelar presenta pliegues espiralados. La concha, de aspecto liso y aerodinámico, carece de ornamentación, a excepción de las estrías de crecimiento.

Biología-Ecología: La especie *Ancilla buccinoides* comprende individuos bentóni-cos característicos de las areniscas del Cuisiense al Bartoniense, y más raramente de las calizas del Luteciense. Vivió en mares litorales cálidos con clima subtropical. Respecto a la alimentación, era herbívoro y se desplazaba reptando. Muy empleado como fósil de facies, carece de interés para marcar los pisos.

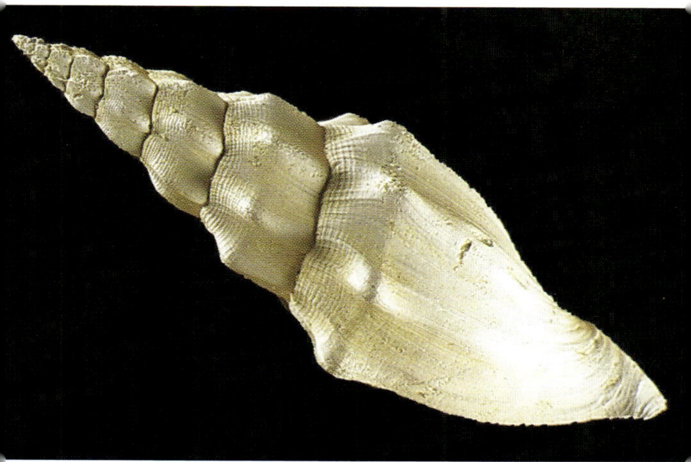

165 CONUS

Clasificación: Filum: Moluscos. Cl.: Gasterópodos. O.: Prosobranquios. Fam.: Cóni dos. **Piso:** Senoniense (Cretácico superior) hasta la actualidad. Aparición: –90 M. a **Distribución mundial:** Cosmopolita. **Tamaño del fósil:** 8 cm de altura y de 4 a 4,5 cm de diámetro.

50 m

Descripción: Enrollada de forma dextrógira y helicoidal, la concha está formada po una espira corta y una última vuelta, relativamente grande, que se estrecha progre sivamente hacia abajo dando una forma cónica. El labro y el borde columelar, des provisto de pliegues espiralados, están muy próximos, lo que confiere al peristoma un aspecto muy alargado. La ornamentación se restringe a las estrías de crecimiento La superficie de la concha es aparentemente lisa. Un opérculo suele cerrar el pe ristoma.

Biología-Ecología: Es una forma bentónica que se desarrolló en las facies calizas desde el Cretácico superior hasta nuestros días. Su mayor distribución se sitúa en el Mioceno. Este animal, contrariamente a otros muchos gasterópodos, es carnívoro y también venenoso, lo que constituye un carácter muy evolucionado. Se desplaza reptando. Su extensión a lo largo del tiempo no permite emplear el género *Conus* como un marcador estratigráfico, pero sí caracteriza los mares cálidos.

166 TURRICULA DIMIDIATA

Clasificación: Filum: Moluscos. Cl.: Gasterópodos. O.: Prosobranquios. Fam.: Túrri dos. **Piso:** Mioceno medio y superior hasta el Plioceno. Aparición: –20 M. a. Extin ción: –2 M. a. **Distribución mundial:** Principales yacimientos en el sur de Europa **Tamaño del fósil:** 4 cm de altura y de 1 a 2 cm de diámetro.

50 m

Descripción: *Turricula dimidiata* posee una concha calcárea enrollada de forma he licoidal y dextrógira. Presenta una espira más o menos alta (aspecto fusiforme) y una última vuelta poco desarrollada. En la abertura se pueden distinguir dos bor des característicos: el labro hacia fuera y el borde columelar hacia dentro, carente de pliegues. En el peristoma se observa un canal sifonal largo y abierto. La orna mentación se compone de pequeñas costillas.

Biología-Ecología: *Turricula* es una forma bentónica cuya distribución estratigrá fica abarca desde el Mioceno hasta la actualidad. Las formas fósiles como Turricul dimidiata se desarrollaron en mares cálidos litorales con clima subtropical. Se trata de un animal carnívoro y venenoso, con una rádula que únicamente posee dos dien tes. Se desplaza sobre el sustrato reptando gracias a su musculoso pie ventral. E un buen fósil estratigráfico y un indicador de paleoambiente.

167 EXOCONULARIA PYRAMIDATA

Clasificación: Filum: Moluscos. Cl.: Incertae sedis. La clasificación de esta especie es poco segura. Muchos autores la incluyen actualmente dentro de los Cnidarios **Piso:** Ordovícico. Aparición: –470 M. a. Extinción: –440 M. a. **Distribución mundial** Principales yacimientos en Francia y Gran Bretaña. **Tamaño del fósil:** 20 cm de al tura y 5 cm de diámetro.

50 m

Descripción: La concha de este organismo presenta forma piramidal, con la punt redondeada, y paredes muy finas. En las cuatro caras se observan unos pliegues obl cuos con un surco longitudinal central y están limitadas por quillas recorridas lon gitudinalmente por un surco.

Biología-Ecología: Apenas se conoce el modo de vida de las conularias. Estos or ganismos vivían principalmente en los mares cálidos del Ordovícico asociados a otra formas características de este periodo, como trilobites, braquiópodos, graptolitos, mo luscos y equinodermos. Es un buen indicador de medio.

168 ('HELIX') OCHTHEPHILA RAMONDI

Clasificación: Filum: Moluscos. Cl.: Gasterópodos. O.: Pulmonados. Fam.: Helícidos. **Piso:** Plioceno hasta la actualidad. Aparición: –5 M. a. **Distribución mundial:** Cosmopolita. **Tamaño del fósil:** 3 cm de altura y 2,5 cm de diámetro.

Descripción: El género *Helix* presenta una concha espiral, con la última vuelta muy grande, con aspecto globoso. El enrollamiento, de tipo helicoidal, es dextrógiro. La concha se abre por un peristoma redondeado, limitado hacia fuera por el labro. Hacia el eje de enrollamiento, el borde columelar suele ser grueso y está en posición oblicua. Este género carece de ornamentación característica.

Biología-Ecología: *Ochthephila ramondi* se desarrolló bajo un clima tropical húmedo en facies continentales. Aunque no es buen fósil estratigráfico, sí define bien los medios continentales. Animal herbívoro, vive sobre el suelo y los vegetales; se desplaza reptando. En Francia se conocen excelentes yacimientos del Oligoceno terminal en calizas bituminosas lacustres.

169 STAGNICOLA

Clasificación: Filum: Moluscos. Cl.: Gasterópodos. O.: Pulmonados. Fam.: Limneidos. **Piso:** Eoceno superior hasta la actualidad. Aparición: –45 M. a. **Distribución mundial:** Principales yacimientos en Europa occidental. **Tamaño del fósil:** 3,7 cm de altura y 1,4 cm de diámetro.

Descripción: *Stagnicola* es un gasterópodo fósil de concha fusiforme y dextrógira con una espira alta y una última vuelta alargada. El conjunto presenta forma cónica con el ápice puntiagudo generalmente roto o suavizado. Cada vuelta está individualizada mediante una profunda sutura. La abertura es amigdaloide, angulosa en su parte superior. Únicamente las estrías de crecimiento adornan la concha. El sistema respiratorio se compone de una especie de pulmón, pero la respiración es tanto aérea como acuática.

Biología-Ecología: *Stagnicola* es típico de los medios de aguas dulces, si bien muestra una gran tolerancia respecto a la calidad de las aguas (saladas, salobres, sulfurosas…). Este género se desarrolló bajo clima subtropical o templado, generalmente asociado a planórbidos. Es un buen fósil estratigráfico y también un buen fósil de facies.

170 PHYSA (APLEXIA) GIGANTEA

Clasificación: Filum: Moluscos. Cl.: Gasterópodos. O.: Pulmonados. Fam.: Físidos. **Piso:** Thanetiense (Eoceno inferior). Aparición: –60 M. a. Extinción: –55 M. a. **Distribución mundial:** Principales yacimientos en Europa. **Tamaño del fósil:** De 5 a 6 cm de altura y 3 cm de diámetro.

Descripción: Conviene subrayar el enrollamiento helicoidal y levógiro de la concha, poco frecuente en los gasterópodos. La espira es alta, con una última vuelta muy dilatada. Este género presenta una gran variabilidad en forma y en tamaño. La concha es generalmente cónica, con ápice agudo y abertura ovalada y angulosa en su parte superior. La falta de ornamentación le confiere un aspecto liso. La cavidad paleal de este organismo estaba transformada en pulmón, lo cual le permitía respirar tanto en medio aéreo como acuático.

Biología-Ecología: *Physa gigantea* es una forma dulceacuícola característica de las calizas del Thanetiense. Estas formaciones de transición entre los medios marino y terrestre han permitido la adaptación del sistema respiratorio de esta especie. El animal era herbívoro y se desplazaba reptando. Considerado como un buen fósil estratigráfico, también es indicador de facies lacustre.

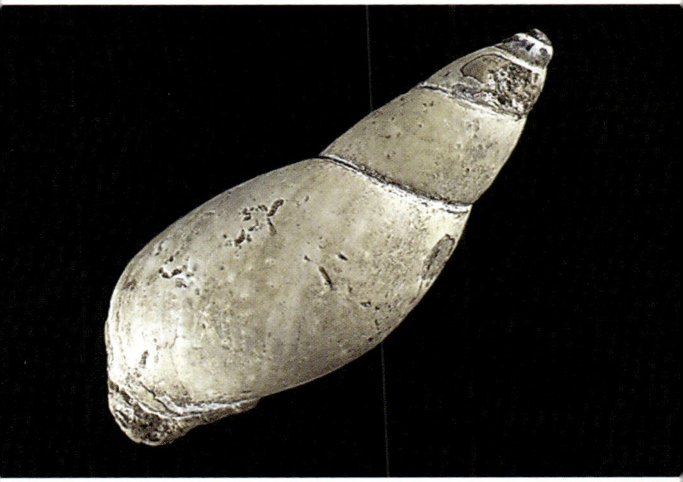

171

PLANORBIS

Clasificación: Filum: Moluscos. Cl.: Gasterópodos. O.: Basomatóforos. Fam.: Planórbidos. **Piso:** Oligoceno a Mioceno. Aparición: –40 M. a. Extinción: –5 M. a. **Distribución mundial:** Principales yacimientos en Europa. **Tamaño del fósil:** 0,7 cm de altura y 3 cm de diámetro.

Descripción: De forma discoidal, la concha es levógira y planoespiral. La espira es de crecimiento lento y regular, con cinco o seis vueltas separadas por suturas profundas; el peristoma es holostomado, de forma circular. Ornamentación de finas estrías de crecimiento; la concha muestra un aspecto liso pero con las vueltas perfectamente diferenciadas. Este gasterópodo tiene la particularidad de tener un sistema respiratorio adaptado a ambos medios, el terrestre y el acuático.

Biología-Ecología: Forma dulceacuícola, *Planorbis* aparece en las calizas del Oligoceno y el Mioceno. Asociado generalmente a limneidos, su sistema respiratorio estaba adaptado tanto a medios acuáticos como terrestres. Su régimen alimenticio era de tipo herbívoro. Esta especie es un excelente marcador de facies lacustres.

172

DENTALIUM

Clasificación: Filum: Moluscos. Cl.: Escafópodos. Fam.: Dentálidos. **Piso:** Triásico hasta la actualidad. Aparición: –440 M. a. **Distribución mundial:** Cosmopolita. **Tamaño del fósil:** De 2 a 15 cm de longitud.

Descripción: Muestra una concha univalva cónica, alargada y curvada, abierta por ambos extremos. Su simetría es bilateral. La ornamentación es muy variable; la concha puede ser lisa o contar con costillas longitudinales más o menos prominentes. La especie *Dentalium circinatum* presenta estrías anulares bien marcadas.

Biología-Ecología: Estos organismos carecen de ojos. Son marinos y bentónicos. Actualmente viven en zonas costeras arenosas con salinidad estable. Con ayuda de su pie alargado se entierran en el sustrato. Su clasificación es ambigua; podrían ser formas intermedias entre lamelibranquios y gasterópodos. La palabra escafópodo procede del griego *scaphê*, que significa 'barca'.

173

CYRTOCERATITES

Clasificación: Filum: Moluscos. Cl.: Cefalópodos. O.: Nautiloideos. Fam.: Archiacocerátidos. **Piso:** Devónico. Aparición: –330 M. a. Extinción: –320 M. a. **Distribución mundial:** Principales yacimientos en Europa occidental. **Tamaño del fósil:** 4 cm de diámetro.

Descripción: La concha de *Cyrtoceratites* es calcárea, en forma de cuerno y de sección elíptica; se hace más ancha hacia la abertura. La superficie externa presenta una ornamentación de estrías o costillas transversales que se cruzan con costillas longitudinales. Los tabiques internos de la concha están muy juntos. La parte dorsal del animal corresponde al borde externo de la concha. Por lo general, el sifón se encuentra desplazado en el plano de simetría hacia la parte ventral interna; asimismo, muestra un relleno de pequeñas láminas calcáreas radiales muy características. Las partes blandas del animal debían de estar fijas por músculos a la última cámara de la concha, como en todos los nautiloideos. Posiblemente presentaba tentáculos alrededor del orificio bucal.

Biología-Ecología: *Cyrtoceratites* era un organismo marino, carnívoro, que no debía de ser buen nadador a juzgar por su pesada concha. Buen fósil estratigráfico.

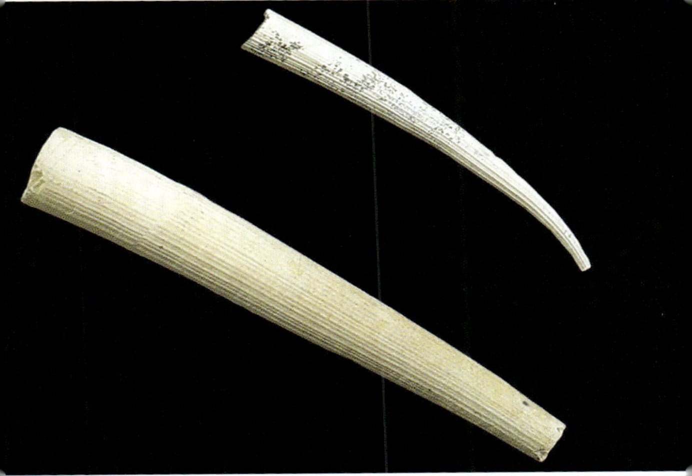

ORTHOCERAS

Clasificación: Filum: Moluscos. Cl.: Cefalópodos. O.: Nautiloideos. Fam.: Ortocerátidos. **Piso:** Ordovícico. Aparición: –500 M. a. Extinción: –350 M. a. **Distribución mundial:** Cosmopolita. **Tamaño del fósil:** Desde unos pocos centímetros hasta 2 m de longitud.

Descripción: Se piensa que las conchas rectas (ortoconos) como la de *Orthoceras* son las predecesoras de los nautiloideos. Las primeras formas de nautiloideos aparecieron en el Cámbrico superior. Los ortocerátidos aparecen en el Ordovícico. Hay que tener en cuenta que, en esta época, algunos ortoconos alcanzaron tamaños considerables (dos metros en el caso de *Endoceras duplex*).

Las primeras formas enrolladas descienden de estos ortoconos y aparecen a partir del Silúrico. Los ortoconos, sin embargo, experimentaron una regresión en el Carbonífero. *Orthoceras* se presenta como una concha maciza, recta y casi cilíndrica. En sección longitudinal podemos distinguir los tabiques de las distintas cámaras. En estos tabiques se observa la concavidad dirigida hacia la abertura de la concha. Con frecuencia, los tabiques muestran unos depósitos anulares conocidos como anillos de obstrucción, cuya función se desconoce.

La ornamentación exterior de la concha está representada por huellas lineares o líneas de sutura que corresponden a los tabiques internos. Aparte de estos surcos anulares, la superficie puede ser lisa o presentar costillas o estrías. En ocasiones, esta concha cuenta con costillas en sentido longitudinal y ofrece un motivo de enrejado. El sifón es central y atraviesa todos los tabiques. Entre las especies más conocidas podemos citar *Orthoceras estivali*, del Ordovícico inferior, *Orthoceras bohemicum*, del Silúrico y, principalmente, *Orthoceras giganteum*, del Carbonífero inferior, presente en España, Bélgica y norte de Francia, y que podía alcanzar dos metros de longitud y más de veinte centímetros de diámetro.

Biología-Ecología: El modo de vida de los *Orthoceras* sigue siendo poco conocido. Se piensa que eran malos nadadores y que su alimentación era carnívora.

175

NAUTILUS (CENOCERAS)

50 m – 2000 m

CLASIFICACIÓN: Filum: Moluscos. Cl.: Cefalópodos. O.: Nautiloideos. **PISO:** Triásico hasta la actualidad. Aparición: –235 M. a. (los primeros nautiloideos verdaderos). **DISTRIBUCIÓN MUNDIAL:** Cosmopolita. **TAMAÑO DEL FÓSIL:** 25 cm de diámetro.

DESCRIPCIÓN: El orden Nautiloidea está formado por cefalópodos arcaicos que cuentan con un único género actual: *Nautilus*. El animal está protegido por una concha con numerosas cámaras de las que sólo ocupa la última.

Un sifón recorre las cámaras y marca el paso del tubo dorsal a través de todos los tabiques. La concha es calcárea, con tabiques cóncavos hacia la abertura que presentan un gollete septal por el que pasa el sifón. Este gollete está orientado hacia la parte posterior de las cámaras. Las cámaras sucesivamente abandonadas por el animal en el transcurso de su crecimiento se van rellenando de una mezcla gaseosa rica en nitrógeno. El enrollamiento de la concha se realiza en un único plano. El periostraco, de color variable, está revestido de una gruesa capa de nácar.

La diferenciación con el orden Ammonoidea se realiza fácilmente gracias a la forma de los tabiques transversales y la posición del sifón (en este caso, sagital). Posee numerosos brazos (40) que se disponen en círculo en torno a los palpos labiales que rodean la boca, provista de poderosas mandíbulas (pico de loro). En el palpo labial inferior se localiza el órgano olfativo. Dos brazos de base ancha constituyen la protección de Nautilus cuando el organismo se retrae en su concha. Los brazos tienen principalmente función prensil y también intervienen en la reptación.

BIOLOGÍA-ECOLOGÍA: Los Nautilus, aún representados en la actualidad, se localizan en el océano Índico, hacia Nueva Caledonia, en las islas Filipinas y en las Fiyi. Viven en aguas poco profundas y reptan sobre el sustrato rocoso o bien nadan ayudándose de los tentáculos. Sin embargo, cuando quieren ganar velocidad para capturar a sus presas, nadan «a reacción», expulsando con fuerza el agua de la cavidad paleal.

Los primeros nautiloideos aparecieron en el Cámbrico superior, se diversificaron y prosperaron hasta el Triásico. A partir de esta época comenzaron su declive, hasta el punto de que el Nautilus actual está considerado como un fósil viviente. La concha, al principio recta, comenzó rápidamente a enrollarse y se cree que algunos de sus representantes pudieron vivir a profundidades de unos 500 m.

Estos animales marinos tenían un modo de vida pelágico, y podían desplazarse fácilmente a distintas profundidades haciendo variar el volumen gaseoso de las cámaras desocupadas. En el Mesozoico fueron reemplazados por los ammonoideos.

AMMONITES

Clasificación: Filum: Moluscos. Cl.: Cefalópodos. O.: Ammonoideos. **Piso:** Devónico a finales del Cretácico. Aparición: –400 M. a. Extinción: –65 M. a. **Distribución mundial:** Cosmopolita. **Tamaño del fósil:** De 0,1 a 2,5 m de diámetro.

Descripción: Se desconocen muchos aspectos de la vida de los ammonites, en particular de su anatomía. Y es que, contrariamente a los nautiloideos, los ammonoideos carecen de representantes actuales con los que poder establecer una comparativa. Así como se sabe que los nautiloideos eran tetrabranquiales, carecemos de datos para situar a los ammonites en una clasificación de los cefalópodos. De los ammonites únicamente conocemos sus conchas, las cuales presentan una extraordinaria diversidad de tamaño, forma y ornamentación.

Las líneas de inserción de los tabiques sobre la concha son muy variables en su trazado y siempre muy complicadas, ya que estos tabiques suelen estar replegados. La organización de estos cefalópodos es sensiblemente la misma que la de los nautiloideos pero, en este caso, salvo en los climénidos, el sifón no es axial. En las demás familias, el sifón está situado cerca del borde externo. Es precisamente la posición de este sifón la que determina los distintos grupos sistemáticos dentro de los ammonoideos.

El gran éxito de los ammonoideos se tradujo en una gran variedad de formas, al igual que en el espesor de las conchas. Así, Leioceras presenta una concha muy fina, mientras que otros ammonites tienen una muy gruesa. Las dimensiones son también muy variables, entre unos pocos centímetros y 2,50 m de diámetro (*Nannites* y *Pachydiscus seppenradensis*, respectivamente). El gollete septal (ver *Nautilus*) está dirigido hacia delante en los verdaderos ammonoideos (prosifonados) y hacia atrás en climénidos y goniatítidos (retrosifonados).

Biología-Ecología: Los *ammonites* eran animales pelágicos que vivían a diversas profundidades (las conchas gruesas estaban mejor adaptadas a los medios costeros). Las formas desenrolladas del Cretácico debían ser litorales o bentónicas. Los ammonoideos conocieron un considerable desarrollo durante el Mesozoico y a veces constituyen excelentes fósiles estratigráficos. Conviene señalar, finalmente, que bajo el término de *Aptychus* o *Synaptychus* se agrupan unas piezas calcáreas subtriangulares que ocasionalmente se han hallado adosadas en la cámara de habitación de los ammonites y que, sin duda, tenían el papel de opérculos protectores cuando el animal se retraía en su concha.

177 CHEILOCERAS

Clasificación: Filum: Moluscos. Cl.: Cefalópodos. O.: Ammonoideos. Fam.: Cheilo-
cerátidos. **Piso:** Devónico superior. Aparición: –360 M. a. Extinción: –345 M. a. **Dis-
tribución mundial:** Principales yacimientos en Francia y Alemania. **Tamaño del fó-
sil:** 5 cm de diámetro.

Descripción: La concha de *Cheiloceras*, involuta y de forma globosa, presenta se-
ción oval a ojival, con un pequeño ombligo y rebordes oblicuos sobre las caras la-
terales. Sobre la concha se pueden observar finas estrías transversales dirigidas h-
cia atrás. Cada vuelta de espira está marcada por tres, cuatro o cinco constriccione
transversales. El sifón está desplazado hacia el borde externo ventral de la conch
(tipo retrosifonado). La sutura es de tipo goniatítico, es decir, muestra un pequeñ
número de ondulaciones simples con un amplio radio de curvatura: se observa un
silla y un lóbulo lateral amplio, así como un lóbulo ventral agudo de pequeño ta-
maño. Los tabiques internos, con el borde ondulado, presentan la concavidad di-
gida hacia atrás.

Biología-Ecología: *Cheiloceras* era un depredador marino que seguramente se des-
plazaba nadando. Como todos los Goniatites, es un buen fósil estratigráfico.

178 GONIATITES

Clasificación: Filum: Moluscos. Cl.: Cefalópodos. O.: Ammonoideos. Fam.: Goniat-
tidos. **Piso:** Viseense (Carbonífero). Aparición: –345 M. a. Extinción: –325 M. a. **Dis-
tribución mundial:** Principales yacimientos en Marruecos, Bélgica, Alemania y Gra
Bretaña. **Tamaño del fósil:** 7 cm de diámetro.

Descripción: De gran tamaño, la concha calcárea de *Goniatites* tiene forma globos
menos involuta que Cheiloceras, y ombligo pequeño. En ocasiones, encontramo
conchas adultas discoidales con ombligo más abierto. La ornamentación de la con-
cha está formada por las estrías de crecimiento. La abertura presenta un seno ven-
tral. El sifón está en posición externa y ventral. En la línea de sutura se observan on-
dulaciones agudas y un solo lóbulo lateral. El lóbulo ventral está subdividido p
una pequeña silla que presenta a su vez una escotadura sifonal. La segunda silla la-
teral es ancha y de forma redondeada.

Biología-Ecología: *Goniatites* vivía sobre los fondos marinos próximos a la cost
en zonas de aguas agitadas, muy cálidas y bien oxigenadas.

179 CLYMENIA ANNULATA

Clasificación: Filum: Moluscos. Cl.: Cefalópodos. O.: Ammonoideos. Fam.: Clime-
nidos. **Piso:** Fameniense (Devónico). Aparición: –360 M. a. Extinción: –345 M.
Distribución mundial: Principales yacimientos en América del Norte, Alemania y Fran-
cia. **Tamaño del fósil:** 5 cm de diámetro.

Descripción: *Clymenia annulata* presenta una concha discoidal evoluta y compr-
mida lateralmente, con un amplio ombligo y tipo estructural retrosifonado. El borc
externo es redondeado o cuadrangular. Su superficie externa presenta una orna-
mentación de costillas más o menos apretadas, mientras que el interior está subc
vidido por tabiques cuya línea de sutura con las paredes de la concha es simple.
borde externo presenta una sinuosidad (silla) dirigida hacia delante. El sifón interio
no está en posición central, sino algo desplazado hacia el borde interno. A su altur
cada tabique se vuelve hacia atrás para formar un largo y amplio gollete dirigido ha-
cia la parte posterior de la concha.

Biología-Ecología: *Clymenia* vivía en las praderas de algas permanentemente su-
mergidas, cerca de las costas. Es un buen fósil estratigráfico, ya que tuvo una evo-
lución muy rápida y se extendió por todos los mares.

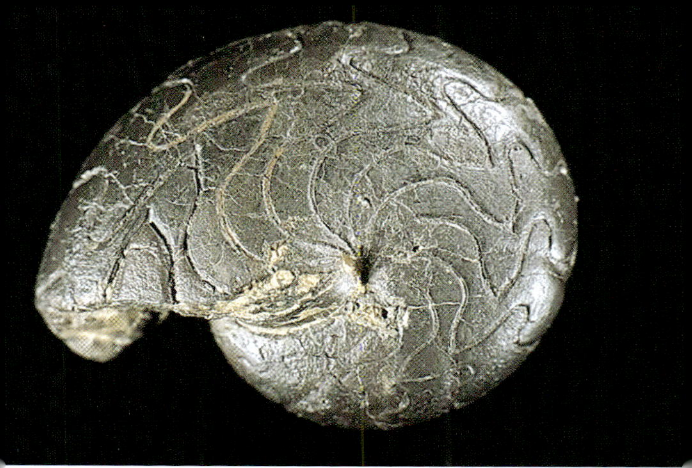

180

CERATITES NODOSUS

Clasificación: Filum: Moluscos. Cl.: Cefalópodos. O.: Ammonoideos. Fam.: Ceratít dos. **Piso:** Muschelkalk superior (Triásico). Aparición: –210 M. a. Extinción: –205 M a. **Distribución mundial:** Principales yacimientos en Europa. **Tamaño del fósil:** 9 cm de diámetro.

Descripción: *Ceratites nodosus* posee una concha grande, enrollada según el plan de simetría y comprimida lateralmente. La ornamentación nodulosa está formad por una doble hilera de tubérculos a cada lado del animal joven; en el adulto se ob servan fuertes costillas transversales, cada una de las cuales lleva un tubérculo um bilical y uno marginal. La línea de sutura es de tipo ceratítico, intermedia entre l goniatítica y la ammonítica. Las sillas son anchas, de forma redondeada y no den tadas. En cuanto a los lóbulos, son un poco más estrechos y presentan finas subd visiones secundarias. El sifón se encuentra en posición externa.

Biología-Ecología: *Ceratites nodosus* es un buen fósil estratigráfico que vivía en el mar de Muschelkalk, un mar casi cerrado y aislado. Este género, que vivía en me dio salobre, agrupa un gran número de individuos pero pocas especies. Se encuentr asociado a terebrátulas y Encrinus liliformis.

181

PHYLLOCERAS HETEROPHYLLUM

Clasificación: Filum: Moluscos. Cl.: Cefalópodos. O.: Ammonoideos. Fam.: Filoce rátidos. **Piso:** Toarciense (Jurásico inferior). Aparición: –178 M. a. Extinción: –175 M a. **Distribución mundial:** Principales yacimientos en Europa occidental. **Tamaño de fósil:** Hasta 20 cm de diámetro.

Descripción: Es un ammonites relativamente aplastado, con la última vuelta muy en volvente y alta, de sección ovalada. La concha es muy involuta, con un ombligo ex tremadamente reducido por el gran desarrollo de la última vuelta. El borde sifona es redondeado. La concha es lisa, pero en los ejemplares grandes puede mostra numerosas costillas finas ligeramente flexuosas. El rasgo más notable de esta espe cie es la forma compleja que presentan las suturas de los tabiques, siempre mu recortadas, con sillas terminadas en divertículos que asemejan hojas.

Biología-Ecología: Se trata de una especie del Toarciense (Jurásico inferior) qu tiene como ancestro los monofilítidos del Triásico. El género *Phylloceras* existió desd principios del Jurásico hasta finales del Cretácico y, en estos 130 millones de años su morfología apenas experimentó cambios.

182

LYTOCERAS FIMBRIATUM

Clasificación: Filum: Moluscos. Cl.: Cefalópodos. O.: Ammonoideos. Fam.: Litoce rátidos. **Piso:** Domeriense (Jurásico inferior). Aparición: –183 M. a. Extinción: –17 M. a. **Distribución mundial:** Principales yacimientos en Francia e Inglaterra. **Tamañ del fósil:** 6 cm de diámetro.

Descripción: Es una especie simétrica, de concha evoluta y aplastada, en la que la distintas vueltas son tangentes y no se recubren. La sección de la última vuelta e casi circular. Las suturas, poco visibles, forman lóbulos y sillas frecuentemente b furcados. La ornamentación está ausente o es muy discreta, formada por costilla radiales rectas. En ocasiones, una ornamentación espiral determina una retícula so bre los flancos.

Biología-Ecología: *Lytoceras fimbriatum* es un ammonites del Domeriense. Com la mayoría de los ammonites, es un animal nectónico. La familia de los litocerátido es el origen de numerosos ammonites del Jurásico. Probablemente se desplazab «a reacción», como los cefalópodos actuales.

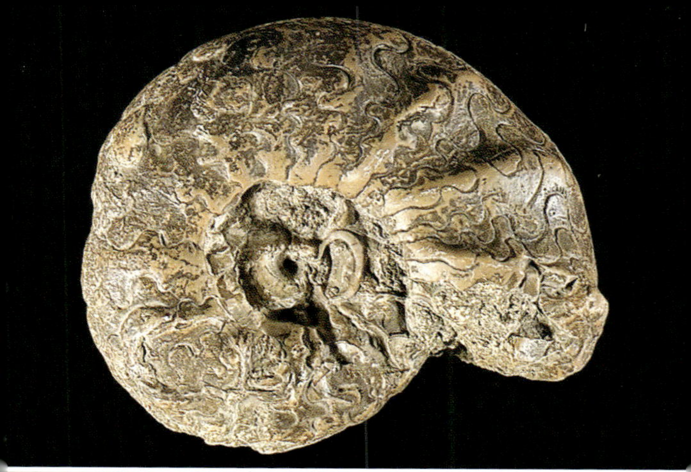
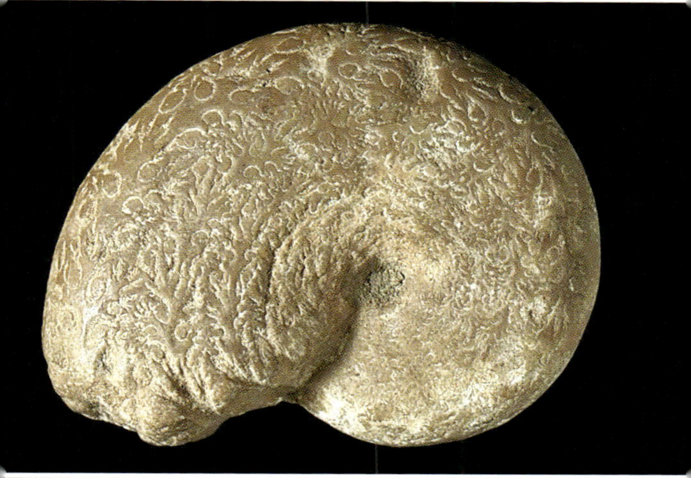

183 MACROSCAPHITES YVANI

Clasificación: Filum: Moluscos. Cl.: Cefalópodos. O.: Ammonoideos. Fam.: Macroscafítidos. **Piso:** Barremiense (Cretácico inferior). Aparición: −118 M. a. Extinción: −112 M. a. **Distribución mundial:** Principales yacimientos en Francia, norte de Áfric y Europa central. **Tamaño del fósil:** 10 cm de diámetro.

Descripción: *Macroscaphites yvani* es una forma parcialmente desenrollada. La part enrollada se presenta como una espira muy aplastada con un amplio ombligo d crecimiento lento. La desenrollada se va distanciando progresivamente, aumenta d diámetro y después se curva en forma de cayado dirigiéndose hacia la parte en es piral. El borde sifonal es redondeado en toda su longitud. La concha presenta un ornamentación regular de costillas simples. A veces se observan costillas más pro minentes y algunos estrangulamientos. El borde sifonal no tiene ni carena ni surc y no interrumpe la ornamentación de las costillas.

Biología-Ecología: Especie del Barremiense superior (Cretácico inferior), forma part de las primeras especies aberrantes de desarrollo incompleto. De acuerdo con e estudio de los centros de gravedad y de flotación, la concha debía de tener la aber tura dirigida hacia arriba. Posiblemente vivía cerca del fondo, pero carecemos d datos precisos que lo confirmen.

184 AEGOCERAS CAPRICORNUS

Clasificación: Filum: Moluscos. Cl.: Cefalópodos. O.: Ammonoideos. Fam.: Liparo cerátidos. **Piso:** Pliensbachiense (Jurásico inferior). Aparición: −183 M. a. Extinción −178 M. a. **Distribución mundial:** Principales yacimientos en Europa occidental. **Tamaño del fósil:** 7 cm de diámetro.

Descripción: *Aegoceras capricornus* es una concha simétrica, moderadamente aplas tada y de tipo serpenticono. Se trata de una forma evoluta, en la que la última vuelt apenas envuelve a las anteriores. Las vueltas no son muy altas. El borde sifonal e redondeado. El ombligo no forma una depresión claramente delimitada. La orna mentación es característica en esta especie: costillas muy marcadas, regularment espaciadas y rectas en los flancos. Estas costillas se aplastan a la altura del borde si fonal, atravesándolo de un lado a otro sin discontinuidad. Las suturas son siempr muy complejas.

Biología-Ecología: Es un fósil del Pliensbachiense (Jurásico inferior) que, como otro ammonites, debía de ser capaz de variar su densidad según la cantidad de gas con tenido en las cámaras terminales. Se desconoce su modo de vida.

185 ARIETITES BUCKLANDI

Clasificación: Filum: Moluscos. Cl.: Cefalópodos. O.: Ammonoideos. Fam.: Arietíti dos. **Piso:** Sinemuriense (Jurásico). Aparición: −186 M. a. Extinción: −183 M. a. **Distribución mundial:** Principales yacimientos en Europa occidental. **Tamaño del fósil:** 4,5 cm de diámetro.

Descripción: Concha simétrica y aplastada que podía alcanzar un gran tamaño. D tipo serpenticono, la sección de la última vuelta es rectangular. Las vueltas se recu bren ligeramente pero es bastante evoluta. El ombligo ocupa un lugar important en el centro de la espiral. Las suturas, poco visibles, son complejas. La ornamenta ción de esta especie es característica, formada por fuertes costillas regulares y rec tas. Cerca del borde sifonal, éstas se inflexionan hacia delante para formar cada un un tubérculo marginal. La ornamentación es interrumpida por una quilla sifonal lis flanqueada por dos surcos. A veces pueden aparecer quillas laterales bordeando lo surcos.

Biología-Ecología: Como muchas especies de ammonites, ésta es también un ex celente fósil estratigráfico. Sus conchas, muy ligeras, podían flotar y alcanzar medio muy alejados.

186

HARPOCERAS SERPENTINUM

Clasificación: Filum: Moluscos – Cl.: Cefalópodos – O.: Ammonoideos – Fam.: Har-pocerátidos. **Piso:** Toarciense (Jurásico inferior) – Aparición: -178 M.a. – Extinción -175 M.a. **Distribución mundial:** (principales yacimientos): Europa occidental. **Tamaño del fósil:** 4 cm o más de diámetro.

Descripción: Es una especie de gran tamaño, con concha simétrica muy comprimida de tipo platicono, y poco evoluta. La última vuelta, más alta que las anteriores, muestra una sección alargada. La región ventral es aguda, provista de una quilla saliente pero sin surcos laterales como la especie anterior. Ombligo de tamaño variable. La ornamentación está formada por numerosas costillas falciformes poco marcadas. La primera convexidad de las costillas aparece en la región central del flanco y está dirigida hacia delante. La segunda, en el tercio sifonal, más pronunciada, se dirige hacia atrás.

Biología-Ecología: *Harpoceras serpentinum* es un fósil de zona del Toarciense inferior. Se trata de un animal nectónico cuya forma permite suponer que era un excelente nadador, como muchas otras especies de ammonites.

187

HILDOCERAS BIFRONS

Clasificación: Filum: Moluscos. Cl.: Cefalópodos. O.: Ammonoideos. Fam.: Hildocerátidos. **Piso:** Toarciense (Jurásico). Aparición: –178 M. a. Extinción: –175 M. a. **Distribución mundial:** Principales yacimientos en Europa occidental y sur de Rusia. **Tamaño del fósil:** 6 cm de diámetro.

Descripción: *Hildoceras bifrons* es una forma simétrica relativamente comprimida y evoluta. La concha es de tipo platicono, con la sección de la vuelta subcuadrada o rectangular. La última vuelta no es muy alta ni envolvente. Es ésta una especie fácilmente reconocible por el marcado surco espiral central que separa el flanco de cada vuelta en dos partes. Asimismo, presenta una fuerte quilla sifonal bordeada por dos surcos. El borde umbilical es redondeado. La ornamentación se compone de costillas simples falciformes con el codo próximo al borde interno y el arco exterior largo. El surco espiral central divide el flanco en dos partes, una interna con la ornamentación débil o ausente y otra externa, con marcada ornamentación

Biología-Ecología: *Hildoceras* es un fósil característico de una zona del Toarciense medio (Jurásico inferior). Son excelentes fósiles estratigráficos debido a la rápida evolución de las conchas, como ocurre con numerosas especies de ammonites.

188

LEIOCERAS OPALINUM

Clasificación: Filum: Moluscos. Cl.: Cefalópodos. O.: Ammonoideos. Fam.: Grafocerátidos. **Piso:** Aaleniense (Jurásico medio). Aparición: –175 M. a. Extinción: –172 M. a. **Distribución mundial:** Principales yacimientos en Europa occidental. **Tamaño del fósil:** 5 cm de diámetro.

Descripción: Es una concha simétrica, bastante comprimida, de tipo platicono-oxicono e involuta. El borde ventral termina en una ojiva relativamente abierta. La última vuelta es muy alta en comparación con las precedentes. Presenta una quilla periférica pero sin surcos laterales. El borde umbilical anguloso recae sobre el ombligo de forma oblicua. La ornamentación es muy discreta, consistente en estrías falciformes bifurcadas a partir del tercio umbilical del flanco; con la edad, esta ornamentación se atenúa hasta presentar una concha lisa o simplemente estriada. Las líneas de sutura son claramente visibles y están muy recortadas.

Biología-Ecología: Es un fósil característico del Aaleniense (Jurásico medio). El animal vivía en la última cámara de la concha, separada de las otras por un septo o tabique. Al igual que las sepias actuales, poseía «pies» o tentáculos cerca de la cabeza.

189 AMALTHEUS MARGARITATUS

Clasificación: Filum: Moluscos. Cl.: Cefalópodos. O.: Ammonoideos. Fam.: Amalteidos. **Piso:** Domeriense (Jurásico inferior). Aparición: –180 M. a. Extinción: –178 M. a. **Distribución mundial:** Principales yacimientos en Europa y el norte de África. **Tamaño del fósil:** 6 cm de diámetro.

50 m – 2000 m

Descripción: *Amaltheus margaritatus* es una especie de concha simétrica y aplastada, de tipo oxicono, con la última vuelta más alta. Es una forma poco evoluta, con la última vuelta bastante envolvente. El borde ventral es anguloso, con una quilla afilada y cordada. La ornamentación se compone de costillas rectas en la parte del tercio umbilical del flanco, que después se hacen flexuosas y a veces bifurcadas. En los ejemplares jóvenes, pueden ser nodulosas en la parte central. En las formas adultas, la concha, a veces lisa, muestra una ornamentación espiral sobre la última vuelta. Las suturas son complejas y bastante visibles.

Biología-Ecología: Es un excelente fósil estratigráfico que caracteriza una zona del Domeriense (Jurásico inferior). Animal marino pelágico, debía flotar como los nautilus actuales gracias a un sistema hidrostático.

190 PLEUROCERAS SPINATUM

Clasificación: Filum: Moluscos. Cl.: Cefalópodos. O.: Ammonoideos. Fam.: Amalteidos. **Piso:** Pliensbachiense (Lías). Aparición: –180 M. a. Extinción: –178 M. a. **Distribución mundial:** Principales yacimientos en Europa occidental. **Tamaño del fósil:** 10 cm de diámetro.

50 m – 2000 m

Descripción: *Pleuroceras spinatum* es un bello ammonites de concha simétrica, evoluta y moderadamente aplastada, con la sección de la última vuelta cuadrada. El ombligo no es muy ancho pero sí bastante profundo. La ornamentación se compone de costillas salientes y muy agudas, rectas en gran parte del flanco, o ligeramente arqueadas; después se desvían hacia delante y se ensanchan cerca del borde sifonal. Las costillas están dispuestas simétricamente en espiguilla a un lado y otro de una fuerte quilla cordada.

Biología-Ecología: El género *Pleuroceras* presenta una gran variedad y a veces resulta delicado ordenar sus especies en una clasificación estratigráfica rigurosa. La especie P. spinatum caracteriza, sin embargo, el final del Pliensbachiense.

191 OPPELIA SUBRADIATA

Clasificación: Filum: Moluscos. Cl.: Cefalópodos. O.: Ammonoideos. Fam.: Opélidos. **Piso:** Bajociense (Jurásico). Aparición: –175 M. a. Extinción: –167 M. a. **Distribución mundial:** Principales yacimientos en Europa occidental (hasta los Cárpatos). **Tamaño del fósil:** 6 cm de diámetro (a menudo más).

50 m – 2000 m

Descripción: Se trata de una especie simétrica, discoidal y comprimida, con concha de tipo oxicono. La sección de la vuelta es ojival, con flancos suavemente convexos. La región ventral es estrecha, redondeada y con una débil quilla. La última vuelta es fuertemente envolvente y mucho más alta que las anteriores, siendo una forma típicamente involuta. El borde umbilical cae verticalmente sobre un estrecho ombligo. Los flancos suelen ser casi lisos del lado del ombligo, observándose, sin embargo, algunas grandes costillas falciformes. Cerca del borde sifonal se aprecian pequeñas costillas secundarias arqueadas que se interrumpen sobre el borde sifonal. Las suturas son muy complejas.

Biología-Ecología: *Oppelia subradiata* es un buen fósil estratigráfico del Bajociense (Jurásico medio). La familia de los opélidos aparece hasta el Cretácico y, en ocasiones, se aprecia en ellos un dimorfismo sexual.

192 STEPHANOCERAS SUBCORONATUS

Clasificación: Filum: Moluscos. Cl.: Cefalópodos. O.: Ammonoideos. Fam.: Estefanocerátidos. **Piso:** Bajociense (Jurásico medio). Aparición: –170 M. a. Extinción: –167 M. a. **Distribución mundial:** Principales yacimientos en Europa occidental. **Tamaño del fósil:** Hasta 20 cm de diámetro.

Descripción: *Stephanoceras subcoronatus* es una especie de concha simétrica, ligeramente abombada, evoluta, con la última vuelta poco envolvente y no muy alta en comparación con las anteriores. La sección de la concha es casi circular. El ombligo es ancho pero, en general, poco hundido. El borde sifonal es redondeado. La ornamentación se compone de numerosas costillas salientes y rectas que en la región central presentan un tubérculo redondeado a partir del cual se ramifican. Por lo general se localizan en número de dos o tres, pero puede haber hasta cinco.

Biología-Ecología: *Stephanoceras subcoronatus* es un fósil de zona del Bajociense (Jurásico medio). La familia de los estefanocerátidos, homogénea y con un pequeño número de especies, quizá sea la más importante del Jurásico.

193 CARDIOCERAS CORDATUM

Clasificación: Filum: Moluscos. Cl.: Cefalópodos. O.: Ammonoideos. Fam.: Cardiocerátidos. **Piso:** Oxfordiense (Jurásico superior). Aparición: –160 M. a. Extinción: –151 M. a. **Distribución mundial:** Principales yacimientos en Francia, Suiza, Rusia y Europa occidental. **Tamaño del fósil:** 5 cm de diámetro.

Descripción: Se trata de una concha simétrica, poco comprimida y bastante involuta, con la última vuelta más amplia que las anteriores y el borde sifonal, ojival. El ombligo es relativamente profundo. Los flancos presentan fuertes costillas romas, falciformes o simplemente arqueadas, bifurcadas en la región central. Cerca del borde sifonal son sustituidas por costillas intercalares arqueadas, distribuidas a intervalos en parejas. Muestra una fuerte carena cordada en concordancia con la ornamentación de los flancos, contrariamente a *Amaltheus margaritatus*. Las suturas están fuertemente recortadas en lóbulos y en sillas complejas.

Biología-Ecología: Se desconoce el modo de vida y la alimentación de estos organismos. Éste en concreto es un fósil de zona del Oxfordiense (Jurásico superior). La familia de los cardiocerátidos, abundante en la provincia boreal del norte de Europa, deriva de especies de la superfamilia Stephanoceratoidea.

194 REINECKEIA ANCEPS

Clasificación: Filum: Moluscos. Cl.: Cefalópodos. O.: Ammonoideos. Fam.: Reineckeidos. **Piso:** Calloviense (Jurásico). Aparición: –163 M. a. Extinción: –160 M. a. **Distribución mundial:** Principales yacimientos en Europa occidental (provincia tropical del Jurásico) hasta los Cárpatos. **Tamaño del fósil:** 4 cm de diámetro.

Descripción: La concha de esta especie es de tipo serpenticono, evoluta, ligeramente comprimida, de sección circular, más bien ovalada en los individuos de más edad. La última vuelta no es muy alta. El ombligo es estrecho y profundo. A veces presenta estrangulamientos en los flancos. La ornamentación es muy variable pero siempre con tubérculos espinosos por encima de la mitad de los flancos, de los que parten varias costillas agudas arqueadas hacia delante. Las costillas situadas por debajo de este tubérculo están menos marcadas o incluso ausentes. El borde sifonal redondeado posee una estrecha zona lisa que interrumpe la ornamentación de los flancos. A veces son visibles las apófisis del peristoma.

Biología-Ecología: *Reineckeia anceps* es, como muchos ammonites, un excelente fósil estratigráfico. La abertura de la concha estaba dirigida hacia arriba, como en los nautilus. Se sabe poco sobre el modo de vida de estos animales.

195 PARKINSONIA PARKINSONI

Clasificación: Filum: Moluscos. Cl.: Cefalópodos. O.: Ammonoideos. Fam.: Parkinsónidos. **Piso:** Bajociense superior. Aparición: –175 M. a. Extinción: –170 M. a. **Distribución mundial:** Principales yacimientos en Europa occidental y suroeste de Rusia. **Tamaño del fósil:** 4 cm de diámetro.

Descripción: La concha de esta especie puede alcanzar un tamaño considerable. Se trata de una concha aplastada, simétrica, de tipo platicono, que se va haciendo cada vez más evoluta durante el desarrollo. La última vuelta es más alta que las anteriores. El ombligo es bastante ancho y más o menos profundo. La ornamentación se compone de numerosas costillas agudas, rectas en las primeras vueltas y arqueadas hacia delante. En ocasiones se bifurcan un poco por encima del centro del flanco. Las costillas se continúan sobre el borde sifonal pero son interrumpidas por un estrecho surco. No son simétricas a uno y otro lado de este surco, pero alternan de forma característica. Si la concha se encuentra en buen estado se puede observar un peristoma con cortas apófisis yugales.

Biología-Ecología: Es ésta una especie característica del Bajociense (Jurásico medio). Contrariamente a los nautiloideos, el sifón está en posición ventral (periférico) y no en posición central sobre los flancos.

196 PERISPHINCTES PLICATILIS

Clasificación: Filum: Moluscos. Cl.: Cefalópodos. O.: Ammonoideos. Fam.: Perisfínctidos. **Piso:** Oxfordiense (Jurásico superior). Aparición: –160 M. a. Extinción: –151 M. a. **Distribución mundial:** Principales yacimientos en Europa occidental y Rusia. **Tamaño del fósil:** 7 cm de diámetro.

Descripción: *Perisphinctes plicatilis* es una especie de aspecto muy clásico. La concha es simétrica, relativamente comprimida, de tipo serpenticono, con la sección de la vuelta más alta que ancha, excepto en la última vuelta, en que se hace subcuadrada. Se trata de una forma bastante evoluta, con el ombligo amplio y profundo. La ornamentación está formada por numerosas costillas redondeadas, ligeramente inflexionadas hacia delante y bifurcadas cerca del borde sifonal. Éste es redondeado y la ornamentación no se ve modificada a uno y otro lado. Hay que destacar la presencia de constricciones irregulares, poco acentuadas pero visibles, en las formas más jóvenes.

Biología-Ecología: Es un ammonites característico de una zona del Oxfordiense (Jurásico superior). Vivía en el mar boreal, en aguas más frías que la Mesogea, situada más al sur, pero el clima era de tipo templado cálido. Los perisfínctidos vivían en aguas poco profundas.

197 NEOCOMITES NEOCOMIENSIS

Clasificación: Filum: Moluscos. Cl.: Cefalópodos. O.: Ammonoideos. Fam.: Berriasélidos. **Piso:** Valanginiense (Cretácico inferior). Aparición: –130 M. a. Extinción: –124 M. a. **Distribución mundial:** Principales yacimientos en Francia, España, Alemania, Suiza y Austria. **Tamaño del fósil:** 3 cm de diámetro.

Descripción: Especie de tamaño pequeño. Posee una concha discoidal, con enrollamiento rápido, involuta, con la última vuelta mucho más alta que las anteriores y bastante envolvente. El ombligo es estrecho y profundo. La ornamentación se compone de costillas agudas, bifurcadas desde su nacimiento cerca del borde umbilical. Estas costillas alternan con costillas simples también inflexionadas hacia delante. Un marcado surco sifonal interrumpe la ornamentación de flanco a flanco, si bien las costillas son simétricas a uno y otro lado. Las líneas de sutura están muy marcadas, con un gran desarrollo de la primera silla y del primer lóbulo lateral.

Biología-Ecología: *Neocomites neocomiensis* es una especie del Valanginiense (Cretácico inferior). Las especies del género Neocomites participan en la renovación de las faunas de ammonites del Valanginiense, al sustituir a numerosos géneros del Jurásico. Son buenos fósiles estratigráficos.

198 PELTOCERAS ATHLETA

Clasificación: Filum: Moluscos. Cl.: Cefalópodos. O.: Ammonoideos. Fam.: Aspidocerátidos. **Piso:** Calloviense (Jurásico). Aparición: –160 M. a. Extinción: –157 M. a. **Distribución mundial:** Principales yacimientos en Europa occidental y norte de África. **Tamaño del fósil:** 10 cm de diámetro.

Descripción: *Peltoceras athleta* es una especie de concha simétrica, muy comprimida, de tipo serpenticono. La sección de la vuelta es rectangular o trapezoidal. La última vuelta no es muy alta respecto a las anteriores. La concha es evoluta y el ombligo, ancho. La ornamentación se compone de costillas bastante regulares en las primeras vueltas, que se van espaciando y desarrollando tubérculos a medida que el animal se hace adulto. La última vuelta presenta gruesas costillas que muestran en su nacimiento un tubérculo en el tercio umbilical y un tubérculo marginal mucho más grueso en el borde del flanco del lado ventral. Las costillas continúan sin interrupción al otro lado del borde sifonal. Los tubérculos marginales forman una corona que hace irregular el borde del flanco.

Biología-Ecología: Es un fósil característico de una zona del Calloviense (Jurásico medio). Animal nectónico del que apenas sabemos nada.

199 HOPLITES DENTATUS

Clasificación: Filum: Moluscos. Cl.: Cefalópodos. O.: Ammonoideos. Fam.: Hoplítidos. **Piso:** Albiense (Cretácico inferior). Aparición: –106 M. a. Extinción: –100 M. a. **Distribución mundial:** Principales yacimientos en Francia, Suiza y Gran Bretaña. **Tamaño del fósil:** 4 cm de diámetro.

Descripción: *Hoplites dentatus* es una especie de concha abultada, simétrica y poco evoluta. La última vuelta es mucho más alta que las anteriores. El ombligo es estrecho y profundo. Los flancos presentan fuertes costillas estrechas, flexuosas y salientes cerca de la región sifonal, lo que confiere a esta especie un contorno irregular. Las costillas se bifurcan a partir de un pequeño tubérculo alargado, cerca de la región umbilical. Asimismo, presenta una costilla intercalar entre las principales. La ornamentación de costillas se interrumpe en la región ventral por un surco relativamente profundo.

Biología-Ecología: Este ammonites caracteriza el Albiense (Cretácico inferior). Las concentraciones de conchas de ciertas especies invitan a pensar que los ammonites vivían formando bancos, a menudo en grandes extensiones de algas marinas. Sin embargo, su modo de vida es difícil de interpretar.

200 SCHLOENBACHIA VARIANS

Clasificación: Filum: Moluscos. Cl.: Cefalópodos. O.: Ammonoideos. Fam.: Schloenbáchidos. **Piso:** Cenomanense (Cretácico superior). Aparición: –100 M. a. Extinción: –94 M. a. **Distribución mundial:** Principales yacimientos en Francia, Gran Bretaña y Suiza. **Tamaño del fósil:** 3 cm de diámetro.

Descripción: Esta especie presenta una concha simétrica, bastante comprimida y evoluta, con la última vuelta poco envolvente, bastante alta y de sección casi hexagonal. El ombligo es estrecho y está poco marcado. La ornamentación de los flancos está formada por tubérculos alargados, umbilicales y laterales, unidos entre sí por costillas a veces anastomosadas y que terminan en tubérculos marginales cerca del borde sifonal. Esto explica el contorno irregular de la concha de esta especie. Esta ornamentación costulada queda interrumpida por una quilla sifonal aguda.

Biología-Ecología: Se trata de una forma característica del Cenomanense. En el Cretácico superior, los ammonites van haciéndose cada vez más escasos y quedan restringidos a las facies más costeras, neríticas o sublitorales. No se conocen con exactitud las condiciones de vida de Schloenbachia varians.

201 ACANTHOCERAS RHOTOMAGENSE

Clasificación: Filum: Moluscos. Cl.: Cefalópodos. O.: Ammonoideos. Fam.: Acan tocerátidos. **Piso:** Cenomanense (Cretácico superior). Aparición: –100 M. a. Extir ción: –94 M. a. **Distribución mundial:** Principales yacimientos en Gran Bretaña, Fran cia y norte de África. **Tamaño del fósil:** 7 cm de diámetro.

Descripción: *Acanthoceras rhotomagense* posee una concha simétrica, modera damente comprimida y evoluta. La última vuelta no es muy alta y tiene sección cua drada; los flancos presentan fuertes costillas simples y rectas que no se ven inte rrumpidas al otro lado del borde sifonal redondeado. Además, se observan u tubérculo en el tercio umbilical y otro mucho más importante en posición margina sobre el flanco, cerca del borde sifonal. Otros tubérculos se localizan sobre el bord sifonal, a uno y otro lado del sifón, que a su vez también los presenta. Así, pode mos distinguir hasta siete hileras radiales de tubérculos por vuelta.

Biología-Ecología: El género *Acanthoceras* es de aparición tardía y relativament abundante hacia mediados del Cretácico. Las condiciones de vida y el tipo de al mentación no se conocen con precisión. Las conchas gruesas y con una acusad ornamentación son características del momento de apogeo de un orden.

202 MANTELLICERAS MANTELLI

Clasificación: Filum: Moluscos. Cl.: Cefalópodos. O.: Ammonoideos. Fam.: Acan tocerátidos. **Piso:** Cenomanense inferior (Cretácico superior). Aparición: –100 M. a Extinción: –95 M. a. **Distribución mundial:** Principales yacimientos en Europa oc cidental. **Tamaño del fósil:** De 7 a 8 cm de diámetro.

Descripción: La concha calcárea está dividida en cámaras por tabiques; en la últim cámara (cámara de habitación) vivía el animal. La concha está enrollada en un planc y las últimas vueltas recubren las primeras (concha involuta). La sección es subhe xagonal. Las costillas son flexuosas, de distinta longitud, ligeramente atenuadas sc bre la región sifonal, con seis filas de tubérculos bien marcados por vuelta en la formas adultas. La sutura es muy característica, asemejando a las hojas del pereji con lóbulos poco profundos.

Biología-Ecología: *Mantelliceras mantelli* es una forma nectónica que se encuen tra en la célebre creta cenomanense (creta más o menos margosa y con glauco nita). La presencia de elementos terrígenos indica la proximidad de la costa, con agua agitadas. En el Cenomanense, estos animales vivían en aguas con una temperatur relativamente elevada, bajo un clima subtropical a tropical. Su distribución tempo ral, limitada al Cenomanense inferior, hace de ellos unos excelentes fósiles estrat gráficos e indicadores de paleoambiente.

203 SCAPHITES EQUALIS

Clasificación: Filum: Moluscos. Cl.: Cefalópodos. O.: Ammonoideos. Fam.: Escaf tidos. **Piso:** Cenomanense (Cretácico superior). Aparición: –100 M. a. Extinción: 94 M. a. **Distribución mundial:** Principales yacimientos en Francia e Inglaterra. **Ta maño del fósil:** 5 cm de diámetro.

Descripción: *Scaphites equalis* posee una concha pequeña y simétrica, caracter zada por un tipo especial de enrollamiento denominado escafitoide, con la últim vuelta ventruda y doblada en forma de gancho. Las primeras vueltas son al princ pio esferoconos involutos, después se desarrolla en un breve cayado y se recurv hacia su punto de partida. El ombligo es muy reducido. La ornamentación está fo mada por costillas fasciculadas que forman tubérculos alargados en los flancos y qu atraviesan sin interrupción la región sifonal, muy redondeada. En la parte desenro llada la ornamentación suele ser menos densa.

Biología-Ecología: Es éste un ammonites parcialmente desenrollado del Ceno manense (Cretácico superior). Los ammonites del Cretácico superior se van haciend cada vez más escasos y muestran formas regresivas, con conchas desenrolladas suturas más sencillas.

204

DOUVILLEICERAS MAMMILLATUM

Clasificación: Filum: Moluscos. Cl.: Cefalópodos. O.: Ammonoideos. Fam.: Douvilleicerátidos. **Piso:** Albiense (Cretácico). Aparición: –106 M. a. Extinción: –100 M. a. **Distribución mundial:** Principales yacimientos en Europa y Oriente Próximo. **Tamaño del fósil:** 5 cm de diámetro.

Descripción: Posee una concha simétrica, evoluta y relativamente gruesa, con sección casi circular, lo que le da un aspecto globoso. La ornamentación es característica, con gruesas costillas rectas que se ensanchan regularmente a partir del borde umbilical y atraviesan el borde sifonal; además, presentan numerosos tubérculos que van aumentando de tamaño conforme nos acercamos al borde sifonal. Estas nudosidades son muy abundantes en las últimas vueltas y se disponen en líneas espirales. El borde sifonal, muy redondeado, presenta una región sin tubérculos. La concha presenta a veces espinas laterales.

Biología-Ecología: Esta especie es un fósil de zona del Albiense. Aunque *Douvilleiceras* es una forma normal, tenía ancestros de forma desenrollada.

205

TURRILITES COSTATUS

Clasificación: Filum: Moluscos. Cl.: Cefalópodos. O.: Ammonoideos. Fam.: Turrilítidos. **Piso:** Cenomanense (Cretácico superior). Aparición: –100 M. a. Extinción: –94 M. a. **Distribución mundial:** Principales yacimientos en Europa occidental, Rusia y norte de África. **Tamaño del fósil:** 8 cm de diámetro.

Descripción: *Turrilites costatus* es una forma no simétrica, turriculada, con enrollamiento helicoidal dextrógiro de tipo gasterópodo, si bien las suturas, muy recortadas, permiten diferenciarla de este grupo. Las vueltas son contiguas, regulares y de sección ovalada. Rara vez se encuentra la concha entera. La ornamentación está formada por dos o tres filas de tubérculos que se disponen transversalmente; más raramente presenta costillas transversas y espaciadas, que pueden ser continuas o interrumpirse en la región ventral. La cámara de habitación ocupa dos vueltas, con abertura provista de una cresta en forma de visera.

Biología-Ecología: Es una forma aberrante del Cenomanense (Cretácico superior). El estudio de las posiciones naturales de los cefalópodos fósiles parece indicar que esta especie tenía la abertura dirigida hacia abajo, contrariamente a las formas enrolladas en espiral, que tenían la abertura dirigida hacia arriba, al modo de los nautiloideos.

206

HAMITES ROTUNDUS

Clasificación: Filum: Moluscos. Cl.: Cefalópodos. O.: Ammonoideos. Fam.: Hamítidos. **Piso:** Albiense (Cretácico). Aparición: –106 M. a. Extinción: –100 M. a. **Distribución mundial:** Principales yacimientos en Europa occidental. **Tamaño del fósil:** 5 cm de diámetro.

Descripción: Es una especie de concha desenrollada y recta, con extremos acodados y paralelos a la parte rectilínea. La parte más joven es sumamente frágil y suele faltar. La sección de la concha es más o menos redondeada. La ornamentación está formada por fuertes costillas sencillas, repartidas regularmente en toda su longitud y que no se interrumpen en el borde sifonal. Estas costillas son oblicuas, principalmente en la parte acodada de mayor diámetro. Las suturas son muy complejas.

Biología-Ecología: Durante el Cretácico proliferaron numerosas formas de ammonites con conchas desenrolladas. *Hamites rotundus*, en concreto, es característico del Albiense (Cretácico inferior). Esta forma anómala anuncia la degeneración del grupo y plantea serios problemas en cuanto a la interpretación de su modo de vida.

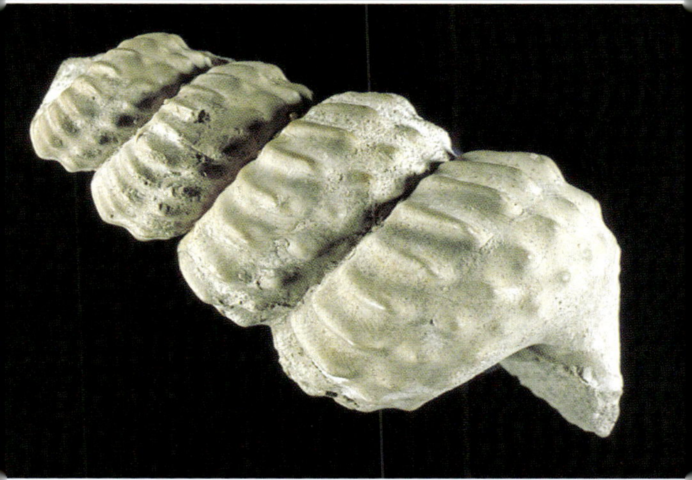

207 BACULITES ANCEPS

Clasificación: Filum: Moluscos. Cl.: Cefalópodos. O.: Ammonoideos. Fam.: Baculítidos. **Piso:** Maastrichtiense (Cretácico superior). Aparición: –70 M. a. Extinción: –65 M. a. **Distribución mundial:** Principales yacimientos en Francia, Bélgica y Países Bajos. **Tamaño del fósil:** 10 cm de longitud.

Descripción: *Baculites anceps* es una especie de aspecto muy particular, con una concha de tipo baculicono (de desarrollo longitudinal) y sección elíptica. Sólo la primera vuelta es a veces visible, aunque muy reducida. La ornamentación se compone de pliegues poco marcados y muy flexuosos, pero a menudo carece de ella. Las suturas, claramente visibles, están formadas por seis lóbulos y seis sillas bífidas; estas suturas recortan la concha en cámaras que podemos encontrar en los sedimentos.

Biología-Ecología: Ésta es una especie clásica del Maastrichtiense (último piso del Cretácico). La forma en báculo se interpreta como una evolución regresiva. Baculites es uno de los últimos representantes de los ammonites y anuncia la desaparición de este grupo.

208 ANCYLOCERAS

Clasificación: Filum: Moluscos. Cl.: Cefalópodos. O.: Ammonoideos. Fam.: Ancilocerátidos. **Piso:** Cretácico inferior. Aparición: –120 M. a. Extinción: –106 M. a. **Distribución mundial:** Principales yacimientos en Francia. **Tamaño del fósil:** 40 cm de longitud máxima (cayado).

Descripción: El género *Ancyloceras* presenta una concha calcárea enrollada en un solo plano y con vueltas disjuntas; termina en un tramo curvado en forma de cayado. La vuelta de la concha tiene una sección redondeada u ovalada. La ornamentación se caracteriza por costillas redondeadas, finas, apretadas, no divididas, alternando con otras costillas más gruesas y provistas de tubérculos espinosos (tres), al menos en las primeras vueltas del cayado. Sobre la cámara de habitación se desarrollan costillas más espaciadas. La sutura tiene el aspecto de una hoja de perejil con un lóbulo estrecho y muy profundo.

Biología-Ecología: *Ancyloceras* es un buen fósil estratigráfico que se encuentra fosilizado en las calizas del Cretácico inferior (Barremiense/Aptiense). Esta especie era carnívora y cazaba activamente a sus presas; vivía en zonas donde la presión del agua y los impactos eran importantes (mares profundos, en medio pelágico), con clima subtropical y en aguas cálidas y oxigenadas.

209 CRIOCERATITES DUVALI

Clasificación: Filum: Moluscos. Cl.: Cefalópodos. O.: Ammonoideos. Fam.: Crioceratítidos. **Piso:** Hauteriviense (Cretácico inferior). Aparición: –124 M. a. Extinción: –118 M. a. **Distribución mundial:** Principales yacimientos en la zona sur de Europa central. **Tamaño del fósil:** 5 cm de diámetro.

Descripción: La concha calcárea de *Crioceratites duvali*, comprimida lateralmente, está enrollada en una espiral plana. La sección es circular u ovalada. Las vueltas, poco numerosas, no están unidas. La ornamentación se compone de costillas transversales, finas y rectas, que recubren el conjunto de la concha. Cada cuatro o cinco costillas se aprecia una más fuerte con seis tubérculos. La abertura de la concha es sencilla. La línea de sutura es muy recortada. Los tabiques transversales muestran la concavidad dirigida hacia atrás. Los golletes sifonales, desplazados hacia fuera, están dirigidos hacia la parte anterior de la concha.

Biología-Ecología: *Crioceratites duvali* era un animal bentónico que vivía en medio marino poco profundo y en corrientes muy frías. Se encuentra fósil acompañado de radiolarios y Pygope.

210

HAMULINA

Clasificación: Filum: Moluscos. Cl.: Cefalópodos. O.: Ammonoideos. Fam.: Ptychocerátidos. **Piso:** Barremiense (Cretácico inferior). Aparición: –118 M. a. Extinción: –112 M. a. **Distribución mundial:** Principales yacimientos en Europa occidental. **Tamaño del fósil:** 10 cm de longitud.

Descripción: Las especies del género *Hamulina* muestran un aspecto muy particular. La concha es alargada, en forma de bastón cónico curvado cerca de un extremo. Las dos partes rectilíneas son paralelas pero de distinta longitud. La ornamentación consiste en costillas prominentes y numerosas, oblicuas en la parte acodada; estas costillas portan tres tubérculos en la parte más fina. En las siguientes, sólo encontramos el tubérculo situado en el tercio umbilical. Finalmente, la parte más gruesa carece de tubérculos y presenta sección circular. En la línea de sutura se observan lóbulos bífidos simétricos.

Biología-Ecología: La clasificación de este género no está claramente definida. Se trata de un fósil del Barremiense (Cretácico inferior) muy abundante en determinados sedimentos, y constituye un bello ejemplo de forma aberrante a partir de un tipo inicial enrollado. Algunos autores lo relacionan con la familia de los criocerátidos.

211

LAMELLAPTYCHUS

Clasificación: Filum: *Moluscos*. Cl.: Cefalópodos. O.: Ammonoideos. **Piso:** Devónico a Cretácico superior. Aparición: –395 M. a. Extinción: –65 M. a. **Distribución mundial:** Cosmopolita. **Tamaño del fósil:** De 1 a 5 cm de longitud.

Descripción: Los *Aptychus* son unas piezas calcáreas que ocasionalmente se han encontrado adosadas en la cámara de habitación de ciertos ammonites. Generalmente se presentan en una sola pieza, pero a menudo nos encontramos con dos piezas simétricas aplastadas y unidas. La forma general es muy variable según la especie, pero suele exhibir un contorno ovalado, si se trata de una sola pieza, o triangular si la pieza es doble. Estas piezas muestran por una de las caras estrías de crecimiento que no son paralelas al borde; por la otra suelen ser lisas o con un ligero estriado.

Biología-Ecología: Estas piezas están consideradas clásicamente como los opérculos de los ammonites. Estudios recientes parecen demostrar que se trata de piezas de la mandíbula inferior. Los ammonites no debían alimentarse de presas grandes como lo hacen los cefalópodos actuales. *Lamellaptychus*, aquí representado, es una pieza característica de los opélidos.

212

DUVALIA EMERICI

Clasificación: Filum: Moluscos. Cl.: Cefalópodos. O.: Dibranquiales. Fam.: Belemnítidos. **Piso:** Valanginiense (Cretácico inferior). Aparición: –130 M. a. Extinción: –124 M. a. **Distribución mundial:** Principales yacimientos en el sur de Europa central hasta el Rif y Madagascar. **Tamaño del fósil:** 8 cm de longitud.

Descripción: El esqueleto calcáreo de *Duvalia emerici* tiene una forma muy característica, con el rostro comprimido dorsoventralmente. La cara dorsal está marcada por una quilla. El extremo más estrecho del rostro es de sección ovalada y presenta una cavidad alveolar. Carece de surco ventral, pero sí presenta uno alveolar corto y visible en la cara dorsal. El fragmocono es ligeramente arqueado. Sus numerosas cámaras debían de estar llenas de un líquido o un gas que jugaban un papel en la flotabilidad. La cámara inicial de esta concha es de forma globular.

Biología-Ecología: *Duvalia emerici* vivía en el seno de corrientes marinas relativamente frías en la zona alpina, a profundidades de entre 40 y 70 metros. Nunca se encuentran arrecifes coralinos en sus proximidades. Sí aparecen, sin embargo, radiolarios y dientes de tiburón.

213 HIBOLITES HASTATUS

Clasificación: Filum: Moluscos. Cl.: Cefalópodos. O.: Dibranquiales. Fam.: Belemnítidos. **Piso:** Bathoniense a Oxfordiense (Jurásico). Aparición: –167 M. a. Extinción: –155 M. a. **Distribución mundial:** Principales yacimientos en Europa, Rusia, Argelia, India y Madagascar. **Tamaño del fósil:** 20 cm de longitud.

Descripción: El rostro fosilizado de esta especie tiene forma de lanceta: la parte próxima al extremo apuntado es ancha y aplastada, mientras que en el otro presenta una constricción. En sección transversal se aprecia fácilmente la estructura radial y compacta de las paredes. En las formas grandes, las líneas laterales están bien desarrolladas. De manera general, la cavidad del fragmocono ocupa una cuarta parte de la longitud del rostro; de sus bordes parte un surco ventral bien visible que se ensancha en la parte dilatada del fósil.

Biología-Ecología: El animal poseía una cabeza redondeada provista de grandes ojos y brazos cortos armados de ventosas. La parte posterior del cuerpo estaba mucho más desarrollada que en los calamares actuales. *Hibolites* era un depredador con un modo de vida nectónico que se movía en las zonas marinas próximas a la costa. Se encuentra asociado a rhynchonellas y terebrátulas.

214 BELEMNITELLA MUCRONATA

Clasificación: Filum: Moluscos. Cl.: Cefalópodos. O.: Dibranquiales. Fam.: Belemnítidos. **Piso:** Campaniense a Maastrichtiense (Cretácico superior). Aparición: –76 M. a. Extinción: –65 M. a. **Distribución mundial:** Principales yacimientos en Europa y América del Norte. **Tamaño del fósil:** 12 cm de longitud.

Descripción: *Belemnitella mucronata* presenta un esqueleto calcáreo que podemos encontrar en los sedimentos. El rostro es bastante largo, de forma cilíndrica; el ápice presenta una prolongación afilada conocida como mucrón. Los surcos latero-dorsales están bien marcados y son más o menos rectilíneos. El conjunto de la superficie del rostro muestra ramificaciones vasculares muy desarrolladas. En las formas dibranquiales actuales, en las aletas se observan numerosas venas. Se cree que este sistema circulatorio es el que dejó su huella sobre el rostro. El alveolo circular contiene un fragmocono redondeado, con una escotadura ventral bien visible.

Biología-Ecología: Este organismo formaba parte del necton y vivía sobre la plataforma continental de los mares templados o cálidos. En los yacimientos se encuentra asociado a globigerinas, cocolitos y equínidos.

215 MEGATHEUTIS ELLIPTICA

Clasificación: Filum: Moluscos. Cl.: Cefalópodos. O.: Dibranquiales. Fam.: Belemnítidos. **Piso:** Bajociense (Jurásico medio). Aparición: –170 M. a. Extinción: –167 M. a. **Distribución mundial:** Principales yacimientos en Europa occidental. **Tamaño del fósil:** 4,5 cm de longitud.

Descripción: *Megatheutis elliptica* es un belemnites fósil con un rostro puntiagudo y comprimido lateralmente, formado por capas concéntricas de cristales de calcita fibrosa, dispuestos radialmente respecto al eje. El extremo más grueso de esta estructura se ensancha ligeramente y presenta una cavidad en forma de embudo que contiene la concha propiamente dicha, o fragmocono, de aspecto similar a la concha de un nautiloideo. La superficie del rostro no es uniforme: sobre la parte próxima al extremo redondeado se observan cuatro surcos laterales, dos dorsales y dos ventrales, que se interrumpen rápidamente. Apenas se conoce la organización del cuerpo blando del animal: únicamente el manto que rodea las estructuras de calcio.

Biología-Ecología: El animal debía de tener aletas laterales, era carnívoro y llevaba una vida nectónica en las zonas costeras y las aguas superficiales.

216 BELEMNOPSIS CANALICULATA

Clasificación: Filum: Moluscos. Cl.: Cefalópodos. O.: Dibranquiales. Fam.: Belemnítidos. **Piso:** Bajociense (Jurásico). Aparición: −170 M. a. Extinción: −165 M. a. **Distribución mundial:** Principales yacimientos en Alemania, Rusia, India y Australia. **Tamaño del fósil:** 10 cm de longitud.

50 m

Descripción: En *Belemnopsis canaliculata*, la reducida concha es interna y debía de estar envuelta en el manto. El rostro es cilíndrico y bastante largo, ligeramente aplastado dorso-ventralmente y con dos líneas laterales poco marcadas en superficie. Además, presenta un surco ventral que, partiendo de la región alveolar, recorre el rostro en toda su longitud y se atenúa hacia el ápice. El prostraco es una pieza de la concha de los belemnítidos que raramente se conserva y que en el animal vivo constituía una prolongación dorsal del fragmocono; esta pieza es una lámina córnea con aragonito.

Biología-Ecología: *Belemnopsis canaliculata* era un organismo carnívoro y nectónico que probablemente vivía en grupos. El fragmocono debía de tener un papel hidrostático; al rostro se le atribuye un papel protector frente a los golpes, además de considerarse un órgano de equlibrio.

217 NANNOBELUS ACUTUS

Clasificación: Filum: Moluscos. Cl.: Cefalópodos. O.: Dibranquiales. Fam.: Belemnítidos. **Piso:** Sinemuriense (Liásico). Aparición: −188 M. a. Extinción: −183 M. a. **Distribución mundial:** Principales yacimientos en Europa occidental. **Tamaño del fósil:** 1 cm de diámetro.

50 m

Descripción: El rostro de *Nannobelus*, de pequeño tamaño, es un cono de sección ovalada o triangular con las esquinas redondeadas. En la parte apical no se observa ningún surco lateral. Una ligera depresión dibuja a cada lado del rostro un surco muy poco marcado. Se cree que esta huella corresponde al emplazamiento de bandas tendinosas en relación con aletas laterales. El extremo más grueso está excavado por un alveolo que ocupa prácticamente toda la longitud del rostro. El fragmocono posee tabiques transversales que delimitan numerosas y estrechas cámaras atravesadas por un sifón, el cual no tiene una posición central en el fragmocono.

Biología-Ecología: Como todos los belemnites, *Nannobelus acutus* era un animal marino, nadador y depredador. Capturaba peces y crustáceos, y a su vez era presa de tiburones y reptiles marinos carnívoros.

218 BELOSAEPIA

Clasificación: Filum: Moluscos. Cl.: Cefalópodos. O.: Dibranquiales. Fam.: Belosépidos. **Piso:** Eoceno. Aparición: −65 M. a. Extinción: −37 M. a. **Distribución mundial:** Principales yacimientos en Francia, Inglaterra, América del Norte e India. **Tamaño del fósil:** 2 cm de longitud.

50 m

Descripción: *Belosaepia* es el antepasado directo de la sepia. Lo que fosiliza es la concha calcificada interna, una parte importante de la cual es el fragmocono: este último presenta tabiques muy oblicuos y una ligera curvatura ventral. El sifón es relativamente estrecho. El rostro es una punta corta situada en el extremo posterior de la concha. Entre el fragmocono y la base del rostro se observa una expansión ventral bien desarrollada con surcos radiales. El prostraco prolonga hacia delante la pared dorsal del fragmocono: esta lámina es muy frágil y rara vez se conserva en los sedimentos. El fósil en su conjunto posee simetría bilateral.

Biología-Ecología: *Belosaepia* era un organismo depredador y nectónico que vivía en mares cálidos y se desplazaba a poca profundidad en zonas arrecifales con abundante caza.

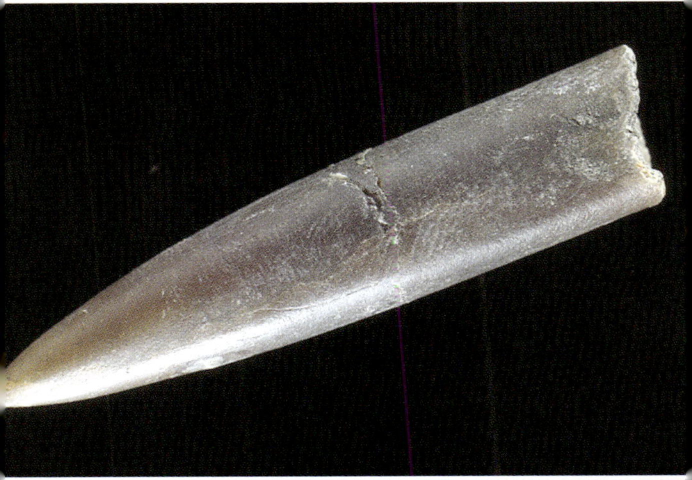

219

PARADOXIDES

Clasificación: Filum: Artrópodos. Cl.: Trilobites. Fam.: Paradoxídidos. **Piso:** Cámbrico medio. Aparición: –550 M. a. Extinción: –530 M. a. **Distribución mundial:** Principales yacimientos en Europa occidental, norte de África y América del Norte. **Tamaño del fósil:** 20 cm de longitud.

Descripción: *Paradoxides* es un trilobites de gran tamaño, con la glabela globosa y dilatada anteriormente, recorrida transversalmente por unos marcados surcos. Los ojos son grandes y de forma almendrada, prolongándose en unas líneas oculares longitudinales y sinuosas que dibujan una sutura *opistoparia*. El cefalotórax está provisto de dos puntas genales, largas y afiladas. La parte central del cuerpo está formada por 13 a 21 segmentos, con las puntas pleurales espinosas y libres. Estas puntas crecen de tamaño hacia la parte posterior del fósil, con las dos últimas muy desarrolladas y dirigidas hacia atrás, enmarcando un diminuto pigidio. El borde de este último puede ser entero o espinoso.

Biología-Ecología: *Paradoxides* es un trilobites típico de la región atlántica del Cámbrico medio. Los paradoxídidos probablemente surgieron de los olenéllidos del Cámbrico inferior.

220

ELLIPSOCEPHALUS

Clasificación: Filum: Artrópodos. Cl.: Trilobites. Fam.: Ellipsocefálidos. **Piso:** Georgiense superior y Acadiense (Cámbrico). Aparición: –570 M. a. Extinción: –530 M. a. **Distribución mundial:** Principales yacimientos en Europa occidental y Australia. **Tamaño del fósil:** 5 cm de longitud.

Descripción: De forma groseramente elíptica, el género *Ellipsocephalus* se caracteriza por una glabela globosa y subrectangular, podríamos decir casi cilíndrica. La sutura facial ocupa una posición muy lateral y es de tipo opistopario. Las puntas genales están ausentes en la forma adulta. El raquis y las pleuras están formados por doce a catorce segmentos cuyas puntas laterales son muy cortas. El pigidio, muy pequeño y de borde redondeado, justifica la inclusión de esta familia en los trilobites micropigios. La superficie del caparazón es lisa o ligeramente granulosa.

Biología-Ecología: Los diferentes estadios larvarios parecen comunes a muchos otros géneros y, en concreto, a *Paradoxides*, al pertenecer todos a una misma superfamilia. De hecho, encontramos *Ellipsocephalus* dentro de la provincia noratlántica del Cámbrico medio, cuya determinación se ha podido realizar gracias al género Paradoxides.

221

OLENUS

Clasificación: Filum: Artrópodos. Cl.: Trilobites. Fam.: Olénidos. **Piso:** Cámbrico superior. Aparición: –530 M. a. Extinción: –500 M. a. **Distribución mundial:** Principales yacimientos en Europa occidental, Asia y América del Norte. **Tamaño del fósil:** 3 cm de longitud.

Descripción: *Olenus* forma parte de una familia relativamente primitiva, caracterizada por un cefalotórax subcuadrangular. La glabela es estrecha, con surcos ligeramente inflexionados hacia atrás, cerca del eje de simetría. La línea de sutura facial es de tipo opistopario. A nivel del abdomen, el raquis es estrecho (como máximo un tercio del ancho total) y las pleuras terminan en pequeñas puntas curvadas hacia atrás. Finalmente, el pigidio es muy pequeño, con el borde entero, crenulado o espinoso, con anillos axiales cuyo número oscila entre dos y siete. Los segmentos abdominales pueden ser muy numerosos (hasta veintidós).

Biología-Ecología: Los olénidos, familia muy polimorfa, determinaba en el Cámbrico superior una provincia noratlántica bien circunscrita que fue el foco de un gran desarrollo faunístico. Así, esta familia agrupa a la mayoría de los trilobites potsdamienses y nos muestra los caracteres aún primitivos de estas formas: numerosos segmentos abdominales y pigidio pequeño.

222 PHILLIPSIA

Clasificación: Filum: Artrópodos. Cl.: Trilobites. Fam.: Phillípsidos. **Piso:** Dinantiense (Carbonífero). Aparición: –345 M. a. Extinción: –325 M. a. **Distribución mundial:** Principales yacimientos en Europa y América del Norte. **Tamaño del fósil:** 5,5 cm de longitud.

Descripción: El género *Phillipsia* se caracteriza por un cefalón granuloso, con puntas genales cortas pero netamente marcadas. Los ojos, reniformes, están muy próximos a los bordes laterales de la glabela. Ésta tiene una forma alargada y alcanza el extremo anterior del cefalón. *Phillipsia* es el único género de la familia que no tiene una glabela amplia. El tórax presenta nueve segmentos con una ornamentación de varias filas de gránulos. Cefalón y pigidio son del mismo tamaño. Este último, también granuloso, presenta doce o trece anillos axiales y doce costillas pleurales.

Biología-Ecología: De forma general, los phillípsidos constituyen una rama evolucionada de los proétidos, con un posible origen común en los asafíscidos del Cámbrico. Su estudio en el Permo-Carbonífero americano muestra una creciente disparidad, tanto en el paso del estado larvario al estado adulto como durante la filogenia. Esta variedad afecta al número total de pleuras visibles y al de los anillos axiales.

223 PROETUS

Clasificación: Filum: Artrópodos. Cl.: Trilobites. Fam.: Proétidos. **Piso:** Ordovícico a Devónico. Aparición: –500 M. a. Extinción: –360 M. a. **Distribución mundial:** Cosmopolita. **Tamaño del fósil:** 3 cm de longitud.

Descripción: *Proetus* posee un cefalón de forma semielíptica. La glabela, lisa y voluminosa, está enmarcada por unos prominentes ojos reniformes. Los bordes genales, a menudo redondeados, terminan a veces en punta. El tórax está formado por diez segmentos recorridos por surcos pleurales. El pigidio está muy desarrollado: únicamente el raquis está segmentado, las pleuras están soldadas en una placa única recorrida por surcos. El borde posterior es liso, de forma semicircular. Este animal estaba recubierto de un caparazón quitinoso. Una placa ínfera en la cabeza funcionaba como un labio para recoger el alimento.

Biología-Ecología: *Proetus* es un trilobites que vivía en la plataforma continental. Respiraba mediante branquias y se alimentaba de protozoos y diversos restos de organismos. Sus larvas, planctónicas, permitieron una amplia distribución del género. El paso a la forma adulta se realizaba gracias a numerosas mudas que se han encontrado fosilizadas.

224 CONOCORYPHE

Clasificación: Filum: Artrópodos. Cl.: Trilobites. Fam.: Conocorífidos. **Piso:** Potsdamiense y Acadiense (Cámbrico). Aparición: –550 M. a. Extinción: –500 M. a. **Distribución mundial:** Principales yacimientos en Europa, Asia y América del Norte. **Tamaño del fósil:** 12 cm de longitud.

Descripción: El cefalón es ancho y semicircular, con sutura marginal. Los ojos están ausentes en el género *Conocoryphe*, si bien en otras formas de esta familia son rudimentarios. Los autores describen este género como portador o no de puntas genales. La glabela presenta tres pares de surcos oblicuos. Las mejillas libres son estrechas o están ausentes, siguiendo el recorrido cefálico de la sutura marginal. El tórax muestra de catorce a diecisiete segmentos prolongados en pleuras ligeramente curvadas en los extremos. El raquis es estrecho; el pigidio es pequeño, con segmentos visibles pero poco numerosos.

Biología-Ecología: Los conocorífidos aparecen principalmente en el Acadiense de la provincia noratlántica, a veces hasta el Potsdamiense. En vida, el animal presentaba un tegumento y su ceguera hace sospechar que se trataba de un animal bentónico.

225 CTENOCEPHALUS

Clasificación: Filum: Artrópodos. Cl.: Trilobites. Fam.: Conocorífidos. **Piso:** Cámbric Aparición: –550 M. a. Extinción: –520 M. a. **Distribución mundial:** Principales ya cimientos en Francia y España. **Tamaño del fósil:** 3 cm de longitud.

Descripción: *Ctenocephalus* es un género del Cámbrico medio muy próximo a Co nocoryphe pero de menor tamaño. Se trata de una forma arcaica, con la sutura d tipo opistopario. La parte anterior de la glabela muestra un lóbulo claramente ind vidualizado. Las mejillas libres son bastante anchas. El abdomen presenta quince dieciséis segmentos. El cefalotórax es muy voluminoso.

Biología-Ecología: *Ctenocephalus* caracteriza el Cámbrico medio y se encuent en diversos esquistos de esta época. La biología de este trilobites es sensiblement idéntica a la de los trilobites de la misma época. Hemos de apuntar que algunas es pecies de Ctenocephalus están desprovistas de ojos, como C. coronatus, lo que no induce a pensar que podrían vivir enterrados en los sedimentos blandos.

226 PTYCHOPARIA

Clasificación: Filum: Artrópodos. Cl.: Trilobites. O.: Conocorífidos. Fam.: Ptichopa ridos. **Piso:** Cámbrico a Ordovícico. Aparición: –500 M. a. Extinción: –480 M. a. **Dis tribución mundial:** Principales yacimientos en Europa occidental, América del Nort y Asia. **Tamaño del fósil:** 4 cm de longitud.

Descripción: *Ptychoparia* posee un cefalón semicircular con puntas genales. La gla bela es pequeña, más estrecha hacia delante, con surcos dorsales arqueados haci atrás. La sutura es de tipo gonatoparia. El tórax cuenta con catorce o quince seg mentos. El pigidio es pequeño, con cinco segmentos, más ancho que largo.

Biología-Ecología: El género *Ptychoparia* forma parte de los trilobites de capara zón fino del Cámbrico. Durante el Acadiense, y excepcionalmente en el Georgiens está presente en Bohemia, así como en América del Norte, Asia o Siberia. El estu dio de su distribución geográfica permite definir la provincia del Pacífico orienta caracterizada por una diversificación importante de los ptychopáridos.

227 ASAPHUS

Clasificación: Filum: Artrópodos. Cl.: Trilobites. Fam.: Asáfidos. **Piso:** Ordovícic Aparición: –500 M. a. Extinción: –440 M. a. **Distribución mundial:** Principales ya cimientos en Europa y este de Asia. **Tamaño del fósil:** Hasta 30 cm de longitu

Descripción: El género *Asaphus* pertenece a una familia de trilobites gigantes en que se incluyen los mayores trilobites conocidos. La glabela es grande, muy en sanchada hacia delante y lisa, con cortas puntas genales. Los apéndices, de tipo b furcado, están formados por una base muy alargada sobre la que se articulan do ramas, el exopodito y el endopodito. El tórax se reduce a ocho segmentos. El cefa lón y el pigidio son del mismo tamaño y este último tiene un estrecho raquis. Baj las pleuras y en la base de los apéndices se localizan órganos sensoriales como pe los y poros.

Biología-Ecología: El género *Asaphus* se encuentra en terrenos ordovícicos de Eu ropa y Asia oriental. Muestra dimorfismo sexual: se distinguen formas largas y es beltas (machos), y formas más anchas (hembras).

228

NIOBE

Clasificación: Filum: Artrópodos. Cl.: Trilobites. Fam.: Asáfidos. **Piso:** Ordovícico Aparición: –450 M. a. Extinción: –445 M. a. **Distribución mundial:** Principales ya- cimientos en América del Norte y Francia. **Tamaño del fósil:** 4 cm de longitud **Descripción:** *Niobe* es un trilobites fósil del Ordovícico del que suele encontrars- la cara dorsal del caparazón. Presenta forma redondeada y está compuesto de qui- tina impregnada de fosfato cálcico. El cefalón es semicircular, sin puntas genales. L- glabela está claramente delimitada, con la superficie lisa y sin surcos dorsales. Lo- ojos son pequeños y la sutura facial termina en el borde posterior de la cabeza. E- tórax está formado por ocho segmentos. El pigidio es del mismo tamaño que el ce- falón, carece de punta caudal y termina en un borde redondeado.

Biología-Ecología: *Niobe* es un fósil marino que vivía en grupos. Se alimentab- de pequeños animales y respiraba a través de las branquias. Se cree que ocupab- mares muy profundos y que podía nadar o desplazarse sobre el fondo ayudándos- de sus apéndices locomotores.

229

ILLAENUS

Clasificación: Filum: Artrópodos. Cl.: Trilobites. Fam.: Illaénidos. **Piso:** Ordovícico Aparición: –500 M. a. Extinción: –440 M. a. **Distribución mundial:** Principales ya- cimientos en Europa, norte de África, India, China, Australia y América. **Tamaño de- fósil:** 35 cm de longitud.

Descripción: Algunas especies del género *Illaenus* pueden alcanzar hasta 50 cm d- longitud. El cefalón es liso, la glabela poco diferenciada y los ojos discretos, en form- de media luna y recorridos por un surco facial. El tórax es más bien corto y el ca- parazón, muy convexo. De tamaño y forma idéntica al cefalón, el pigidio, no seg- mentado, presenta un raquis poco marcado. Las puntas genales son muy cortas - están ausentes. Los illaénidos son trilobites próximos a los asáfidos lisos, de los qu- se diferencian por la existencia de una placa rostral, por sus pleuras y por alguno- segmentos torácicos suplementarios.

Biología-Ecología: El género *Illaneus* aparece frecuentemente en el Ordovícico co- una amplia distribución: Europa, norte de África, China, India, Australia y ambas Amé- ricas. El género está representado principalmente por la especie *I. giganteus*, qu- marca el piso Llandeliano.

230

CALYMENE

Clasificación: Filum: Artrópodos. Cl.: Trilobites. Fam.: Caliménidos. **Piso:** Silúrico - Devónico. Aparición: –500 M. a. Extinción: –400 M. a. **Distribución mundial:** Prin- cipales yacimientos en Europa occidental. **Tamaño del fósil:** Hasta 4,5 cm de lon- gitud.

Descripción: *Calymene* posee un cefalón semicircular y convexo, con los ángulo- genales redondeados y sutura facial gonatoparia. La glabela es campaniforme, bas- tante prominente y convexa, con tres o cuatro pares de surcos. El tórax es alargad- y suele estar formado por trece segmentos. El pigidio es de tamaño pequeño. Exis- ten dos especies de *Calymene* que se diferencian en las pleuras pigidiales: éstas so- segmentadas en *C. tristani* y lisas en *C. aragoi*.

Biología-Ecología: El género *Calymene* es frecuente en el Silúrico de Europa. E- España concretamente son muy abundantes en el llamado «tramo de Calymene» del Ordovícico medio, donde es frecuente encontrar ejemplares enrollados.

231 HOMALONOTUS

Clasificación: Filum: Artrópodos. Cl.: Trilobites. Fam.: Homalonótidos. **Piso:** Silúrico a Devónico. Aparición: –420 M. a. Extinción: –370 M. a. **Distribución mundial:** Principales yacimientos en Europa y Estados Unidos. **Tamaño del fósil:** 5,5 cm de longitud.

Descripción: De tamaño medio, *Homalonotus* presenta sin embargo algunos casos de gigantismo, concretamente en la forma H. major (38 cm). El cefalón es triangular, con glabela indiferenciada y ojos marginales. La sutura facial en la mayor parte de las especies parece ser de tipo gonatopario: el borde posterior del cefalón corta en el supuesto lugar de las puntas genales. El hallazgo de ejemplares excepcionales con puntas genales ha permitido clasificar a los homalonótidos dentro de los Proparia. El tórax está formado por trece segmentos y muestra un raquis ancho y mal individualizado. En el pigidio, por el contrario, provisto de una punta caudal, se observa un raquis bien visible y segmentado.

Biología-Ecología: *Homalonotus* se localiza fundamentalmente en Europa, pero también se han encontrado ejemplares en el Devónico inferior de África, América y Australia. Los *homalonótidos* son próximos a los caliménidos pero los primeros tienen la glabela lisa.

232 TRINUCLEUS

Clasificación: Filum: Artrópodos. Cl.: Trilobites. Fam.: Trinucleidos. **Piso:** Ordovícico. Aparición: –500 M. a. Extinción: –440 M. a. **Distribución mundial:** Principales yacimientos en Europa. **Tamaño del fósil:** 4 cm de longitud.

Descripción: El género *Trinucleus* es un trilobites de pequeño tamaño cuya principal característica es su amplio y granuloso limbo cefálico. La glabela y las mejillas dibujan tres «núcleos» prominentes que dan nombre a la familia. La silueta del cefalón está rodeada por una orla plana y agujereada como un tamiz, que se prolonga en dos largas y finas puntas genales. Los ojos son sencillos, con o sin tubérculos. El abdomen está formado por cinco o seis segmentos de pleuras con surcos. El pigidio es, generalmente, pequeño.

Biología-Ecología: El género *Trinucleus* es frecuente en Europa, principalmente en las cuarcitas ordovícicas de Bohemia, donde se asocia a Dalmanites. En la evolución de los trinucleidos, la especie *Onnia pongerandi* constituye un caso excepcional al presentar una ramificación de sus puntas genales, carácter que parece ser hereditario.

233 AMPYX

Clasificación: Filum: Artrópodos. Cl.: Trilobites. Fam.: Radiofóridos. **Piso:** Ordovícico. Aparición: –600 M. a. Extinción: –460 M. a. **Distribución mundial:** Principales yacimientos en Europa, América del Norte y este de Asia. **Tamaño del fósil:** 3,5 cm de longitud.

Descripción: *Ampyx* es un pequeño trilobites que presenta una glabela prolongada más allá del cefalón por una especie de rostro que forma una espina frontal. Carece de ojos y las puntas genales son relativamente cortas, si bien en otros géneros son largas. La sutura facial es de tipo opistopario. El tórax presenta cinco o seis segmentos y el pigidio es corto, transverso y no segmentado.

Biología-Ecología: El género *Ampyx* vivió durante el Silúrico y sus restos fósiles se han encontrado en Europa, América del Norte y Asia oriental. También se han descubierto sus huevos (2 mm), formados por calcita y recubiertos de una fina capa de carbón. A las formas ciegas se les supone un hábitat situado por debajo de la zona fótica, o bien podrían haber sido excavadores o limnívoros.

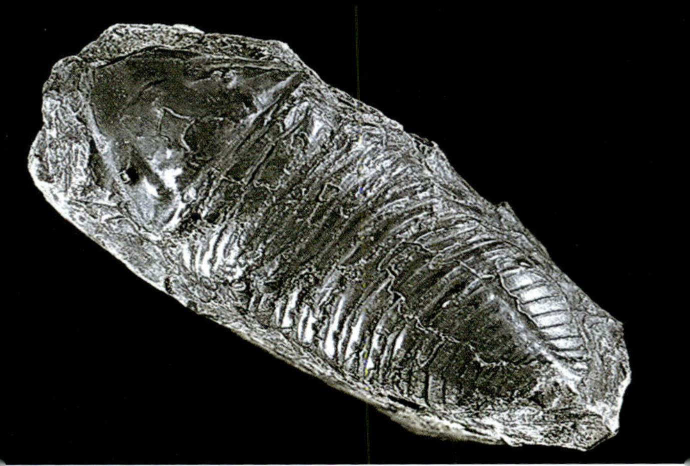

234

ACIDASPIS

Clasificación: Filum: Artrópodos. Cl.: Trilobites. Fam.: Odontopléuridos. **Piso:** Ordovícico a Devónico. Aparición: –480 M. a. Extinción: –380 M. a. **Distribución mundial:** Principales yacimientos en Europa y América del Norte. **Tamaño del fósil:** 5 cm de longitud.

Descripción: Dotado de pequeñas espinas, el cefalón es muy ancho y corto, y se prolonga lateralmente en unas puntas genales. La sutura facial es de tipo opistopario. La glabela presenta numerosos surcos y se alarga en dos espinas *occipitales*. Cada segmento torácico está provisto lateralmente de una aguja pequeña y otra grande. El pigidio, pequeño y ancho, también es espinoso.

Biología-Ecología: El género *Acidaspis* es un trilobites de pequeño tamaño que se distribuye entre el Ordovícico medio y el Devónico. Asimismo, se han encontrado huevos de unos 2 mm y fases protaspis (etapa post-embrionaria) asociados a este trilobites. Se le atribuye un tipo de vida bentónico.

235

SCUTELLUM

Clasificación: Filum: Artrópodos. Cl.: Trilobites. Fam.: Tisanopéltidos. **Piso:** Silúrico superior a Devónico. Aparición: –400 M. a. Extinción: –345 M. a. **Distribución mundial:** Principales yacimientos en Bélgica, Gran Bretaña y Alemania. **Tamaño del fósil:** 11 cm de longitud.

Descripción: De tamaño mediano a grande, los individuos del género *Scutellum* presentan forma ovalada, con una glabela fuertemente dilatada hacia delante y más estrecha a la altura de los ojos (muy pequeños y en forma de media luna). El abdomen está formado por diez segmentos estrechos, fuertemente abombados a la altura del raquis. El cuerpo termina en un ancho pigidio, de contorno perfectamente semicircular y constituido por un raquis pigidial corto y triangular del que parten seis o siete pares de surcos radiales. El pigidio es más grande que cualquiera de las otras partes del animal.

Biología-Ecología: Nos encontramos ante un género que apenas ha evolucionado a lo largo de 55 millones de años. En este trilobites no encontramos la fusión de los segmentos terminales formando un escudo rígido. Los últimos ejemplares conocidos seguían mostrando siete segmentos marcados por costillas pleurales.

236

CHEIRURUS

Clasificación: Filum: Artrópodos. Cl.: Trilobites. Fam.: Cheirúridos. **Piso:** Ordovícico superior a Devónico medio. Aparición: –450 M. a. Extinción: –395 M. a. **Distribución mundial:** Principales yacimientos en Europa, norte de África, América del Norte y Australia. **Tamaño del fósil:** 6 cm de longitud.

Descripción: Provisto de dos cortas puntas genales, el cefalón es grande y ancho. Los ojos, pequeños y sublaterales, están atravesados por una sutura facial *proparia*. Las mejillas libres son muy estrechas. La glabela alcanza el borde anterior del cefalón y está atravesada por tres pares de surcos. Típicamente, en *Cheirurus*, el surco occipital delimita en la base de la glabela dos lóbulos. El tórax está formado por de nueve a doce segmentos provistos de pleuras espinosas. El pigidio, no muy grande, presenta anchas púas marginales.

Biología-Ecología: El género *Cheirurus* se distribuye entre el Ordovícico superior y el Devónico medio en Europa, norte de África, América del Norte y Australia. Entre los cheirúridos existen algunas formas ciegas. La presencia de ojos pequeños, incluso la anoftalmia, se asocia a la vida en aguas profundas.

237 **PHACOPS**

CLASIFICACIÓN: Filum: Artrópodos. Cl.: Trilobites. Fam.: Phacópidos. **PISO:** Silúrico a Devónico medio. Aparición: –440 M. a. Extinción: –340 M. a. **DISTRIBUCIÓN MUNDIAL:** Cosmopolita. **TAMAÑO DEL FÓSIL:** 5,5 cm de longitud.

DESCRIPCIÓN: Los phacópidos, familia próxima a los dalmanítidos, agrupa trilobites muy globosos. Presentan una glabela abombada, sin surcos laterales y a menudo granulosa. Carecen de placa rostral. A lo largo del borde cefálico se observa una especie de seno ventral en el que encaja el extremo posterior del pigidio, y es que estos trilobites se encuentran a menudo enrollados. El tórax consta de once segmentos, como en el resto de *phacópidos*. Los ojos son grandes, con las facetas bien individualizadas. El pigidio es semicircular, sin proyecciones laterales ni posteriores y con de cuatro a seis anillos raquidiales.

BIOLOGÍA-ECOLOGÍA: La evolución morfológica del género *Phacops* pasa por un máximo en su tamaño antes de volver a encontrar el de las especies iniciales durante su extinción. A partir del Silúrico se observa una regresión de los ojos. Hay que añadir que algunas formas ya existían en el Ordovícico superior y que el género cuenta con numerosas especies: la más conocida es P. latifrons.

238 **DALMANITES**

CLASIFICACIÓN: Filum: Artrópodos. Cl.: Trilobites. Fam.: Dalmanítidos. **PISO:** Silúrico a Devónico inferior. Aparición: –440 M. a. Extinción: –380 M. a. **DISTRIBUCIÓN MUNDIAL:** Principales yacimientos en Europa, América del Norte y Australia. **TAMAÑO DEL FÓSIL:** 4,5 cm de longitud.

DESCRIPCIÓN: El cefalón presenta una glabela globosa en su parte anterior, dividida en lóbulos por surcos subtransversales. La sutura facial marca un ángulo en la base de las puntas genales, sin alcanzar éstas los bordes laterales del cefalón. Los ojos, en forma de media luna, se sitúan a cada lado de la base de la parte globosa de la glabela. El tórax presenta entre diez y doce segmentos. El pigidio, poco convexo, es bastante grande y se prolonga en una espina pigidial en su extremo posterior.

BIOLOGÍA-ECOLOGÍA: El género Dalmanites se reparte por Europa, América del Norte y Australia. El desplazamiento de estos trilobites era de tipo límula, es decir, apoyándose sobre la espina pigidial, como un saltador de pértiga. Esta adaptación permitía a los *Dalmanites* llevar una vida bentónica.

239 **AGNOSTUS**

CLASIFICACIÓN: Filum: Artrópodos. Cl.: Trilobites. Fam.: Agnóstidos. **PISO:** Acadiense a Potsdamiense (Cámbrico). Aparición: –515 M. a. Extinción: –500 M. a. **DISTRIBUCIÓN MUNDIAL:** Principales yacimientos en Europa, Rusia (Siberia) y China. **TAMAÑO DEL FÓSIL:** 1,4 cm de longitud.

DESCRIPCIÓN: La familia de los agnóstidos reúne a los trilobites más pequeños descubiertos hasta el momento. El cefalón, en forma de herradura, carece de puntas genales. La glabela está dividida por un surco anterior transverso que determina un lóbulo principal para la parte posterior y un lóbulo estrecho para el lado frontal. Un surco longitudinal une la glabela con el reborde del cefalón. Carece de mejillas libres. Posee únicamente dos segmentos torácicos. Cefalón y pigidio son casi idénticos, aunque en algunas especies existen puntas pigidiales.

BIOLOGÍA-ECOLOGÍA: El género *Agnostus* sólo se encuentra en el Cámbrico superior. Su distribución geográfica comprende Europa, Siberia y China. A. *pisiformis* es una especie ya clásica que aparece en gran número en las «Lingula flags».

240 EURYPTERUS

Clasificación: Filum: Artrópodos. Cl.: Merostomados. Subcl.: Eurypterida. Fam.: Euriptéridos. **Piso:** Ordovícico a Carbonífero. Aparición: –400 M. a. Extinción: –225 M. a. **Distribución mundial:** Cosmopolita. **Tamaño del fósil:** De 30 a 40 cm de longitud.

Descripción: *Eurypterus* es un artrópodo acuático fósil del Paleozoico cuyo aspecto recuerda a un escorpión. La parte delantera (cefalotórax), formada por la cabeza y seis segmentos torácicos, tiene forma trapezoidal, con los dos ángulos anteriores redondeados. Posee un par de grandes ojos compuestos situados a ambos lados de la frente. La boca del animal, en posición ínfera, está rodeada por seis pares de apéndices. A dos antenas de pequeño tamaño suceden cuatro pares de patas con papel masticador, seguidas de un par de apéndices mucho más anchos transformados en paleta natatoria. La parte posterior del animal está formada por un abdomen algo dilatado de seis segmentos, seguido de un post-abdomen más estrecho formado por otros seis segmentos. El telson es un aguijón recto, largo y fino.

Biología-Ecología: *Eurypterus* era un animal bentónico capaz de nadar. Al principio vivía sobre fondos marinos de fango. Durante el Devónico se adaptó a la vida en aguas salobres y, posteriormente, a aguas dulces.

241 MESOLIMULUS

Clasificación: Filum: Artrópodos. Cl.: Merostomados. Subcl.: Xifosuros. Fam.: Mesolimúlidos. **Piso:** Triásico a Jurásico superior. Aparición: –235 M. a. Extinción: –135 M. a. **Distribución mundial:** Principales yacimientos en Alemania (Solnhofen, Baviera) y Francia. **Tamaño del fósil:** 12 cm de longitud.

Descripción: Mesolimulus presenta un caparazón compacto, con un gran cefalotórax en forma de herradura y la cara ventral muy cóncava. La cara dorsal es claramente trilobulada. La glabela central queda entre dos mejillas que se prolongan en punta hacia atrás y llevan un par de ojos laterales. La boca, en posición ventral, está rodeada por un par de quelíceros y cinco pares de patas masticadoras terminadas en pinzas. En el adulto se puede distinguir la huella de un par de ojos ventrales vestigiales por delante de la boca. El abdomen es bastante estrecho, formado por segmentos soldados entre sí; sólo las fosetas y espinas recuerdan la segmentación. A este nivel se localizan cinco pares de apéndices con función respiratoria y natatoria. El telson está formado por un largo aguijón articulado en la base.

Biología-Ecología: *Mesolimulus* es una forma emparentada con las actuales límulas. Se trata de un animal bentónico excavador que vivía en aguas poco profundas próximas a las costas, en manglares e incluso en agua dulce.

242 OSTRÁCODOS

Clasificación: Filum: Artrópodos. Cl.: Crustáceos. O.: Ostrácodos. **Piso:** Silúrico hasta la actualidad. Aparición: –440 M. a. **Distribución mundial:** Cosmopolita. **Tamaño del fósil:** De 1 a 4 mm de longitud.

Descripción: Los ostrácodos son pequeños crustáceos que segregan un caparazón quitinoso: es el que calcifica tras la muerte del individuo. El caparazón está formado por dos valvas que pueden abrirse o cerrarse a voluntad cuando el animal está vivo. Es frecuente encontrar restos de ostrácodos en los sedimentos y su acumulación puede dar lugar a unas rocas blandas con aspecto de arenas. Los ostrácodos están presentes en todos los mares del mundo desde el Silúrico hasta nuestros días. Existen numerosos géneros de ostrácodos de concha generalmente lisa. Beyrichia, del Paleozoico, presenta un caparazón verrugoso.

Biología-Ecología: Los ostrácodos se localizan tanto en agua dulce como en agua salobre. Algunas formas son bentónicas, otras pelágicas. Las formas paleozoicas resultan muy útiles para establecer una cronología estratigráfica, particularmente en determinados sedimentos de Estados Unidos.

243

BALANUS

Clasificación: Filum: Artrópodos. Cl.: Crustáceos. O.: Cirrípedos. Fam.: Balánidos. **Piso:** Eoceno hasta la actualidad. Aparición: –55 M. a. **Distribución mundial:** Cosmopolita. **Tamaño del fósil:** 3 cm de altura.

Descripción: *Balanus* es una forma muy particular de crustáceo que vive fija, generalmente en colonias. Las partes blandas del animal están protegidas por una «concha» en forma de pirámide truncada que se fija directamente por su base; este orificio superior puede quedar obturado gracias a unas piezas operculares cuando el animal se retrae. La superficie lateral externa de la muralla calcárea presenta unos surcos longitudinales que delimitan seis planchas de superficie irregular. La anatomía del animal está muy modificada, y los largos apéndices torácicos que salen de la concha son los que aseguran la función respiratoria y la alimenticia.

Biología-Ecología: *Balanus* vive fijo sobre rocas o conchas de moluscos en la zona de oscilación de las mareas y en manglares. Su alimentación es de tipo micrófago y ocupa las mismas zonas que anélidos y cangrejos.

244

AEGER

Clasificación: Filum: Artrópodos. Cl.: Crustáceos. O.: Decápodos. Fam.: Peneidos. **Piso:** Triásico a Jurásico superior. Aparición: –250 M. a. Extinción: –135 M. a. **Distribución mundial:** Principales yacimientos en Alemania (Baviera, Solnhofen). **Tamaño del fósil:** 9 cm de longitud.

Descripción: *Aeger* es un crustáceo fósil del Mesozoico con aspecto de gamba cuyo cuerpo está comprimido lateralmente y curvado en su parte posterior. El cefalotórax está formado por segmentos completamente fusionados y termina en un rostro armado de pequeños ganchos. La cabeza presenta un par de anténulas y un par de antenas largas y finas. A continuación, alrededor de la boca, presenta dos mandíbulas y dos pares de patas masticadoras. Los apéndices torácicos tienen una función locomotora. El abdomen, formado por segmentos articulados, está provisto de cortos apéndices. El telson está formado por una doble lámina. Como todos los artrópodos, Aeger se desarrollaba a través de mudas. Asimismo, podía regenerar los apéndices perdidos.

Biología-Ecología: *Aeger* era un animal marino que vivía en aguas cálidas próximas a la costa. Se desplazaba gracias a movimientos laterales del abdomen y se alimentaba como las actuales gambas.

245

ERYON

Clasificación: Filum: Artrópodos. Cl.: Crustáceos. O.: Decápodos. Fam.: Eriónidos. **Piso:** Jurásico a Cretácico inferior. Aparición: –195 M. a. Extinción: –100 M. a. **Distribución mundial:** Principales yacimientos en Europa. **Tamaño del fósil:** 13 cm de longitud.

Descripción: *Eryon* es un crustáceo del que subsisten algunas formas emparentadas en los grandes fondos oceánicos. El cefalotórax está protegido por un caparazón ancho y aplastado, de forma subpentagonal; sus bordes son cortantes y lateralmente presentan tres escotaduras. En la superficie se observan abolladuras y una cresta longitudinal central. El caparazón carece de rostro. El animal posee dos cortas antenas y un par de pinzas estrechas y fuertes. El abdomen es más estrecho que el cefalotórax pero de la misma longitud, con una cresta central en cada uno de los segmentos. El telson presenta una punta muy corta rodeada por dos láminas ovaladas. Como todos los crustáceos, Eryon es un animal ovíparo; la larva que sale del huevo es pelágica.

Biología-Ecología: *Eryon* es una forma rastrera que vivía en el mar alimentándose de pequeños organismos. Se cree que este animal efectuó en el Cretácico una migración de la zona litoral hacia los grandes fondos.

246

PORTUNUS

Clasificación: Filum: Artrópodos. Cl.: Crustáceos. O.: Decápodos. Fam.: Portúnidos. **Piso:** Eoceno hasta la actualidad. Aparición: –50 M. a. **Distribución mundial:** Cosmopolita. **Tamaño del fósil:** De 6 a 10 cm de diámetro.

Descripción: Los portúnidos están representados actualmente por la nécora, *Macropipus* puber. En general, los cangrejos están bien representados desde el Eoceno. El cefalotórax, ligeramente hundido, presenta un gran desarrollo lateral. La parte abdominal, por el contrario, se encuentra muy reducida y está replegada centralmente bajo el cefalotórax. Los apéndices son cortos y el primer par de patas está muy desarrollado y transformado en pinzas. Las patas posteriores están típicamente aplastadas. En los cangrejos, el número de branquias es reducido. Los portúnidos son cangrejos nadadores y el desarrollo del quinto par de patas atestigua esta adaptación al estar transformadas en auténticas palas natatorias.

Biología-Ecología: *Portunus* agrupa especies que viven generalmente más allá de la zona de oscilación de las mareas. Estos cangrejos son nadadores rápidos y precisos que capturan con un alto grado de eficacia a sus presas, acechándolas desde un lugar seguro en las zonas litorales. Aunque no son buenos fósiles estratigráficos, sí son buenos indicadores de facies.

247

INSECTOS

Clasificación: Filum: Artrópodos. Cl.: Insectos. **Piso:** Devónico superior hasta la actualidad. Aparición: –40 M. a. **Distribución mundial:** Cosmopolita. **Tamaño del fósil:** 1 cm.

Descripción: Los insectos representan las cuatro quintas partes del conjunto de especies animales descritas hasta el momento. Su origen se remonta a la era paleozoica y entre los yacimientos más importantes se encuentra el de Commentry, en la zona central de Francia, donde se han encontrado blatópteros del Estefaniense y libélulas. Las relaciones filogenéticas de los insectos son, sin embargo, bastante oscuras y es difícil establecer los lazos que existen entre ellos y los artrópodos primitivos, como los trilobites. La clase de los insectos es bastante homogénea. Su cuerpo se divide en tres regiones: cabeza, tórax y abdomen. El tórax presenta tres pares de patas y, por lo general, posee dos pares de alas. El abdomen contaba primitivamente con doce pares de patas (uno por segmento), pero éstas han desaparecido y el número tipo de los segmentos abdominales es actualmente de once. El desarrollo está generalmente marcado por metamorfosis. Los insectos se desarrollaron a partir del Paleozoico, pero la relativa escasez de los fósiles llegados hasta nosotros no nos permite afirmar en qué época estallaron. Los dípteros debieron de aparecer en el Terciario. El ejemplar representado data del Oligoceno.

Biología-Ecología: Evidentemente se trata de un animal aéreo, pero no hay nada que permita afirmar que su biología sea completamente idéntica a la de los actuales mosquitos.

248 LIBÉLULA

CLASIFICACIÓN: Filum: Artrópodos. Cl.: Insectos. O.: Odonatos. **PISO:** Carbonífero hasta la actualidad. Aparición: –345 M. a. **DISTRIBUCIÓN MUNDIAL:** Principales yacimiento en Francia (Commentry), Alemania (Solnhofen), Siberia e Inglaterra. **TAMAÑO DE FÓSIL:** Hasta 70 cm de envergadura.

DESCRIPCIÓN: Las libélulas son insectos pterigotos cuyos ancestros se remontan a Carbonífero. Su cuerpo se divide en tres partes. La cabeza, protegida por un tegumento quitinoso, lleva un par de antenas formadas por una fila uniseriada de artejos. El tórax, formado por tres segmentos, cuenta con tres pares de patas y dos de alas extendidas horizontalmente en reposo. Estas últimas son bolsas membranosa aplastadas y sostenidas por varillas quitinosas, o nerviaciones, que parten de la base del ala. Gracias a esta nerviación es posible distinguir diferentes especies. El abdomen, largo y grácil, está formado por once segmentos, el último de los cuales presenta unas sedas caudales. Las libélulas, como otros artrópodos, crecen mediante sucesivas mudas. Durante su desarrollo, no se realiza una metamorfosis completa.

BIOLOGÍA-ECOLOGÍA: Las libélulas viven junto a lagos y zonas pantanosas. Se alimenta de pequeños organismos. En el registro fósil suelen aparecer junto a moscas, termitas y cigarras, cerca de zonas con abundantes cañas o helechos.

249 INSECTO (EN ÁMBAR)

CLASIFICACIÓN: Filum: Artrópodos. Cl.: Insectos. O.: Himenópteros. **PISO:** Carbonífero hasta la actualidad. Aparición: –320 M. a. **DISTRIBUCIÓN MUNDIAL:** Principales yacimientos en la cuenca del Báltico. **TAMAÑO DEL FÓSIL:** 3 mm.

DESCRIPCIÓN: Esta hormiga, idéntica a las conocidas actualmente, quedó atrapada en la resina hace veinte millones de años. Esta resina fósil proveniente de diversa especies de coníferas se conoce como ámbar y puede presentar distintos aspectos Su color varía entre el blanco amarillento y el rojo ladrillo, pasando por el color mie y el amarillo pajizo; asimismo, puede ser opaco o translúcido, si bien las muestra más interesantes suelen ser transparentes. Mediante un proceso de fosilización alg excepcional, ciertos insectos quedaron incluidos en esta resina fósil. Los principale depósitos de ámbar se localizan en el Báltico, donde se presentan en forma de pequeños bloques que el mar arranca a los terrenos sedimentarios del norte de Europa. Durante el Oligoceno, existía en esta zona una inmensa isla poblada por árboles resinosos en cuya resina quedaron atrapados innumerables insectos; esta resin quedó a su vez englobada dentro de los sedimentos.

250

ECHINOSPHAERITES

Clasificación: Filum: Equinodermos. Cl.: Cistoideos. O.: Rombíferos. Fam.: Equi nosfaerítidos. **Piso:** Ordovícico. Aparición: –500 M. a. Extinción: –440 M. a. **Distri bución mundial:** Principales yacimientos en Europa, Asia y América del Norte. **Ta maño del fósil:** De 3 a 5 cm de diámetro.

Descripción: *Echinosphaerites* es un organismo macizo de forma ovoide que pre senta dos polos protuberantes: la boca y la base de fijación. La teca está formad por una asociación de placas hexagonales dispuestas sin orden aparente. Cada su tura entre placas está formada por una serie de estrías paralelas de distinta longi tud que dibujan unos rombos. El ano y el orificio ovárico representado por una plac en forma de estrella están situados en el hemisferio superior, en cuyo polo se ubic la boca. El organismo vivo estaba formado por tres partes: un tallo de fijación có nico y a veces muy corto, el cáliz (a menudo la única parte que fosiliza) y peque ños brazos flexibles, a menudo ramificados, rodeando la boca.

Biología-Ecología: *Echinosphaerites* es, como todos los cistoideos, un género ex clusivo del Paleozoico que vivía fijo al fondo del mar. Sus representantes se locali zan en las calizas con cístidos del Silúrico del norte de Europa.

251

PENTREMITES

Clasificación: Filum: Equinodermos. Cl.: Blastoideos. O.: Spiraculata. Fam.: Per tremítidos. **Piso:** Carbonífero. Aparición: –340 M. a. Extinción: –290 M. a. **Distri bución mundial:** Principales yacimientos en América. **Tamaño del fósil:** 3 cm d altura y 2 cm de diámetro.

Descripción: El cáliz ovoide de este organismo recuerda a una flor por la posició de sus áreas ambulacrales. La unión con el tallo se realizaba mediante tres placa basales, cinco placas radiales y cinco piezas deltoideas. Las zonas ambulacrales qu se prolongan en las radiales adoptan la forma de un pétalo y en el organismo viv presentaban innumerables braquiolas. La boca está en posición central en la part superior del cáliz. La perfecta simetría pentarradiada es una constante en estos o ganismos. Los blastoideos estaban dotados de un sistema ambulacral (hidráulico muy complicado, que se manifiesta en la presencia de cinco aberturas redondas a rededor de la boca. Se piensa que tienen su origen en los cistoideos.

Biología-Ecología: Las distintas especies del género Pentremites están repartida por América y, concretamente, en las calizas carboníferas del Misisipi.

252

ACTINOCRINUS

Clasificación: Filum: Equinodermos. Cl.: Crinoideos. O.: Monobátridos. Fam.: Actinocrínidos. **Piso:** Dinantiense (Carbonífero). Aparición: –340 M. a. Extinción: –315 M. a. **Distribución mundial:** Principales yacimientos en Bélgica y Gran Bretaña. **Tamaño del fósil:** 2 cm de diámetro.

Descripción: El tegmen que cierra el cáliz tiene una importancia equiparable al que conforma la bóveda, formada por la unión de placas interambulacrales y ovales atrofiadas. La boca y los canales ambulacrales pasan a ser «internos», ya que se sitúan bajo el tegmen. El ano se abre en la parte superior de la bóveda que remata el cáliz. Los brazos están ramificados desde la base misma y, aunque raramente se conservan, sí dejan dos orificios en el lugar de su emplazamiento. Actinocrinus stellaris presentaba incluso brazos ramificados cuatro veces. Por lo general, las placas están muy ornamentadas, con tubérculos sobre las tegminales y ornamentación radial sobre las tecales. El fósil en su conjunto tiene forma de peonza.

Biología-Ecología: El género *Actinocrinus* es una forma muy especializada que se desarrolló en el Dinantiense y que resulta poco interesante desde el punto de vista estratigráfico.

253

SOLANOCRINUS THIOLLERI

Clasificación: Filum: Equinodermos. Cl.: Crinoideos. O.: Comatúlidos. Fam.: Solanocrínidos. **Piso:** Jurásico medio a Cretácico inferior. Aparición: –170 M. a. Extinción: –100 M. a. **Distribución mundial:** Principales yacimientos en Francia. **Tamaño del fósil:** 20 cm de diámetro.

Descripción: *Solanocrinus thiolleri* presenta un extraordinario parecido con las actuales comátulas. Este bello fósil fue descrito por Loriol en 1888 a partir de la pieza centrodorsal del cáliz y de los diez brazos admirablemente conservados al menos en su parte proximal. La impresión dejada por algunos de estos brazos nos permiten hacernos una idea de su longitud original. Asimismo, se hallan perfectamente conservados los alrededor de veinte cirros formados por piezas esqueléticas dispuestas en filas y que se articulan sobre la pieza centrodorsal; estos cirros terminan en un pequeño gancho y su función era la de fijar al animal sobre el sustrato rocoso. La cara dorsal de los brazos, la única visible, es plana en la parte proximal y se redondea en la distal. Esta característica permite distinguir Solanocrinus thiolleri de las otras especies actualmente conocidas.

Biología-Ecología: Las comátulas actuales viven en grupo sobre fondos rocosos a profundidades relativamente pequeñas. Pueden permanecer en el mismo sitio durante varios días pero también se desplazan subiendo y bajando rítmicamente los brazos. Su alimentación es de tipo micrófago. Cada brazo está recorrido por un surco ambulacral y éstos se reúnen por parejas a la altura de la boca. Pero son los cilios dispuestos a lo largo de estos surcos los que mediante un batir continuo arrastran las pequeñas presas (generalmente protozoos) hacia la boca. El sistema ambulacral es alimentado por numerosos poros que se abren entre los surcos. El ano está situado sobre la cara oral y se abre en la parte superior de un tubo. Boca, ano y cara aboral definen una simetría de tipo bilateral típica de los crinoideos. El agua es evacuada a través del ano. Los brazos tienen la capacidad de autorregenerarse. La fecundación es externa, pero los huevos fecundados cuelgan del animal en una masa viscosa hasta la liberación de las larvas. La larva se fija y representa entonces el estadio pentacrino. Sólo seis o siete meses más tarde el cáliz dotado de brazos desarrollados se desprenderá del pie arrastrando los primeros anillos pedunculares portadores de cirros.

254 APIOCRINUS

Clasificación: Filum: Equinodermos. Cl.: Crinoideos. O.: Millecrínidos. Fam.: Apiocrínidos. **Piso:** Jurásico y Cretácico inferior. Aparición: –195 M. a. Extinción: –120 M. a. **Distribución mundial:** Principales yacimientos en Francia, Suiza, Gran Bretaña y Alemania. **Tamaño del fósil:** 4 cm de diámetro.

Descripción: El cáliz de *Apiocrinus* tiene forma de ánfora invertida y está revestido con placas poligonales lisas que se unen progresivamente a las del tallo. Éste se compone de segmentos circulares iguales y articulados. La parte superior de la teca presentaba cinco brazos, regularmente bifurcados, y una franja de pequeños apéndices que raramente se conservan. La boca se sitúa en el polo superior del cáliz junto con el ano. La dicotomía de los brazos tiene como finalidad aumentar la superficie a la hora de captar el alimento.

Biología-Ecología: La teca calcárea, comparable a la de los erizos de mar, ha permitido en ciertos casos una excelente fosilización. La acumulación de restos de este equinodermo ha proporcionado masas considerables de calizas con entronques (placas columnares), principalmente en el Bajociense. *Apiocrinus* pertenece al orden de los millecrínidos, representados también por Dadocrinus y otras especies fósiles.

255 ENCRINUS LILIFORMIS

Clasificación: Filum: Equinodermos. Cl.: Crinoideos. O.: Isocrínidos. Fam.: Encrínidos. **Piso:** Triásico. Aparición: –220 M. a. Extinción: –205 M. a. **Distribución mundial:** Principales yacimientos en Francia, Alemania y Luxemburgo. **Tamaño del fósil:** 10 cm de altura y 5 cm de diámetro.

Descripción: Lo que se conserva de este organismo suele ser el cáliz y los diez largos brazos. Se distinguen dos filas superpuestas de placas radiales a las que se sueldan cinco primibranquiales. Los brazos se desdoblan desde la base y permanecen aplicados unos contra otros, lo que asegura su completa fosilización. El tallo se compone de artejos altos y cilíndricos que forman unos salientes a intervalos regulares. Su sección muestra un orificio central alrededor del cual parten las estrías. *Encrinus liliformis* forma parte de las formas llamadas fistuladas: el ano se localiza en el extremo de un largo tubo.

Biología-Ecología: Ésta es una especie frecuente en el Muschelkalk de Alemania. Los crinoideos están representados actualmente por las comátulas. Se piensa que los crinoideos fósiles vivían a mayor profundidad que las actuales comátulas.

256 PENTACRINUS

Clasificación: Filum: Equinodermos. Cl.: Crinoideos. O.: Isocrínidos. Fam.: Pentacrínidos. **Piso:** Triásico a Jurásico superior. Aparición: –230 M. a. Extinción: –140 M. a. **Distribución mundial:** Principales yacimientos en Europa occidental. **Tamaño del fósil:** El tallo mide de 1 a 1,3 cm de diámetro y hasta 20 m de longitud.

Descripción: El fósil completo tiene aspecto de escoba. Los brazos, largos, ramificados y provistos de numerosos cirros, se insertan sobre un cáliz dicíclico muy pequeño; este cáliz se apoya sobre un largo tallo formado por numerosos artejos pentagonales y que en las formas fósiles puede alcanzar hasta 20 m de longitud y 1 cm de diámetro. *Pentacrinus* pertenece al grupo de los crinoides articulados, y es el único que se ha mantenido y desarrollado hasta nuestros días.

Biología-Ecología: Este fósil es especialmente abundante en el Lías, donde sus entronques forman estratos de gran extensión y espesor. Algunos isocrínidos viven actualmente en los grandes fondos de nuestros océanos, donde forman inmensas praderas.

257 OFIURAS

50 m
2000 m

Clasificación: Filum: Equinodermos. Subfilum: Asterozoos. Cl.: Ofiuroidea. **Piso:** Ordovícico hasta la actualidad. Aparición: –500 M. a. **Distribución mundial:** Cosmopolita. **Tamaño del fósil:** El disco central mide de 1,5 a 2 cm de diámetro.

Descripción: Son organismos fósiles que recuerdan a las estrellas de mar, formadas por un disco central y cinco brazos flexibles y prensiles. Sobre la cara inferior presentan cinco placas más grandes que las otras limitando la boca, en posición central. En la cara opuesta, el sistema apical se compone de una placa centrodorsal en torno a la cual se disponen las placas basales y, a continuación, las radiales. Los brazos están revestidos de placas cuya disposición axial o vertebral resulta característica de las ofiuras, así como la ausencia de madreporito.

Biología-Ecología: El hallazgo de una ofiura fósil es un hecho excepcional. Y, sin embargo, las ofiuras aparecidas en el Ordovícico han llegado hasta nuestros días sin modificaciones importantes. Dada su rareza, apenas tienen importancia en el registro estratigráfico. Los yacimientos más importantes se localizan en el norte de Europa, en esquistos del Devónico. Actualmente existen ofiuras en todos los mares del mundo.

258 PLUTONASTER LITHOGRAPHICUS

50 m

Clasificación: Filum: Equinodermos. Subfilum: Asterozoos. Cl.: Asteroidea. Fam.: Astropectínidos. **Piso:** Jurásico superior. Aparición: –145 M. a. Extinción: –140 M. a. **Distribución mundial:** Principales yacimientos en Francia. **Tamaño del fósil:** 10 cm de diámetro.

Descripción: La cara ventral es la única visible sobre este fósil de *Plutonaster*. Los brazos, en número de cinco, se van estrechando progresivamente según se alejan del disco central. Los ángulos interbraquiales son bastante agudos. Las placas marginales son pequeñas, aumentando en altura según nos acercamos a la punta y adquiriendo el aspecto de tubérculos redondeados. En el centro presentan una púa, así como una o dos sobre el borde externo. Los surcos ambulacrales son más bien estrechos. Las placas adambulacrales son pequeñas y prácticamente cuadradas, aumentan de tamaño hacia el peristoma. Las placas bucales son también pequeñas. La cara ventral del disco está cubierta de pequeñas placas rectangulares, muy juntas, que en las áreas interradiales se disponen en tres filas a cada lado de las placas adambulacrales. Van reduciendo su tamaño y desaparecen hacia la mitad del brazo.

Biología-Ecología: *Plutonaster* es un equinodermo que aparece en las calizas litográficas de Cérin, en Ain (Francia), y que fue descrita como Antedon por P. de Loriol, y anteriormente por Thiollère, quien la bautizó como Astropecten lithographicus. Su biología es idéntica a la de las actuales estrellas de mar.

259 BALANOCIDARIS (RADIOLA DE)

50 m

Clasificación: Filum: Equinodermos. Cl.: Equinoideos. O.: Cidaroida. Fam.: Cidáridos. **Piso:** Bajociense. Aparición: –165 M. a. Extinción: –160 M. a. **Distribución mundial:** Principales yacimientos al norte y este de Francia, Alemania y norte de Europa. **Tamaño del fósil:** 2 cm de alto y 3,5 cm de diámetro.

Descripción: El caparazón es el típico de los cidáridos, con dos líneas de tubérculos en los espacios interradiales y zonas radiales estrechas. Es menos globoso que *Rhabdocidaris*, y muestra un aplastamiento dorsoventral más pronunciado. Las zonas radiales son muy sinuosas e irregulares; la ornamentación de las zonas interambulacrales es también irregular. Las radiolas de los cidáridos aparecen muchas veces sueltas en los sedimentos y presentan una gran diversidad, por lo que se emplean en la identificación de las distintas especies. En el organismo vivo, estas radiolas se insertan sobre unos tubérculos, perforados o no, si bien el no perforado es más arcaico. Este tubérculo está formado por una base cónica y un mamelón. Balanocidaris poseía radiolas de tamaños y formas muy variados, pero la más típica es la de la fotografía: una radiola abultada y en forma de bellota.

Biología-Ecología: *Balanocidaris* era un animal bentónico que vivía sobre las costas rocosas, como el resto de cidáridos. Se trata de un buen fósil estratigráfico y un buen marcador de facies.

260 RHABDOCIDARIS (RADIOLA DE)

Clasificación: Filum: Equinodermos. Cl.: Equinoideos. O.: Cidárida. Fam.: Cidáridos. **Piso:** Bajociense, Kimmeridgiense. Aparición: –170 M. a. Extinción: –30 M. a. **Distribución mundial:** Principales yacimientos en Europa occidental. **Tamaño del fósil:** La radiola mide de 8 a 10 cm.

Descripción: Las radiolas de *Rhabdocidaris* presentan una morfología muy variada: subcilíndrica, prismática e incluso espatuliforme, más o menos comprimidas y de sección triangular. En estas radiolas, cuyas dimensiones oscilan entre 8 y 10 cm de longitud y 2 cm de diámetro, se observa una ornamentación de costillas poco marcadas a lo largo de las cuales se disponen pequeños tubérculos o cortas puntas afiladas. El caparazón de este equinodermo muestra tubérculos en relieve dispuestos en dos filas en las zonas interambulacrales. Las zonas ambulacrales son muy estrechas, con pequeñas placas del mismo tamaño. Rhabdocidaris es un cidárido primitivo en el que las placas no están imbricadas. El caparazón tiene forma globulosa, cilíndrica y ligeramente achatada en ambos polos.

Biología-Ecología: Los *Rhabdocidaris*, como todos los erizos de mar, eran animales bentónicos. Vivían sobre sustratos rocosos, no lejos de las costas, y aunque vágiles, estos animales tenían un modo de vida próximo al de los organismos fijos. La función de las radiolas era básicamente locomotora, pero la evolución les asignó otro tipo de especializaciones: limpieza del caparazón, aguijones venenosos, etc.

261 PARACIDARIS FLORIGEMMA

Clasificación: Filum: Equinodermos. Cl.: Equinoideos. O.: Cidárida. Fam.: Cidáridos. **Piso:** Jurásico superior. Aparición: –160 M. a. Extinción: –145 M. a. **Distribución mundial:** Principales yacimientos en Europa. **Tamaño del fósil:** 4 cm de altura y 6 cm de diámetro.

Descripción: Aplastado en ambos polos, este erizo presenta una ornamentación típica de *Cidaris*: áreas ambulacrales sinuosas y estrechas, con poros, así como zonas interambulacrales anchas y con grandes tubérculos crenulados donde se insertaban las radiolas. Las placas que rodean el sistema apical son móviles, por lo que se conservan mal: al caer dejan una abertura más amplia que el periprocto. El peristoma es continuo, sin escotadura, lo que caracteriza a los equinodermos holostomados, provistos de branquias internas. Los cidáridos son organismos muy primitivos de los que derivan todos los equinodermos recientes.

Biología-Ecología: *Paracidaris florigemma* es una especie ampliamente distribuida en Europa, muy particularmente en el Rauraciense de la cuenca de París, siempre sobre facies coralígenas. Algunas formaciones se componen en gran parte de las radiolas de este equinodermo.

262 HEMICIDARIS CRENULARIS

Clasificación: Filum: Equinodermos. Cl.: Equinoideos. O.: Estirodontos. Fam.: Hemicidáridos. **Piso:** Jurásico superior. Aparición: –160 M. a. Extinción: –145 M. a. **Distribución mundial:** Principales yacimientos en Francia, Suiza y Alemania. **Tamaño del fósil:** 3 cm de altura y 4 cm de diámetro.

Descripción: El caparazón de *Hemicidaris* es de tipo esferoidal, con el orificio bucal situado en la cara inferior, que es aplastada. La cara superior de Hemicidaris es análoga a la de un *Cidaris*: áreas ambulacrales sinuosas y estrechas, áreas interambulacrales con conos truncados, rematados por un grueso tubérculo. La cara inferior presenta, sin embargo, una zona ambulacral más ancha, con una ornamentación diferente. La heterogeneidad del área ambulacral caracteriza precisamente al género Hemicidaris. El peristoma ya no es continuo, sino que presenta unas escotaduras que lo integran dentro de los glifóstomos (branquias externas). La linterna de Aristóteles presenta dientes acanalados. Las radiolas eran muy gruesas y llevaban en su extremo cortas espinas dispuestas en forma de corona. El ano, en el polo apical, está rodeado de una pequeña roseta de placas.

Biología-Ecología: *Hemicidaris crenularis* es frecuente en las facies coralígenas del Oxfordiense y el Kimmeridgiense. Típico de mares cálidos, resulta de gran utilidad en el estudio estratigráfico de estos pisos y, especialmente, del Lusitaniense.

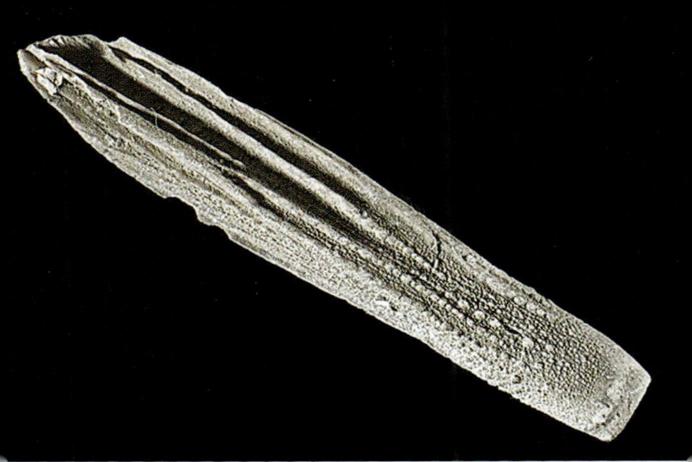

263 PSEUDODIADEMA

CLASIFICACIÓN: Filum: Equinodermos. Cl.: Equinoideos. O.: Estirodontos. Fam.: Pseudodiademátidos. **PISO:** Triásico superior a Cretácico inferior. Aparición: –200 M. a. Extinción: –100 M. a. **DISTRIBUCIÓN MUNDIAL:** Principales yacimientos en Europa occidental. **TAMAÑO DEL FÓSIL:** 3 cm de altura y 5,5 cm de diámetro.

DESCRIPCIÓN: Este equinoideo presenta un caparazón achatado, de contorno circular pero con tendencia pentagonal. El periprocto está poco desarrollado. En el extremo opuesto se sitúa la boca, grande y con una profunda incisión en todo su perímetro. La ornamentación es de tipo cidaroide: cinco pares de ambulacros bien definidos, en forma radial y simétricamente distribuidos en la sección de la concha; cada ambulacro está formado por tres hileras de poros redondeados y los cinco pares convergen hacia el centro de la concha. Los intervalos están ocupados por dos filas de tubérculos perforados sobre un fondo granuloso. La linterna de Aristóteles, parte móvil del aparato masticador, posee epífisis bajas y no unidas, así como cinco dientes acanalados.

BIOLOGÍA-ECOLOGÍA: El género *Pseudodiadema*, aunque frecuente desde principios del Jurásico hasta finales del Cretácico inferior, está representado principalmente en el Kimmeridgiense inferior. Tiene su origen en equinoideos del Trías y del Lías que sólo se diferencian de los Cidaris en su peristoma glifóstomo. Este organismo estaba adaptado al medio coralígeno y, por tanto, a mares cálidos.

264 GLYPTICUS HIEROGLYPHICUS

CLASIFICACIÓN: Filum: Equinodermos. Cl.: Equinoideos. O.: Estirodontos. Fam.: Arbácidos. **PISO:** Jurásico superior. Aparición: –150 M. a. Extinción: –145 M. a. **DISTRIBUCIÓN MUNDIAL:** Principales yacimientos en Francia, Suiza, Alemania y Gran Bretaña. **TAMAÑO DEL FÓSIL:** 1,5 cm de altura y 3,5 cm de diámetro.

DESCRIPCIÓN: Este equinoideo es achatado según su eje de simetría y se reconoce fácilmente por su ornamentación: los tubérculos de su parte superior están soldados irregularmente adoptando un aspecto de jeroglífico. El peristoma es amplio y con diez incisiones en su contorno. En el lado opuesto se sitúa el ano, en el periprocto, rodeado por una roseta de placas. Las incisiones en el peristoma indican que el organismo poseía branquias externas. De tipo macrófago, disponía de un aparato masticador bien desarrollado y provisto de dientes carenados. El caparazón está recorrido, desde la boca hasta el ano, por cinco pares de ambulacros bien definidos. En cada ambulacro se observa una estrecha banda de tubérculos ordinarios y una amplia banda de tubérculos irregulares, de aspecto extraño y asemejando un jeroglífico.

BIOLOGÍA-ECOLOGÍA: *Glypticus hieroglyphicus* se desarrolló principalmente en el Oxfordiense, en las facies coralígenas. Vivía en aguas cálidas, poco profundas y bien oxigenadas.

265 SALENIA

CLASIFICACIÓN: Filum: Equinodermos. Cl.: Equinoideos. O.: Estirodontos. Fam.: Saléνidos. **PISO:** Cretácico inferior hasta la actualidad. Aparición: –135 M. a. **DISTRIBUCIÓN MUNDIAL:** Principales yacimientos en Europa occidental y del sur. **TAMAÑO DEL FÓSIL:** 1,3 cm de altura y 2 cm de diámetro.

DESCRIPCIÓN: *Salenia* es un equinoideo de pequeño tamaño, ligeramente truncado en su polo oral. El ano ocupa posición excéntrica en una roseta formada por once placas grandes y lisas. El centro del sistema apical, ocupado por el ano en la mayoría de los erizos regulares, está sustituida en este caso por una placa llamada placa supra-anal. El conjunto del sistema apical adquiere un aspecto de encaje por la presencia de grandes poros genitales y lagunas suturales. La ornamentación es de tipo cidaroide. Las incisiones del peristoma indican la posición externa de las branquias, lo que define al grupo de los glifóstomos; éstos proceden de equinoideos holóstomos (peristoma continuo).

BIOLOGÍA-ECOLOGÍA: *Salenia* es un equinoideo que apareció en el Neocomiense y que ha llegado hasta nuestros días. Vive en aguas cálidas y en medios arrecifales. Su mayor apogeo se sitúa en el Cretácico.

266 STOMECHINUS BIGRANULARIS

Clasificación: Filum: Equinodermos. Cl.: Equinoideos. O.: Estirodontos. Fam.: Estromopnéustidos. **Piso:** Bajociense (Jurásico). Aparición: –175 M. a. Extinción: –165 M. a. **Distribución mundial:** Principales yacimientos en Francia y Gran Bretaña. **Tamaño del fósil:** 3 cm de altura y 5,5 cm de diámetro.

Descripción: La parte inferior del caparazón es achatada, mientras que la superior es semiesférica. El área del periprocto está limitada y centrada por el ano. La boca dibuja un pentágono sobre la cara inferior, con ángulos profundamente escotados. En la superficie del caparazón se observan pequeños tubérculos dispuestos sobre un fondo granuloso. Las placas están claramente individualizadas. *Stomechinus* es el género más antiguo de la familia de los estromopnéustidos. La linterna de Aristóteles presenta epífisis soldadas en arco y dispone de dientes carenados. Las branquias son externas.

Biología-Ecología: La especie *Stomechinus bigranularis* es esencialmente una especie del Bajociense, característica de climas tropicales o subtropicales y medios arrecifales. Está considerada como un buen marcador estratigráfico.

267 AMPHIOPE

Clasificación: Filum: Equinodermos. Cl.: Equinoideos. O.: Clypeastroida. Fam.: Escutélidos. **Piso:** Oligoceno a Mioceno. Aparición: –35 M. a. Extinción: –5 M. a. **Distribución mundial:** Principales yacimientos en Francia. **Tamaño del fósil:** 1 cm de altura y 8 cm de diámetro.

Descripción: En este equinoideo, aplastado, de forma discoidal y con contorno de tendencia pentagonal, la simetría bilateral se superpone a la pentarradiada. El caparazón presenta dos orificios situados frente a dos de los cinco pétalos que dibujan los poros sobre la cara superior. La boca es pequeña y ocupa el centro de la cara oral. El ano, sin embargo, ha migrado y se localiza sobre la cara inferior, próximo al borde y en el plano de simetría. La simetría bilateral afecta también a la linterna de Aristóteles, que cuenta con cuatro mandíbulas y cuatro dientes.

Biología-Ecología: *Amphiope* presenta caracteres que traducen la adaptación a una vida semienterrada en los sedimentos: forma discoidal, aguijones transformados en sedas flexibles y branquias transformadas en pies ambulacrales superiores para la función respiratoria. Los escutélidos están representados actualmente por numerosas especies.

268 SCUTELLA SUBROTUNDA

Clasificación: Filum: Equinodermos. Cl.: Equinoideos. O.: Clypeastroida. Fam.: Escutélidos. **Piso:** Mioceno. Aparición: –20 M. a. Extinción: –15 M. a. **Distribución mundial:** Principales yacimientos en el suroeste de Europa. **Tamaño del fósil:** 1,2 cm de altura y 10 cm de diámetro.

Descripción: Scutella tiene el caparazón aplanado y subcircular, con una ligera depresión frente a cada uno de los ambulacros petaloideos. Del centro de la boca, en la cara inferior, parten profundos surcos radiales, ramificados en un cuarto o un tercio de su longitud. El ano es muy pequeño y está en posición ínfera, cerca del borde. El caparazón de Scutella está sustentado por pilares internos muy desarrollados. La simetría bilateral afecta también al sistema apical, que sólo presenta cuatro poros genitales y cuatro mandíbulas en la linterna de Aristóteles.

Biología-Ecología: El apogeo del género *Scutella* se sitúa en el Mioceno medio. Aún está representado en nuestros días por una sola especie que vive en los mares cálidos de Japón; Scutella subrotunda caracteriza el Burdigaliense (Mioceno). Vivía semienterrado en las arenas costeras, con clima cálido.

269 CLYPEASTER

Clasificación: Filum: Equinodermos. Cl.: Equinoideos. O.: Clypeastroida. Fam.: Clype ástridos. **Piso:** Eoceno hasta la actualidad. Aparición: –25 M. a. **Distribución mun dial:** Principales yacimientos en Europa occidental y América Central. **Tamaño de fósil:** 12,5 cm de altura y 14 cm de diámetro.

Descripción: Organismo de gran tamaño, de contorno pentagonal, que present una elevación a nivel del sistema apical. La cara oral es marcadamente cóncava, a menos en los auténticos *Clypeaster*. El caparazón está consolidado por una red d tabiques. En la cara superior, los poros dibujan unas amplias áreas petaloides. A pa tir de la boca pentagonal surgen cinco profundos surcos. El ano es muy pequeño submarginal. Los *Clypeaster* tienen una alimentación macrófaga, con un aparato mas ticador funcional y una mandíbula ampliamente disimétrica.

Biología-Ecología: El hábitat de estos organismos se sitúa en mares cálidos, de agua agitadas y facies coralígenas. Aparecieron en el Terciario y se hicieron muy frecuente en el Mioceno. En el transcurso de las glaciaciones cuaternarias abandonaron el Me diterráneo por mares más cálidos. Se trata de un género muy polimorfo, aún repre sentado por numerosas especies en nuestros días y muy utilizado en Estratigrafía

270 CAMEROGALERUS CYLINDRICUS

Clasificación: Filum: Equinodermos. Cl.: Equinoideos. O.: Holectypoida. Fam.: Dis coídidos. **Piso:** Cretácico. Aparición: –110 M. a. Extinción: –65 M. a. **Distribució mundial:** Principales yacimientos en Europa occidental. **Tamaño del fósil:** 2 cm d altura y 2,5 cm de diámetro.

Descripción: Su caparazón es hemisférico y abombado, con la superficie granulad de forma homogénea. Los ambulacros no son petaloides y están claramente ma cados; llegan desde el polo apical hasta el peristoma. La boca es pequeña, está cen trada y los ambulacros marcan pequeñas escotaduras en ella (branquias externas) el ano, o periprocto, también está en el lado oral, pero algo más próximo al ámbit (margen) que a la boca. En el molde interno se observan unos surcos radiales qu corresponden a unas prominentes láminas radiales. Las mandíbulas son simétricas

Biología-Ecología: *Camerogalerus cylindricus* deriva de un género primitivo de orden Holectypoida (mandíbula simétrica): los Pygaster. La aparición de tabiques in ternos induce a pensar que la familia de los discoídidos es, a su vez, el origen d los clypeástridos, en los cuales estos tabiques se desarrollan y complican. Este gé nero, aparecido en el Aptiense y que continúa en el Cenomanense, es un buen ma cador estratigráfico.

271 CONULUS ALBOGALERUS

Clasificación: Filum: Equinodermos. Cl.: Equinoideos. O.: Holectypoida. Fam.: Co núlidos. **Piso:** Albiense. Aparición: –110 M. a. Extinción: –105 M. a. **Distribución mun dial:** Principales yacimientos en Europa occidental. **Tamaño del fósil:** 5 cm de diá metro.

Descripción: De apariencia cónica, este erizo presenta una base ovoide que marca con la posición marginal del ano, la simetría bilateral. El madreporito apical y la boc están unidos por cinco filas dobles de poros, la única ornamentación que revela l simetría pentarradiada. La boca es pequeña y señala el centro de la cara oral, plana *Conulus* era un erizo libre recubierto de un caparazón calcáreo desprovisto de púa y tubérculos. El sistema ambulacral y el aparato digestivo se infieren del estudio d poros, boca y ano. Se trata de una forma muy próxima a *Echinoconus*, del que s distingue por la ausencia de mandíbulas calcificadas en el borde de la boca.

Biología-Ecología: Su forma ovoide le permitía hundirse fácilmente en el cieno lo que indica una adaptación a zonas muy poco agitadas por las corrientes. El mod de alimentación de esta especie debía de ser suspensívoro.

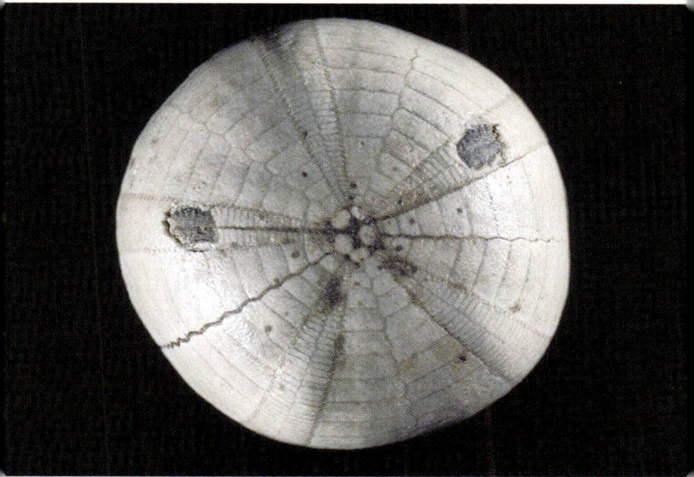

272 HOLECTYPUS

Clasificación: Filum: Equinodermos. Cl.: Equinoideos. O.: Holectypoida. Fam.: Holectípidos. **Piso:** Jurásico medio a Cretácico superior. Aparición: –175 M. a. Extinción: –65 M. a. **Distribución mundial:** Principales yacimientos en Francia, Suiza y Alemania. **Tamaño del fósil:** 2 cm de altura y 3,3 cm de diámetro.

Descripción: El caparazón de este erizo es hemisférico rebajado, con el ámbito circular o ligeramente pentagonal. La cara inferior es levemente cóncava, con el centro ocupado por el peristoma, grande y muy escotado. Cerca del peristoma se sitúa el periprocto, ovalado y muy largo. Apenas presenta ornamentación: cinco bandas meridianas de poros sobre una superficie ligeramente granulosa. En este caso, la linterna de Aristóteles es funcional y conserva su simetría de orden cinco.

Biología-Ecología: La descripción del género *Holectypus* nos permite deducir que la simetría pentarradiada está muy poco alterada, salvo por el desplazamiento del ano. En realidad son formas de transición entre los erizos endocíclicos y exocíclicos, con sistema apical pentabasal y ambulacros sencillos, simétricamente distribuidos en la corona.

273 PYGASTER

Clasificación: Filum: Equinodermos. Cl.: Equinoideos. O.: Holectypoida. Fam.: Pigastéridos. **Piso:** Jurásico medio a Cenomanense (Cretácico superior). Aparición: –165 M. a. Extinción: –95 M. a. **Distribución mundial:** Principales yacimientos en Europa. **Tamaño del fósil:** 3 cm de altura y 10 cm de diámetro.

Descripción: Se trata de un erizo grande, con el caparazón deprimido y de contorno ligeramente pentagonal. La boca y el sistema apical tetrabasal están unidos por cinco zonas ambulacrales meridianas y equidistantes. Los interradios presentan numerosas filas de pequeños tubérculos, a menudo romos. El ano es muy grande, en forma de almendra, y se abre en un lateral de la cara superior. El peristoma, también grande, centra la cara inferior y presenta profundas escotaduras en el borde.

Biología-Ecología: *Pygaster* es el género primitivo de la familia de los pigastéridos, a partir del cual se diferenciaron otros géneros. En todos ellos se conserva la simetría del aparato masticador. *Pygaster* agrupa varias especies que se distribuyen entre el Lías y el Cenomanense, si bien su mayor apogeo se sitúa en el Jurásico superior.

274 CLYPEUS PLOTI

Clasificación: Filum: Equinodermos. Cl.: Equinoideos. O.: Cassiduloida. Fam.: Clypeidos. **Piso:** Jurásico medio. Aparición: –170 M. a. Extinción: –165 M. a. **Distribución mundial:** Principales yacimientos en Francia, Suiza, Alemania y Gran Bretaña. **Tamaño del fósil:** 2,5 cm de altura y 9 cm de diámetro.

Descripción: *Clypeus* ploti presenta una morfología muy característica. La parte superior, ligeramente desplazada hacia la parte posterior del fósil, está ocupada por la placa madrepórica, en este caso muy grande. Dos placas ocelares acompañan al ano, que se aloja en una foseta en la cara superior del erizo y que reúne el ápex con el margen del esqueleto. La cara oral, aplastada, está ligeramente deprimida cerca de la boca. La boca, algo descentrada, alcanza el lado anterior del organismo y da lugar a cinco filas dobles de poros que terminan dando cinco ambulacros petaloides muy marcados en torno a la placa madrepórica. La ausencia de mandíbulas nos habla de una adaptación de este organismo a una alimentación limnívora.

Biología-Ecología: El peristoma, sencillo y desplazado, caracteriza a los erizos atelostomados. En líneas generales, su anatomía y ornamentación son más sobrias que en sus ancestros gnatostomados. *Clypeus* ploti es un buen marcador del Bajociense superior.

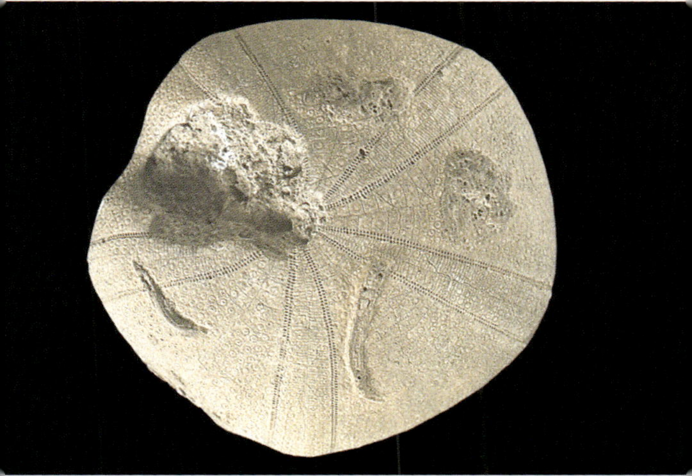
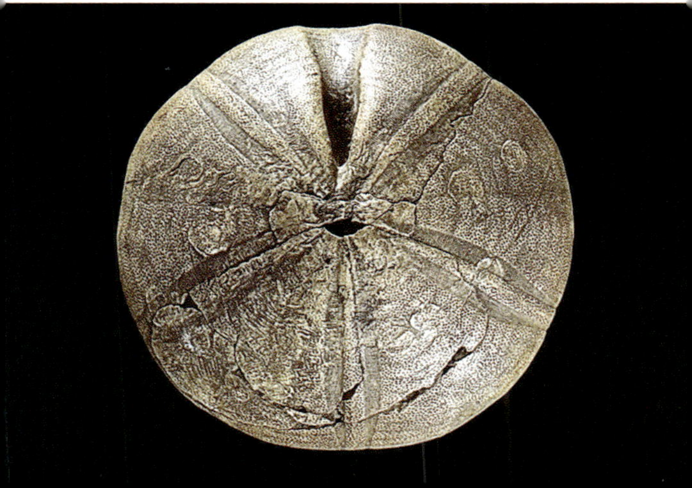

275 COLLYRITES ELLIPTICA

Clasificación: Filum: Equinodermos. Cl.: Equinoideos. O.: Spatangoida. Fam.: Disastéridos. **Piso:** Jurásico medio. Aparición: –165 M. a. Extinción: –160 M. a. **Distribución mundial:** Principales yacimientos en Bélgica y Francia. **Tamaño del fósil:** 3 cm de altura y 5,5 cm de diámetro.

Descripción: La disociación del sistema apical es el rasgo más representativo de esta familia: el trivium (tres áreas ambulacrales anteriores) está separado del bivium (dos áreas ambulacrales posteriores) por una serie de plaquitas catenales. El periprocto se localiza en el extremo posterior. En la cara inferior se sitúa la boca, muy alejada del centro. Por su forma general (silueta ovalada o acorazonada), anatomía y ornamentación, *Collyrites elliptica* es uno de los equinodermos en los que la simetría pentámera se encuentra más alterada.

Biología-Ecología: La adaptación a medios cada vez más fangosos ha conducido a esta especie a una simplificación morfológica, al tomar más fuerza la simetría bilateral sobre el esquema inicial pentámero de los equinodermos. *Collyrites elliptica* es típico del Jurásico medio y, más concretamente, del Calloviense.

276 ECHINOLAMPAS

Clasificación: Filum: Equinodermos. Cl.: Equinoideos. O.: Cassiduloida. Fam.: Echinolampádidos. **Piso:** Eoceno hasta la actualidad. Aparición: –50 M. a. **Distribución mundial:** Principales yacimientos en Europa occidental. **Tamaño del fósil:** 1,5 cm de altura y 10 cm de diámetro.

Descripción: Las especies que conforman este género son generalmente formas de gran tamaño. *Echinolampas* suele presentar un contorno ovoide. Del sistema apical parten cinco áreas ambulacrales que se van difuminando hacia el margen para, finalmente, desaparecer. En la cara inferior se sitúa el periprocto, de forma elíptica (alargamiento transversal) y en posición marginal. La boca, relativamente bien centrada, está rodeada de surcos poco desarrollados. La superficie del caparazón es uniformemente granulosa. Este erizo de mar forma parte de los atelostomados (desprovistos de mandíbulas) y con el peristoma provisto de filodios.

Biología-Ecología: Aparecido en el Eoceno, este género vivió en el Mediterráneo hasta el Tirreniense, hace 200.000 años. Más tarde pasó a ocupar los mares cálidos que bordean la costa occidental de África, donde vive actualmente.

277 NUCLEOLITES

Clasificación: Filum: Equinodermos. Cl.: Equinoideos. O.: Cassiduloida. Fam.: Echinobrísidos. **Piso:** Jurásico medio a Mioceno. Aparición: –165 M. a. Extinción: –6 M. a. **Distribución mundial:** Principales yacimientos en Francia, Suiza, Alemania y Gran Bretaña. **Tamaño del fósil:** 1,8 cm de altura y 4,2 cm de diámetro.

Descripción: *Nucleolites* es un erizo de pequeño tamaño que presenta contorno redondeado por delante y truncado por detrás. El ano se encuentra cerca del sistema apical, en un profundo surco en forma de V. Del sistema apical, tetrabasal, parten las cinco áreas ambulacrales, que se difuminan hacia la periferia del caparazón. En la cara inferior se sitúa la boca, ligeramente descentrada hacia la parte delantera del erizo. El peristoma es sencillo, desprovisto de mandíbulas o cualquier otra pieza.

Biología-Ecología: *Nucleolites* es uno de los primeros géneros de equinodermos irregulares, desprovisto de aparato masticador, aparecido en el Jurásico. Su simetría pentarradial no se halla demasiado alterada, con un escaso desplazamiento del peristoma y el periprocto. Nucleolites scutatus es una especie representativa del Oxfordiense.

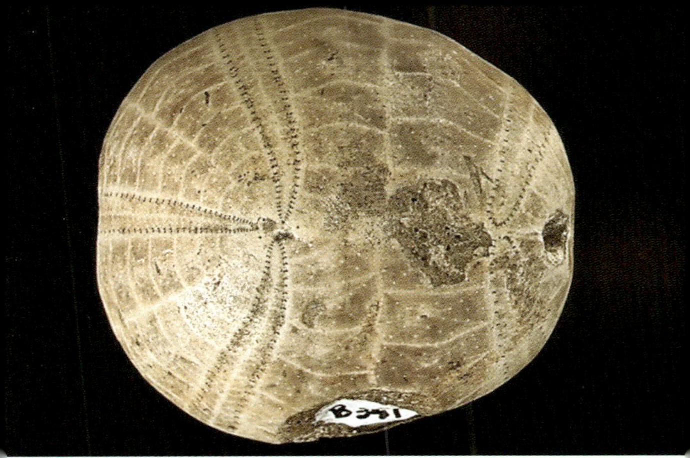

278 HOLASTER

CLASIFICACIÓN: Filum: Equinodermos. Cl.: Equinoideos. O.: Spatangoida. Fam.: Holastéridos. **PISO:** Cretácico a Eoceno. Aparición: –125 M. a. Extinción: –40 M. a. **DISTRIBUCIÓN MUNDIAL:** Principales yacimientos en Europa occidental. **TAMAÑO DEL FÓSIL:** 3,5 cm de altura y 5 cm de diámetro.

DESCRIPCIÓN: Las especies del género *Holaster* son más bien globosas, de forma acorazonada, y descansan sobre una base casi plana. Un surco longitudinal cruza todo el lado anterior, desde la boca hasta el ápice, y en él se aloja una de las cinco áreas ambulacrales. Los ambulacros son superficiales y están poco marcados. Sobre la cara inferior se sitúa la boca, excéntrica y alargada perpendicularmente al plano de simetría. El peristoma está en posición anterior, con un labro saliente y cierto número de placas supernumerarias que forman un plastrón entre el peristoma y el periprocto. El labro saliente caracteriza a los erizos de mar excavadores, que encuentran su alimento en el fango.

BIOLOGÍA-ECOLOGÍA: El género Holaster agrupa numerosas especies que se distribuyen desde el Valanginiense hasta el Eoceno, principalmente en facies calizas.

279 HEMIASTER

CLASIFICACIÓN: Filum: Equinodermos. Cl.: Equinoideos. O.: Spatangoida. Fam.: Hemiastéridos. **PISO:** Cretácico hasta la actualidad. Aparición: –110 M. a. **DISTRIBUCIÓN MUNDIAL:** Principales yacimientos en Europa. **TAMAÑO DEL FÓSIL:** 2,5 cm de altura y 3,2 cm de diámetro.

DESCRIPCIÓN: Organismo globoso, presenta un perfil disimétrico, hundido en la parte posterior. Las áreas ambulacrales dibujan una estrella de cinco brazos desiguales. El ambulacro anterior está encajado dentro de un surco que va desde el casquete apical hasta el peristoma, mientras que los cuatro ambulacros posteriores son marcadamente petaloideos y algo deprimidos. El plano de simetría está marcado por un surco anterior y una cresta posterior que se interrumpe bruscamente para dejar sitio al ano. La boca, desplazada a la parte anterior de la cara inferior, es transversa y posee un labro saliente. Hemiaster forma parte de los equinoideos atelostomados, adaptados a vivir enterrados o semienterrados y desprovistos de púas. No todos los autores están de acuerdo a la hora de clasificar este género; algunos lo incluyen en la familia de los toxastéridos.

BIOLOGÍA-ECOLOGÍA: La familia de los hemiastéridos está representada actualmente por numerosas especies que habitan nuestros mares.

280 MICRASTER

CLASIFICACIÓN: Filum: Equinodermos. Cl.: Equinoideos. O.: Spatangoida. Fam.: Micrastéridos. **PISO:** Cretácico superior. Aparición: –100 M. a. Extinción: –65 M. a. **DISTRIBUCIÓN MUNDIAL:** Principales yacimientos en Europa occidental. **TAMAÑO DEL FÓSIL:** 8,5 cm de altura y 10 cm de diámetro.

DESCRIPCIÓN: El género *Micraster* presenta formas muy globosas. El surco anterior y el abultamiento de la zona del ano confieren a estos erizos forma de corazón. El perfil, netamente disimétrico, está truncado en su parte posterior y es redondeado en la anterior. Del ápice irradian las hileras de poros que dibujan una estrella de cinco brazos sobre una superficie ligeramente granulosa. La boca se sitúa en el extremo anterior de la base y presenta un labro muy saliente. El aparato masticador ha experimentado en este caso una regresión. Dada la posición de la boca y del ano, la simetría bilateral se sitúa en su máximo.

BIOLOGÍA-ECOLOGÍA: El género *Micraster* ha desarrollado numerosas especies, todas ellas excavadoras, entre el Cenomanense y el Senoniense. Se piensa que tiene su origen en el grupo Holectypoida. Estas especies, muy utilizadas en estratigrafía, se diferencian en la posición de la boca y la forma de las zonas poríferas. Citemos como ejemplos *M. decipiens* del Coniaciense y *M. coranguinum*, de poros regulares.

281 SCHIZASTER

Clasificación: Filum: Equinodermos. Cl.: Equinoideos. O.: Spatangoida. Fam.: Schizastéridos. **Piso:** Eoceno hasta la actualidad. Aparición: –55 M. a. **Distribución mundial:** Principales yacimientos en Europa. **Tamaño del fósil:** 3 cm de altura y 8 cm de diámetro.

50 m

Descripción: *Schizaster* es una forma baja, de contorno ovalado a rómbico, con una altura máxima en la región posterior truncada. El ápice es excéntrico y el perfil lateral claramente disimétrico. Un profundo surco longitudinal, correspondiente al radio impar, afecta a toda la cara superior, desde la parte más alta hasta el borde anterior. Las dos áreas petaloideas posteriores son mucho más cortas que las tres anteriores. El lado oral está ligeramente abombado, con una muesca que marca el peristoma, en forma de media luna, y se encuentra desplazada hacia su extremo anterior. El periprocto es oval y se localiza en su extremo posterior, situado verticalmente o inclinado.

Biología-Ecología: El área desprovista de púas corresponde en los erizos de mar vivos a fasciolas. Se trata de bandas ciliadas que dibujan sobre el caparazón superficies ligeramente granulosas. Las raíces de los cilios están muy difuminadas en las formas fósiles y deben observarse bajo la lupa binocular. El género *Schizaster*, aparecido en el Eoceno, vive actualmente en nuestros mares.

282 ECHINOCORYS

Clasificación: Filum: Equinodermos. Cl.: Equinoideos. O.: Spatangoida. Fam.: Holastéridos. **Piso:** Cretácico superior a Paleoceno. Aparición: –95 M. a. Extinción: –60 M. a. **Distribución mundial:** Principales yacimientos en Europa occidental. **Tamaño del fósil:** 8,5 cm de altura y 7 cm de diámetro.

50 m

Descripción: El caparazón de *Echinocorys* es abombado, muy grueso y ligeramente cónico en algunas especies, con una base plana y contorno ovoide. Los poros, a veces muy salientes, están dispuestos en bandas que se unen a un mosaico de placas apicales. La boca es submarginal y presenta un contorno elíptico que a veces adopta la curvatura de la base del erizo. El ano es ínfero y ocupa el otro polo de la cara inferior. *Echinocorys* es un equinoideo irregular atelostomado (sin aparato masticador). El peristoma suele presentar un labro y una rama interna de sostén. Como ocurre con muchos otros géneros, los autores dudan en incluir a *Echinocorys* dentro del grupo Holasteridae o Ananchytidae.

Biología-Ecología: *Echinocorys* es uno de los equinoideos más característicos y frecuentes del Cretácico superior. Representado por numerosas especies que vivieron entre el Turoniense y el Daniense, es de gran utilidad en la estratigrafía de estos pisos.

283 TOXASTER

Clasificación: Filum: Equinodermos. Cl.: Equinoideos. O.: Spatangoida. Fam.: Toxastéridos. **Piso:** Cretácico. Aparición: –130 M. a. Extinción: –90 M. a. **Distribución mundial:** Principales yacimientos en Francia y Suiza. **Tamaño del fósil:** 2,5 cm de altura y 4 cm de diámetro.

50 m

Descripción: En *Toxaster*, el surco anterior que une la boca con el sistema apical da lugar a una invaginación del contorno, dándole un aspecto cordiforme. La disimetría del perfil responde a un truncamiento posterior, en medio del cual se aloja el periprocto. Los ambulacros son petaloides, no cerrados, y se prolongan en unas cintas lisas sobre la cara inferior hasta la boca. En las zonas interporíferas encontramos pequeños tubérculos. El peristoma presenta dos labros pero carece de mandíbulas, de lo que deducimos que este organismo vivía enterrado o semienterrado. La altura del caparazón varía según las especies.

Biología-Ecología: El género *Toxaster* comprende numerosas especies, difíciles de distinguir entre sí, que se distribuyen desde el Valanginiense hasta el Cenomanense. Es relativamente frecuente en las facies margoso-calizas del Neocomiense.

284 HETERASTER

Clasificación: Filum: Equinodermos. Cl.: Equinoideos. O.: Spatangoida. Fam.: Toxastéridos. **Piso:** Cretácico inferior. Aparición: –120 M. a. Extinción: –105 M. a. **Distribución mundial:** Principales yacimientos en Francia, Suiza y España. **Tamaño del fósil:** 2,5 cm de altura y 4,3 cm de diámetro.

Descripción: La presencia de un surco provoca una inflexión en el contorno rectangular de este erizo. La banda de poros más desarrollada se aloja precisamente en este surco. El resto de áreas ambulacrales adoptan un trazo flexuoso y son simétricas dos a dos. El ano, alargado perpendicularmente al plano de simetría, se dispone en la parte posterior de la cara superior. En el polo opuesto se sitúa la boca, totalmente excéntrica y alojada en el extremo del surco que provoca la invaginación del contorno. *Heteraster* es un equinoideo atelostomado (la boca está desprovista de aparato masticador), cuyo origen está en antepasados gnatostomados. Como todos los atelostomados es micrófago.

Biología-Ecología: *Heteraster* poseía finos aguijones o sedas y vivía enterrado en arena fina, bajo climas relativamente cálidos. *Heteraster oblongus* es una especie del Barremiense que se extinguió en el Aptiense.

285 DIDYMOGRAPTUS

Clasificación: Filum: Estomocordados. Cl.: Graptolitos. O.: Graptoloideos. Fam.: Diplográptidos. **Piso:** Ordovícico. Aparición: –500 M. a. Extinción: –450 M. a. **Distribución mundial:** Principales yacimientos en Europa y América del Norte. **Tamaño del fósil:** La teca mide 2,5 mm y la colonia, varios centímetros.

Descripción: De manera general, una colonia de graptolitos está formada por numerosos individuos (zooides) alojados en celdillas cuyo conjunto forma el rhabdosoma, especie de varillas rectas o arqueadas que pueden reunirse para formar otras colonias de orden superior y que están provistas de un flotador. El desarrollo del rhabdosoma se inicia por una sícula, que debía corresponder a la cámara embrionaria.

Didymograptus es un graptolito uniseriado, es decir, que sólo presenta cámaras a un lado del eje central. El eje central muestra una división dicotómica (dos ramas).

Biología-Ecología: A pesar de su abundancia en los esquistos paleozoicos, la interpretación de los graptolitos fue un misterio durante mucho tiempo. Por su parecido con las colonias de celentéreos y briozoos, se clasificaron inicialmente en uno de los dos grupos. Más tarde, gracias a profundos estudios anatómicos y morfológicos de ejemplares bien conservados, se ha podido comprobar que son un grupo muy próximo a los pterobranquios actuales.

286 PHYLLOGRAPTUS

Clasificación: Filum: Estomocordados. Cl.: Graptolitos. O.: Graptoloideos. Fam.: Diplográptidos. **Piso:** Ordovícico. Aparición: –500 M. a. Extinción: –480 M. a. **Distribución mundial:** Cosmopolita. **Tamaño del fósil:** Varios centímetros (colonia) **Descripción:** *Phyllograptus* es un graptolito uniseriado (cámaras a un solo lado del eje). Se piensa que deriva del graptolito *Tetragraptus* (dos dicotomías sucesivas: cuatro ramas), donde cada rama, fuertemente arqueada, se habría alargado lateralmente para soldarse por la varilla. Como la mayoría de graptolitos, éste también se encuentra en pizarras o esquistos oscuros, y se presenta por lo general en forma de trazos blancos. Estos trazos corresponden a unas varillas quitinosas que reunían el conjunto de cámaras en las que se alojaban los individuos de la colonia, los cuales estaban en contacto entre sí a través de un canal axial estriado, a lo largo de la «vírgula». Dado que este canal no era quitinoso, no ha llegado fósil hasta nosotros.
Biología-Ecología: El crecimiento de la colonia, como en todos los graptolitos, se realizaba a partir de la sícula, célula inicial de forma cónica que contenía uno de los extremos libres del eje. En el caso de *Phyllograptus*, el crecimiento se realiza por brote de forma centrífuga, ya que las nuevas cámaras surgidas de la sícula empujan a las cámaras anteriores según va creciendo.

287 DIPLOGRAPTUS

Clasificación: Filum: Estomocordados. Cl.: Graptolitos. O.: Graptoloideos. Fam.: Diplográptidos. **Piso:** Ordovícico a Silúrico. Aparición: –480 M. a. Extinción: –430 M. a. **Distribución mundial:** Principales yacimientos en Francia, Alemania y Gran Bretaña. **Tamaño del fósil:** 3 cm de longitud y 0,3 cm de anchura.
Descripción: Una colonia elemental (rhabdosoma) de *Diplograptus* se compone de dos filas de cámaras dispuestas a uno y otro lado de la vírgula. Esta última se prolonga en un largo tallo desnudo, el hidrocaule, que permite a las colonias elementales agruparse para formar una colonia de orden superior. Los hidrocaules de un cierto número de colonias se unen mediante un nudo estolonífero contenido en una caja quitinosa denominada cápsula central, la cual, a su vez, se fija al pneumatóforo, vesícula que servía de flotador a toda la colonia. Por debajo se sitúan las gonotecas, vesículas portadoras de sículas embrionarias.
Biología-Ecología: La mayoría de las colonias de graptolitos formaban colonias libres planctónicas o pseudoplanctónicas (fijas sobre algas flotantes por el neumatóforo). En el caso de Diplograptus, las sículas (cámaras iniciales) se sitúan en el extremo libre de las varillas fijadas sobre un flotador. El crecimiento es, en este caso, centrípeto, ya que las nuevas cámaras surgidas de las sículas empujan a las cámaras anteriores hacia el centro de la colonia.

288 SPIROGRAPTUS

CLASIFICACIÓN: Filum: Estomocordados. Cl.: Graptolitos. O.: Graptoloideos. Fam.: Monográptidos. **PISO:** Silúrico. Aparición: –430 M. a. Extinción: –400 M. a. **DISTRIBUCIÓN MUNDIAL:** Principales yacimientos en Europa y Estados Unidos. **TAMAÑO DEL FÓSIL:** De 1 a 4 mm de longitud (cámaras).

DESCRIPCIÓN: *Spirograptus* es un graptolito fósil del Silúrico que aparece en esquistos y también en algunas areniscas. Su esqueleto se compone de quitina flexible finamente estriada, formada por una capa principal reforzada por una capa cortical laminar. Durante el proceso de fosilización, esta materia es sustituida por pirita o por una sustancia carbonosa. El eje tubular del esqueleto, o vírgula, se enrolla en una espiral lasa. Las cámaras donde se alojan los individuos se alinean sobre una sola fila a lo largo de este eje y se curvan en forma de gancho. Todas ellas se comunican por un canal que recorre la vírgula. La cámara inicial (sícula) es bastante grande, con forma de capuchón hueco.

BIOLOGÍA-ECOLOGÍA: *Spirograptus* es, como todos los graptolitos, un buen fósil estratigráfico. Era un organismo planctónico que vivía en aguas tranquilas y poco profundas; flotaba entre dos aguas gracias a una especie de flotador.

289 MONOGRAPTUS

CLASIFICACIÓN: Filum: Estomocordados. Cl.: Graptolitos. O.: Graptoloideos. Fam.: Monográptidos. **PISO:** Silúrico. Aparición: –440 M. a. Extinción: –400 M. a. **DISTRIBUCIÓN MUNDIAL:** Cosmopolita. **TAMAÑO DEL FÓSIL:** De 3 a 8 cm (colonia).

DESCRIPCIÓN: *Monograptus* se presenta en forma de colonias elementales rectilíneas formadas por una varilla de cámaras curvadas dispuestas sobre una sola fila a lo largo de un eje central hueco y quitinoso, la vírgula. La colonia elemental, o rhabdosoma, es sencilla. El eje se sitúa en la prolongación de la sícula, cámara inicial a partir de la cual se desarrolla la colonia. Las cámaras (o tecas), de forma cilindrocónica, alojaban a los distintos individuos de la colonia y tenían la abertura opuesta al eje.

BIOLOGÍA-ECOLOGÍA: Muchas veces asociados a esquistos oscuros y de grano fino, los graptolitos fueron considerados durante mucho tiempo como animales que vivían en los grandes fondos. El hecho de encontrarlos también en calizas, areniscas e, incluso, formaciones litorales, ha llevado a pensar que se depositaron en mares tranquilos y a poca profundidad. Su amplia distribución geográfica, así como su rápida evolución en el tiempo los convierten en excelentes fósiles estratigráficos de zona para todo el Silúrico.

290
DICTYONEMA FLABELLIFORME

Clasificación: Filum: Estomocordados. Cl.: Graptolitos. O.: Dendroideos. Fam.: Der
drográptidos. **Piso:** Ordovícico. Aparición: –500 M. a. Extinción: –490 M. a. **Distri**
bución mundial: Principales yacimientos en Gran Bretaña, Bélgica y Alemania. **Ta**
maño del fósil: De 4 a 5 cm de ancho (colonia).

Descripción: Como todos los graptolitos dendroideos, *Dictyonema flabelliforme* pre
senta rhabdosomas ramificados en abanico a partir de la sícula. Forma colonias re
ticuladas. Las diferentes ramas están agrupadas y el conjunto adquiere el aspect
de una auténtica red. Su esqueleto es quitinoso, con un tejido principal formad
por dos columnas de segmentos unidas por suturas en zigzag y reforzadas por u
tejido cortical externo. En la base de cada colonia, la sícula (cámara inicial) desarroll
un aparato de fijación que permite el anclaje sobre un soporte.

Biología-Ecología: *Dictyonema flabelliforme* era un organismo que vivía fijo. Desd
su aparición a finales del Cámbrico, hasta su desaparición en el Carbonífero, esto
graptolitos apenas evolucionaron, por lo que no son buenos fósiles estratigráficos

291
CEPHALASPIS

Clasificación: Filum: Vertebrados. Cl.: Agnatos. Fam.: Cefaláspidos. **Piso:** Silúric
superior a Devónico inferior. Aparición: –430 M. a. Extinción: –380 M. a. **Distribu**
ción mundial: Principales yacimientos en el norte de Europa y Polonia. **Tamaño de**
fósil: 15 cm de longitud.

Descripción: *Cephalaspis* es un vertebrado agnato de pequeño tamaño, con un es
cudo que le protege la cabeza y la parte anterior del tronco. El resto del cuerpo e
aplastado y estaba recubierto de escamas. El escudo cefálico, de forma semiesfé
rica, muestra en la parte dorsal dos ojos muy próximos, un tercer ojo craneano
una sola narina. La boca y los orificios branquiales están situados en el lado ventra
Carecía de mandíbula y de aleta lateral; la parte no protegida del cuerpo terminab
en una aleta caudal heterocerca. Además, poseía un campo dorsal y dos laterale
que se interpretan como órganos eléctricos. Los cefaláspidos representan un esta
dio primitivo de los agnatos.

Biología-Ecología: Un gran número de caracteres morfológicos permiten relacio
nar los cefaláspidos con las lampreas actuales, al asignarles un antepasado comúr
Su forma maciza y aplastada, así como la ausencia de aletas laterales, permitían qu
Cephalaspis pudiera mantenerse sobre los fondos de los lagos y corrientes de agua
alimentándose del fango.

292
LARNOVASPIS GOUJETI

Clasificación: Filum: Vertebrados. Cl.: Agnatos. Fam.: Pteráspidos. **Piso:** Devónic
inferior. Aparición: –400 M. a. Extinción: –380 M. a. **Distribución mundial:** Princi
pales yacimientos en Europa, Spitzberg. **Tamaño del fósil:** 11 cm de longituc

Descripción: La cabeza y la parte anterior del tronco de *Larnovaspis*, aplastadas do
soventralmente, estaban protegidas por una coraza compuesta por un escudo do
sal (siete piezas) y una placa ventral; además, este escudo presenta una placa ros
tral que se proyecta hacia delante, así como una afilada espina dorsal que lo hac
hacia atrás. Los dos ojos están en posición lateral. La parte del cuerpo sin protege
está recubierta por una piel escamosa y termina en una aleta caudal hipocerca

Biología-Ecología: Estudiando la organización de sus esqueletos, se ha podido com
probar que los pteraspidomorfos son formas muy próximas a los mixines actuales
los cuales serían sus descendientes indirectos. Estos vertebrados primitivos, des
provistos de mandíbula y prisioneros en su coraza, debían de tener una movilida
relativamente reducida. Vivían sobre el fondo de los lagos y cursos fluviales del De
vónico inferior, periodo que conoció un gran desarrollo de estos organismos, y s
alimentaban filtrando el fango. Son los ostracodermos más antiguos conocidos

293 PTEROLEPIS NITIDUS

Clasificación: Filum: Vertebrados. Cl.: Agnatos. Fam.: Pterolépidos. **Piso:** Devónico superior. Aparición: −360 M. a. Extinción: −340 M. a. **Distribución mundial:** Principales yacimientos en Noruega. **Tamaño del fósil:** 12 cm de longitud.

Descripción: *Pterolepis* nitidus presenta un cuerpo fusiforme y muy comprimido lateralmente. Los ojos son grandes, con visión lateral; la boca es pequeña y está en posición ventral. El cuerpo está recubierto de varias filas superpuestas de escamas altas y cortas, con una disposición tal que, en sentido dorsoventral, la sucesión de las escamas en las filas forma una línea quebrada. La aleta caudal es fuerte e hipocerca. La aleta dorsal está sustituida por una cresta formada por escamas especiales transformadas en aguijones; la aleta anal está bien desarrollada. Presenta diez orificios branquiales circulares. Los trabajos de Stensiö han permitido una perfecta reconstrucción de esta especie.

Biología-Ecología: Los anáspidos poseen un endoesqueleto totalmente cartilaginoso y carecen de escudo cefálico. Su cola hipocerca y su forma fuertemente comprimida lateralmente llevan a pensar que estos animales vivían cerca de la superficie. Poblaron las aguas dulces desde el Silúrico superior hasta el Devónico.

294 BOTHRIOLEPIS CANADENSIS

Clasificación: Filum: Vertebrados. Cl.: Placodermos. Subclase: Antiárquidos. Fam.: Botriolepídidos. **Piso:** Devónico superior. Aparición: −370 M. a. Extinción: −350 M. a. **Distribución mundial:** Principales yacimientos en Canadá.

Descripción: *Bothriolepis canadensis* es un pez «acorazado» muy representativo de los antiárquidos. La parte anterior del animal está protegida por una coraza dérmica muy sólida, formada por la unión del corto escudo cefálico y el escudo torácico, que alcanza casi la mitad del cuerpo del animal. La coraza está formada por grandes placas óseas de contorno poligonal.

Es característico de los antiárquidos la presencia de dos miembros pectorales muy alargados, también acorazados, que no responden a la idea que tenemos de aletas. Estos miembros se insertan sobre el tronco y se fusionan ambos revestimientos acorazados. Análisis estructurales indican que estos miembros anteriores debían de tener una gran movilidad, contrariamente a lo que deja pensar el grosor de la coraza.

Los ojos están situados muy arriba en las órbitas, con tendencia a fusionarse. Las reducidas aletas pélvicas debían de diferir sensiblemente de las pectorales. La parte caudal es alargada y está desprovista de coraza. Presenta dos aletas dorsales y la cola es de tipo heterocerca. La anatomía interna revela la presencia de grandes sacos unidos al suelo de la faringe y que se interpretan como pulmones que habrían experimentado una regresión en los grupos más evolucionados. Bothriolepis, como todos los antiárquidos, era un pez de talla modesta. El caparazón anterior, comprimido dorsoventralmente, y las aletas pectorales le confieren un aspecto extraño, el de un híbrido entre una tortuga marina y un seláceo.

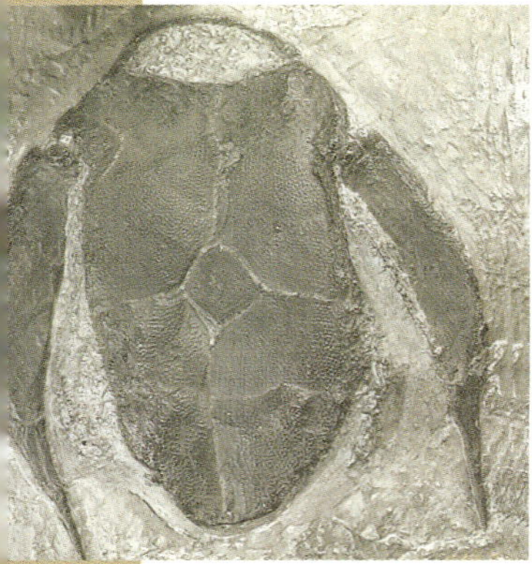

Biología-Ecología: Las mandíbulas primitivas son desconocidas pero las piezas masticadoras en forma de placas óseas permiten suponer una alimentación limnívora. Resulta chocante comprobar la extraordinaria variedad de formas que mostraron los placodermos durante un periodo tan corto de tiempo. La diversidad de las estructuras en este grupo durante el Devónico es tan grande como la observada en el resto de peces en el transcurso de toda su historia. Bothriolepis vivió al final del Devónico en lagos y estanques, cerca de los fondos fangosos.

295 CARCHARODON

Clasificación: Filum: Vertebrados. Cl.: Peces. O.: Euseláceos. Fam.: Lámnidos. **Piso:** Mioceno. Aparición: –20 M. a. Extinción: –5 M. a. **Distribución mundial:** Cosmopolita. **Tamaño del fósil:** El diente medía 10 cm y el animal, 20 m o incluso más.
Descripción: *Carcharodon* era un gigantesco tiburón que podía sobrepasar los veinte metros de longitud. Se trata de un pez perteneciente a los elasmobranquios, aún llamados condropterigios, caracterizado por un esqueleto muy poco osificado. Los únicos vestigios de estos animales se reducen a dientes sueltos en las rocas sedimentarias. Los de Carcharodon pueden alcanzar hasta 20 cm de longitud y tienen forma triangular, con el corte agudo y fina crenulación.
Biología-Ecología: Aparecidas en el Jurásico, estas formas escualoideas apenas han evolucionado y no presentan diferencias importantes con las formas actuales. La forma general del cuerpo tenía un aspecto fusiforme, con la boca en posición ínfera y cola heterocerca. Las hendiduras branquiales estaban en posición lateral y al descubierto. Sólo se conocen formas marinas, todas ellas excelentes nadadoras que podían descender hasta 3.000 m de profundidad. Las formas actuales corresponden a los mayores tiburones conocidos.

296 SPATHOBATIS BUGESIACUS

Clasificación: Filum: Vertebrados. Cl.: Peces. O.: Elasmobranquios. Fam.: Spatobátidos. **Piso:** Kimmeridgiense (Jurásico superior). Aparición: –145 M. a. Extinción: –140 M. a. **Distribución mundial:** Principales yacimientos en Francia y Alemania. **Tamaño del fósil:** Hasta 1,5 m de longitud.
Descripción: Los batoideos, cuyo representante actual es la raya, se caracterizan por un aplastamiento general del cuerpo. Además, presentan otras particularidades: los ojos ocupan posición dorsal y las hendiduras branquiales, ventral. Las aletas pectorales, soldadas a la cabeza, muestran un gran desarrollo y se despliegan en forma de abanico. La parte anterior del cuerpo se prolonga en un largo rostro. La posterior se estrecha rápidamente, incluida la cola heterocerca, que en *Spathobatis* tiene forma de látigo.
Biología-Ecología: Los batoideos como *Spathobatis bugesiacus* viven en el fondo, incluso enterrados, de ahí la forma aplastada de su cuerpo. Las rayas se conocen desde el Jurásico superior y su origen plantea bastantes problemas. Durante mucho tiempo se pensó que este grupo se había separado de los tiburones durante el Jurásico, pero las investigaciones embriológicas realizadas en ambas líneas ponen de manifiesto un número de diferencias lo suficientemente importante para deducir que la bifurcación de estas dos líneas es mucho más antigua.

297 HOLOPHAGUS

Clasificación: Filum: Vertebrados. Cl.: Peces. Subclase: Crosopterigios. Fam.: Celacántidos. **Piso:** Lías inferior. Aparición: –190 M. a. Extinción: –130 M. a. **Distribución mundial:** Principales yacimientos en Alemania. **Tamaño del fósil:** 40 cm de longitud.
Descripción: *Holophagus* es un pariente próximo del celacanto *Latimeria chalumnae*. El cuerpo de estos peces está recubierto de gruesas escamas cosmoideas. Su aleta caudal es característica, con aspecto trilobulado debido al desarrollo del lóbulo axial. Se observa la presencia de dos aletas dorsales, implantada la segunda en la vertical de la aleta anal. Las aletas pectorales y las pélvicas están en posición muy retrasada. Hay que destacar la ausencia de vejiga natatoria y la presencia de un órgano cilíndrico muy desarrollado (nace en el esófago y llega hasta la región anal) que se interpreta como un resto de pulmón.
Biología-Ecología: Los celacántidos se conocen desde el Pérmico. Se piensa que el género *Holophagus* en concreto era una especie carnívora que vivía a profundidades medias.

298
DIPTERUS VALENCIENNESI

Clasificación: Filum: Vertebrados. Cl.: Peces. Subclase: Dipnoos. Fam.: Diptéridos. **Piso:** Devónico medio. Aparición: –380 M. a. Extinción: –360 M. a. **Distribución mundial:** Principales yacimientos en Escocia. **Tamaño del fósil:** 12 cm de longitud.
Descripción: *Dipterus* es un pez de cuerpo esbelto y fusiforme. Las aletas pectorales son grandes, con radios bien desarrollados. Posee dos aletas dorsales contiguas, con la posterior más desarrollada. Las aletas ventrales y anales están respectivamente enfrentadas a la primera y la segunda dorsal. El cráneo está formado por placas óseas que forman un verdadero mosaico, con una región opercular bien desarrollada. **Biología-Ecología:** Los dipnoos, grupo al que pertenece el género *Dipterus*, tienen la particularidad de adaptarse a diversos medios gracias a su doble sistema de respiración: branquial y pulmonar. Y es que estos peces, además de las branquias, poseen dos pulmones en posición dorsal con respecto al esófago. Muy extendidos durante el Devónico, los dipnoos pudieron adaptarse a las particulares condiciones climáticas de esta época, caracterizada por periodos temporales de sequedad de lagos y cursos de agua. Estos pulmones rudimentarios les permitían respirar el aire atmosférico durante los periodos de sequía. En la actualidad, los dipnoos viven únicamente en las aguas dulces de Australia, América del Sur y África.

299
AEDUELLA BLANVILLEI

Clasificación: Filum: Vertebrados. Cl.: Peces. O.: Paleonisciformes. Fam.: Aedúllidos. **Piso:** Carbonífero. Aparición: –290 M. a. Extinción: –270 M. a. **Distribución mundial:** Principales yacimientos en Francia y Estados Unidos. **Tamaño del fósil:** 10 cm de longitud.
Descripción: *Aeduella blanvillei* es un pez alargado y fusiforme, recubierto de escamas ganoideas imbricadas hasta el lóbulo superior de la cola, más ancho y largo que el lóbulo inferior. Posee una sola aleta dorsal, implantada en posición más adelantada que la aleta anal. Las aletas ventrales son de tamaño reducido. Todas estas aletas presentan un reborde anterior de puntas oblicuas, una especie de escamas llamadas fulcros.
Biología-Ecología: Los paleonisciformes representan a los actinopterigios más antiguos. Estos vertebrados carecen de cuerpo vertebral y simplemente presentan un arco, por lo que son de tipo primitivo. *Aeduella blanvillei* es una forma de agua dulce característica del Pérmico.

300
FURO PRAELONGUS

Clasificación: Filum: Vertebrados. Cl.: Peces. O.: Amiiformes. Fam.: Fúridos. **Piso:** Kimmeridgiense (Jurásico superior). Aparición: –145 M. a. Extinción: –140 M. a. **Distribución mundial:** Principales yacimientos en Francia (Cérin, Ain) y Alemania (Baviera). **Tamaño del fósil:** 50 cm de longitud.
Descripción: *Furo praelongus* es un pez alargado con dos aletas pectorales largas y estrechas notablemente desarrolladas. La aleta dorsal está en posición muy retrasada en la mitad superior del cuerpo, formada por radios cuya longitud decrece regularmente hacia atrás. La aleta anal es pequeña; las pélvicas están muy poco desarrolladas. La aleta caudal es semiheterocerca y con lóbulos desiguales. Todas las aletas, a excepción de las pectorales, presentan un reborde formado por unas escamas especiales llamadas fulcros. Las escamas son cuadrangulares y lisas. La bóveda craneal está formada en su mayor parte por los frontales, largos y estrechos, unidos por una sutura rectilínea. El aparato bucal comprende un par de pequeños premaxilares, dos maxilares y mandíbulas. Todas estas piezas están provistas de dientes cónicos relativamente separados. Furo es un género muy próximo a *Caturus*.
Biología-Ecología: *Furo* vivía en aguas relativamente tranquilas.

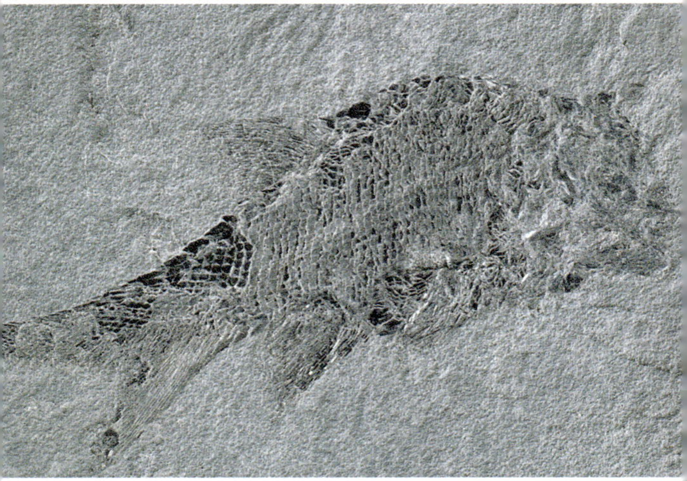

301 MICRODON EGERTONI

Clasificación: Filum: Vertebrados. Cl.: Peces. O.: Picnodontiformes. Fam.: Gyrodóntidos. **Piso:** Jurásico superior. Aparición: –150 M. a. Extinción: –135 M. a. **Distribución mundial:** Principales yacimientos en Francia (Ain) e Italia. **Tamaño del fósil:** 30 cm de longitud.

Descripción: *Microdon egertoni* presenta un cuerpo de perfil redondeado y cola formada por dos puntas muy divergentes. Posee una sola aleta dorsal y una ventral, que arrancan prácticamente a la misma altura, con radios rectos que decrecen rápidamente hacia atrás. El cuerpo está recubierto de escamas ganoideas que corresponden a placas óseas, compactas, recubiertas de esmalte. Muy numerosas, tienen forma rómbica y se asocian a un reflejo característico. Este tipo de escamas son una forma intermedia entre las escamas placoideas de los sebáceos y las cicloideas de los teleósteos.

Biología-Ecología: *Microdon egertoni* presenta adaptaciones a la vida recifal, con un cuerpo muy aplastado lateralmente y dientes palatinos trituradores. La osificación del esqueleto en estos peces está poco avanzada y, desde finales del Paleozoico, su número se ha ido reduciendo hasta ser sustituidos por peces totalmente óseos.

302 CATURUS

Clasificación: Filum: Vertebrados. Cl.: Peces. O.: Amiiformes. Fam.: Fúridos. **Piso:** Triásico superior a Jurásico superior. Aparición: –200 M. a. Extinción: –140 M. a. **Distribución mundial:** Principales yacimientos en Francia (Ain), Alemania (Baviera), Austria (Tirol) y Gran Bretaña. **Tamaño del fósil:** 15 cm de longitud.

Descripción: *Caturus* presenta un cuerpo fusiforme alargado y recubierto de escamas. La aleta caudal es homocerca, bilobulada y muy recortada. La aleta dorsal está situada a la misma altura que la pélvica, decreciendo rápidamente sus radios hacia atrás. Presenta grandes dientes cónicos y compactos.

Biología-Ecología: Los amiiformes, grupo al que pertenece el género *Caturus*, representan un grupo de transición. En las formas más evolucionadas, la osificación de la columna vertebral es completa, a excepción de la cola. Durante el Paleozoico, estos peces evolucionaron fundamentalmente en las aguas dulces, mientras que en el Mesozoico se encuentran en las facies más variadas, ocupando los mismos nichos que los teleósteos actuales. Los amiiformes están actualmente representados por el género Amia, que vive en los grandes lagos de América del Norte, donde se refugió durante el Terciario.

303 DAPALIS

Clasificación: Filum: Vertebrados. Cl.: Peces. O.: Perciformes. Fam.: Serránidos. **Piso:** Oligoceno. Aparición: –35 M. a. Extinción: –23 M. a. **Distribución mundial:** Principales yacimientos en Francia (cuenca de París, Aix-en-Provence). **Tamaño del fósil:** 20 cm de longitud.

Descripción: Se trata de un pez pequeño, con cabeza robusta y cuerpo fusiforme. La aleta dorsal se compone de dos partes, ambas espinosas y con radios que decrecen rápidamente hacia atrás. La dorsal posterior se sitúa en la vertical de la anal, con un primer radio más largo que el último de la dorsal anterior. Las aletas pectorales y ventrales están poco desarrolladas. El cuerpo termina en una aleta caudal grande y ahorquillada. La presencia de dos aletas dorsales con radios duros hace que se considere a *Dapalis* como un pércido.

Biología-Ecología: *Dapalis* es un pez teleósteo, la línea evolucionada de los actinopterigios. Representados desde el Paleozoico, estos últimos han evolucionado progresivamente hacia formas modernas con escamas cicloideas finas y frágiles. Estas formas evolucionadas, surgidas en el Mesozoico, son actualmente las más representadas y componen el 95% de los peces vivos.

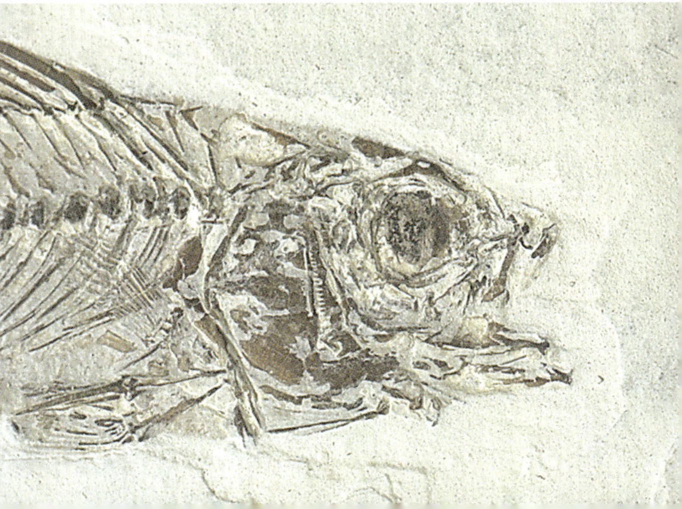

304 OPHIOPSIS ATTENUATA

CLASIFICACIÓN: Filum: Vertebrados. Cl.: Peces. O.: Amiiformes. Fam.: Fúridos. **PISO:** Kimmeridgiense (Jurásico superior). Aparición: –145 M. a. Extinción: –140 M. a. **DISTRIBUCIÓN MUNDIAL:** Principales yacimientos en Francia (Cérin, Ain), Alemania (Baviera), Gran Bretaña (Dorsetshire) y Congo. **TAMAÑO DEL FÓSIL:** 25 cm de longitud.
DESCRIPCIÓN: *Ophiopsis attenuata* presenta un cuerpo fusiforme. La aleta dorsal es característica: muy alta en la parte anterior y acuminada en un lóbulo formado por los cinco primeros radios, más largos que los demás. Estos últimos van decreciendo gradualmente dando lugar a un largo borde de fuga oblicua. Las aletas pectorales, rematadas por cinco escamas post-cleithrales, están formadas por una docena de radios segmentados en su mitad distal. La aleta pélvica está poco desarrollada y formada únicamente por cinco radios. La aleta caudal es semiheterocerca, con el lóbulo superior ligeramente más ancho y alargado que el inferior. Al igual que las aletas pectorales y pélvicas, presenta una serie de fulcros afilados en su borde de ataque. Las escamas son gruesas y lisas. La mayor parte de la bóveda craneal está ocupada por los frontales, que se ensanchan hacia delante para formar un ligero saliente anteorbitario. La sutura frontoparietal es ampliamente sinuosa.
BIOLOGÍA-ECOLOGÍA: *Ophiopsis* vivía en aguas continentales.

305 ICHTYOSTEGA

CLASIFICACIÓN: Filum: Vertebrados. Cl.: Anfibios. Subclase: Batracomorfos. O.: Temnospóndilos. Fam.: Ichtiotégidos. **PISO:** Devónico superior. Aparición: –360 M. a. Extinción: –340 M. a. **DISTRIBUCIÓN MUNDIAL:** Principales yacimientos en Groenlandia oriental. **TAMAÑO DEL FÓSIL:** 1,5 m.
DESCRIPCIÓN: *Ichtyostega* debía de presentar el aspecto de una salamandra robusta, con el cuerpo escamoso y una longitud aproximada de 1,5 m. Este género se caracteriza por la disposición de las placas óseas que constituyen el cráneo y que recuerdan a las de los peces crosopterigios rhipidistios. Las narinas se localizan en la cara ventral del cráneo. Sobre el techo craneano se abren las órbitas, así como el orificio pineal, situado más atrás. Los miembros pares presentan la misma conformación que los anfibios típicos. Poseía una aleta impar sujeta por radios dérmicos similares a los de los peces. La cola y la parte ventral del cuerpo estaban recubiertos de pequeñas escamas.
BIOLOGÍA-ECOLOGÍA: *Ichtyostega* es el tetrápodo más antiguo que se conoce. Las facies donde se localiza este fósil (Groenlandia) nos hablan de formaciones de agua dulce. Además, la forma de su cola (pese a sus patas de anfibio) permite suponer que debía de llevar una vida acuática. Muchos caracteres de *Ichtyostega* recuerdan a los peces crosopterigios rhipidistios; incluso se emplazan entre estos últimos y los estegocéfalos terrestres, los cuales podrían ser sus descendientes.

Ophiopsis attenuata
15 171
Museum de Lyon

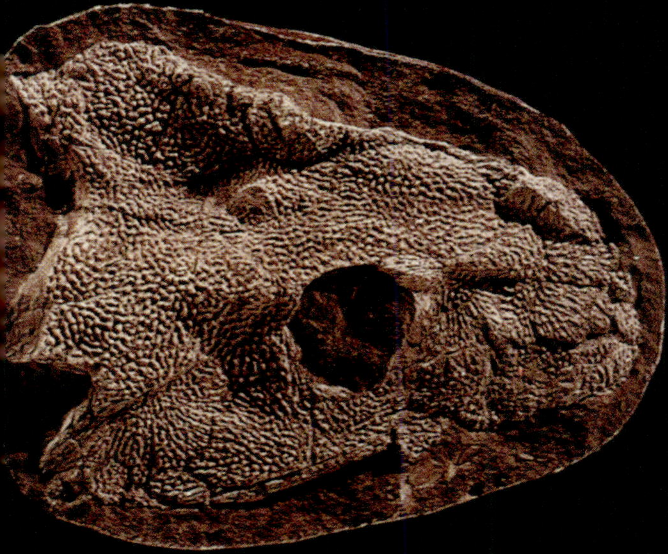

306 SEYMOURIA BAYLORENSIS

Clasificación: Filum: Vertebrados. Cl.: Anfibios. Subclase: Antracosaurios. Fam.: Seymúridos. **Piso:** Carbonífero superior a Pérmico inferior. Aparición: –300 M. a. Extinción: –280 M. a. **Distribución mundial:** Principales yacimientos en Estados Unidos (sedimentos de las borders lands de Texas). **Tamaño del fósil:** 60 cm de longitud.

Descripción: Los fragmentos de huesos encontrados han permitido reconstruir un animal de tamaño pequeño, más próximo a las salamandras que a las ranas, por la presencia de la cola y la forma general del cuerpo. Su cráneo es lo más característico, en forma de capuchón macizo, con huesos muy gruesos y esculpidos, que permiten clasificar a *Seymouria* entre los anfibios estegocéfalos. Seymouria poseía un ojo pineal, como así lo atestigua el orificio situado en la parte superior del cráneo. Este ojo ha desaparecido en las formas actuales de anfibios. La articulación del cráneo con la columna vertebral se realizaba a través de un único cóndilo occipital.

Biología-Ecología: Seymouria presenta el interés de aunar en un único ejemplar las características de reptiles y anfibios. Si bien algunos autores lo aproximan a reptiles del tipo *Pareiasaurus*, los análisis han demostrado que *Seymouria* respiraba deglutiendo aire como hacen las actuales ranas. Por otro lado, las huellas de la inserción de los músculos sobre las costillas indican la posibilidad de efectuar movimientos respiratorios. Otro seymouriamorfo perteneciente al género Kotlasia se ha descubierto en los sedimentos del Pérmico superior en Rusia.

307 ARCHEGOSAURUS

Clasificación: Filum: Vertebrados. Cl.: Anfibios. O.: Phyllospóndilos. Fam.: Branchiosáuridos. **Piso:** Pérmico. Aparición: –280 M. a. Extinción: –250 M. a. **Distribución mundial:** Principales yacimientos en Alemania (Lebach). **Tamaño del fósil:** 1,5 m.

Descripción: *Archegosaurus* presenta un cráneo alargado, de forma triangular, que se estrecha en su parte anterior formando un largo hocico. La bóveda craneal está recubierta por huesos dérmicos profundamente esculpidos. En el cráneo se observan dos narinas, dos órbitas y un orificio parietal impar que corresponde al emplazamiento del ojo pineal, el cual no aparece en ningún batracio actual. Los dientes cuentan con unos pliegues característicos (laberintodontos) y los dientes palatinos se disponen por parejas. La cintura escapular, formada por cierto número de huesos de membranas esculpidos, análogos a los del cráneo y que ocupan el lugar de los huesos normales, se ensancha en un verdadero escudo yugular. El resto del cuerpo estaba recubierto de escamas.

Biología-Ecología: *Archegosaurus* debía de tener el aspecto de una salamandra grande, con una longitud de 1,5 m. La existencia de canales sensoriales sobre la cabeza indica que vivía en el agua. Se conocen formas larvarias de estos fósiles con respiración branquial. Bajo el término de estegocéfalos se hallaban reunidos todos los anfibios del Paleozoico. Este grupo está considerado actualmente como demasiado heterogéneo para ser considerado una unidad sistemática.

308

«RANA» PUCYAI

Clasificación: Filum: Vertebrados. Cl.: Anfibios. Subclase: Anuros. Fam.: Ránidos. **Piso:** Kimmeridgiense (Jurásico superior). Aparición: –145 M. a. Extinción: –140 M. a. **Distribución mundial:** Principales yacimientos en Francia (Ain, Cérin). **Tamaño del fósil:** 10 cm.

Descripción: Los restos de los primeros anuros verdaderos se han encontrado en terrenos del Jurásico superior y presentaban ya los caracteres morfológicos de las formas actuales. El cráneo está formado por un número reducido de elementos. El aspecto general del cuerpo es muy compacto, con los miembros posteriores mucho más largos y robustos que los anteriores. La columna vertebral es muy corta, formada sólo por nueve vértebras, y se prolonga hacia atrás en un hueso alargado (urostilo) que resulta de la fusión de las vértebras terminales. Los íliones son alargados y están soldados a las apófisis transversas de la única vértebra del sacro. Los huesos de las extremidades posteriores, así como de las anteriores, están ya más o menos soldados. Finalmente, las costillas han desaparecido y han sido sustituidas morfológicamente por los procesos transversos alargados de las vértebras.

Biología-Ecología: Los anuros fósiles, como las ranas actuales, vivían junto a superficies de agua dulce. Dotados de respiración pulmonar y bien adaptados a la vida terrestre, su dependencia con respecto al agua aún era importante, ya que la reproducción, la vida larvaria y una gran parte de la existencia del adulto se desarrollaba en el medio acuático.

309

HOMOEOSAURUS JOURDANI

Clasificación: Filum: Vertebrados. Cl.: Reptiles. Subclase: Lepidosaurios. O.: Rincocéfalos. **Piso:** Jurásico superior. Aparición: –155 M. a. Extinción: –135 M. a. **Distribución mundial:** Principales yacimientos en Europa. **Tamaño del fósil:** 20 cm de longitud.

Descripción: Es un animal de pequeño tamaño, con forma de lagarto, que mide unos veinte centímetros de longitud. Las órbitas oculares son grandes. El hueso parietal presenta una ligera cresta central y un pequeño orificio. Los huesos frontales son anchos. Los intermaxilares muestran en la parte anterior un solo diente afilado. Los dientes del maxilar superior son de tipo acrodonto y terminan en tres cúspides. Las costillas torácicas anteriores son finas y están unidas a piezas esternales largas y no del todo osificadas.

Las dos vértebras del sacro están provistas de costillas cortas; la costilla de la vértebra sacra anterior es ancha y está dividida en dos alerones. Las vértebras caudales son muy numerosas (más de cuarenta). La cintura escapular está débilmente osificada. Las clavículas, en forma de varillas, están curvadas en arco. Los coracoides son pequeños y presentan una simple muesca o entalladura en el borde inferior. En el húmero, más ancho en los extremos, se observa un orificio epicondilar.

Biología-Ecología: *Homoeosaurus* se localiza en escasas formaciones del Jurásico superior de Europa. Se distingue del género Hatteria, especie contemporánea de Nueva Zelanda, por su menor tamaño y la morfología de sus vértebras.

310 ICHTHYOSAURUS

Clasificación: Filum: Vertebrados. Cl.: Reptiles. O.: Ictiosaurios. Fam.: Ictiosáuridos. **Piso:** Jurásico inferior. Aparición: –190 M. a. Extinción: –175 M. a. **Distribución mundial:** Principales yacimientos en Europa. **Tamaño del fósil:** Hasta 7 m de longitud.
Descripción: Los *ictiosaurios* tienen el aspecto de un delfín, con una cabeza voluminosa que se prolonga hacia delante en unas largas mandíbulas armadas de numerosos dientes cónicos. Las narinas se abren por detrás de estas mandíbulas, cerca de las grandes órbitas oculares. Las extremidades están transformadas en palas natatorias y presentan un alto número de falanges. Poseen dos aletas, una dorsal, de forma triangular, y la otra caudal, vertical y heterocerca.
Biología-Ecología: Los *ictiosaurios* eran reptiles marinos y carnívoros que podían alcanzar hasta 10 m de longitud. Muy extendidos en todos los mares jurásicos y cretácicos, presentan una perfecta adaptación a la vida acuática pelágica y muestran una gran convergencia morfológica con el delfín. Se alimentaban, fundamentalmente de cefalópodos, cuyos restos se han encontrado dentro de algunos ejemplares fosilizados bien conservados, así como en coprolitos. Los ictiosaurios eran vivíparos como así ha quedado demostrado tras el descubrimiento de pequeños embriones en el interior de cuerpos adultos fósiles.

311 IDIOCHELYS FITZINGERI

Clasificación: Filum: Vertebrados. Cl.: Reptiles. O.: Quelonios. Fam.: Plesiochelydae. **Piso:** Jurásico superior. Aparición: –145 M. a. Extinción: –135 M. a. **Distribución mundial:** Principales yacimientos en Alemania y Francia. **Tamaño del fósil:** 40 cm de longitud.
Descripción: *Idiochelys fitzingeri* poseía un caparazón más o menos redondeado. El reborde de escudos marginales está unido al plastrón mediante prolongaciones aisladas de este último. Las nueve piezas que componen el plastrón están soldadas y unidas mediante suturas débiles sobre la línea central. El cuello no era retráctil pero sí tenía movilidad lateral, y la pelvis estaba soldada al caparazón. La cabeza por su estructura, recuerda a las de las tortugas marinas. El hueso cuadrado forma el borde externo de la cavidad timpánica. Las vértebras caudales son numerosas (más de veinte) y componen una larga cola, característica de las tortugas de agua dulce. Finalmente, las extremidades no debían de estar lo suficientemente desarrolladas para funcionar como aletas eficaces.
Biología-Ecología: Las tortugas pertenecientes al género *Idiochelys* se asemejan a las tortugas marinas por la estructura de su cabeza, así como por la separación existente entre las distintas piezas del caparazón. Por otro lado, poseen una larga cola y una conformación general de los miembros característicos de las tortugas de agua dulce. La confluencia de todos estos caracteres en el género Idiochyelys lo convierten en un importante e interesante fósil, eslabón entre las tortugas marinas y las de agua dulce.

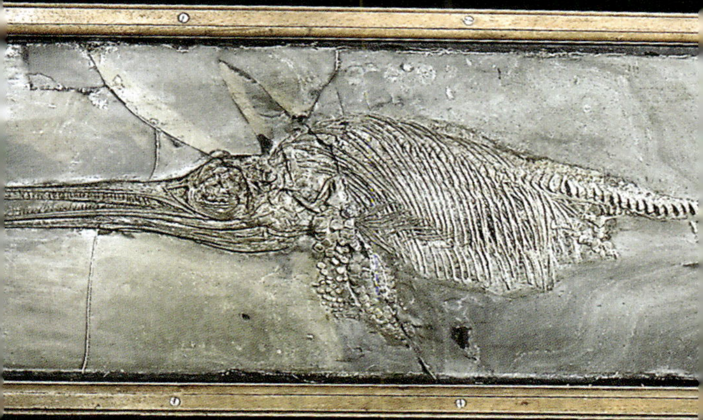

312 TESTUDO PYRENAICA

Clasificación: Filum: Vertebrados. Cl.: Reptiles. O.: Quelonios. Fam.: Testudínidos. **Piso:** Mioceno superior y Plioceno. Aparición: –5 M. a. Extinción: –2 M. a. **Distribución mundial:** Principales yacimientos en el sur de Francia. **Tamaño del fósil:** Hasta 1,5 m.

Descripción: Los primeros quelonios aparecieron en el Pérmico, pero hasta el Trías no adquirieron un caparazón óseo doble formado por un caparazón dorsal, o espaldar, y un plastrón ventral. El espaldar está compuesto, prácticamente en todas las formas, por la fusión de las costillas, las apófisis espinosas y las placas óseas dérmicas. El plastrón sólo está formado por placas óseas dérmicas. Espaldar y plastrón están generalmente fusionados.

En el género *Testudo*, la coraza estaba recubierta de placas córneas epidérmicas y la pelvis no estaba soldada ni al plastrón ni al espaldar. En esta forma reciente, un pico córneo ha sustituido a los dientes presentes en las especies primitivas.

Biología-Ecología: Los quelonios representan el grupo más especializado de los reptiles. Las primeras formas datan del Pérmico y eran fundamentalmente terrestres; la adaptación a la vida pelágica se produjo durante el Cretácico. El género *Testudo*, mucho más reciente (Mioceno superior), es netamente terrestre, con especies gigantes que pueden alcanzar 1,5 m de longitud como es el caso de *T. elephantura*, especie relicta que subsiste en las islas Seychelles.

313 CROCODILEIMUS ROBUSTUS

Clasificación: Filum: Vertebrados. Cl.: Reptiles. O.: Crocodylia. Fam.: Pholidosauridae. **Piso:** Kimmeridgiense (Jurásico superior). Aparición: –145 M. a. Extinción: –140 M. a. **Distribución mundial:** Principales yacimientos en Francia (Cérin, Ain). **Tamaño del fósil:** 56 cm.

Descripción: *Crocodileimus robustus* es conocido por el único esqueleto completo descubierto en las calizas litográficas de Cérin y conservado actualmente en el Museo de Lyon. Aparte de su rareza, este notable saurio destaca por su excelente estado de conservación, lo que permite estudiarlo con gran detalle. Era un cocodrilo de pequeño tamaño (56 cm), con la cabeza muy alargada que representaba una quinta parte de la longitud total del cuerpo, con un hocico largo y terminado en forma de corazón. Las mandíbulas eran sólidas, con veintiún dientes en cada maxilar inferior y veinticuatro en cada maxilar superior. Estos dientes son largos (6 mm), acuminados y ligeramente curvados hacia atrás, todos ellos sensiblemente iguales. Las extremidades están bien desarrolladas, con huesos gruesos. La pata anterior presenta cinco dedos, mientras que el miembro posterior sólo cuenta con cuatro. La cola es ancha y relativamente corta. La coraza abdominal está formada por gruesas placas de cuatro, cinco o seis lados.

Biología-Ecología: Las mandíbulas de *Crocodileimus robustus* eran largas y estrechas, armadas con dientes finos y puntiagudos, lo cual parece indicar una alimentación piscívora. Además, la fuerte coraza que cubría el tronco, sobre todo en la cara ventral, así como su cola, permite suponer que el animal era un nadador poco ágil y más bien lento. El marcado desarrollo de las extremidades anteriores indica una aptitud para la locomoción más importante que en otros telosaurios. Todos estos caracteres nos dibujan a *Crocodileimus robustus* como un cocodrilo pequeño y poco activo que vivía en aguas tranquilas, seguramente aguas dulces, en un medio similar al de los gaviales actuales.

314 COELOPHYSIS

Clasificación: Filum: Vertebrados. Cl.: Reptiles. O.: Saurisquios. Fam.: Procompsognátidos. **Piso:** Triásico. Aparición: –220 M. a. Extinción: –200 M. a. **Distribución mundial:** Principales yacimientos en Estados Unidos. **Tamaño del fósil:** 60 cm de longitud.

Descripción: *Coelophysis* es un animal de talla modesta que pertenece a la línea de los terópodos y recuerda en cierto modo a Tanystropheus. Estas formas se sitúan en la base evolutiva de los dinosaurios. El esqueleto permite hacerse una idea bastante precisa de cómo fue este reptil. El pubis presenta un ensanchamiento que refuerza la sínfisis, carácter que acompaña la bipedestación. Coelophysis se mantenía, en efecto, sobre sus patas traseras, empleando como balancín su larga cola. Las vértebras cervicales son largas y numerosas, lo que confiere a este reptil un desarrollado cuello. Los huesos son muy gráciles y de pared fina, lo que contribuye a aligerar el esqueleto. Ceolophysis es un representante de pequeño tamaño de los terópodos, reptiles carnívoros que se sostenían sobre sus patas traseras.

Biología-Ecología: *Coelophysis* era, presumiblemente, un animal rápido y ágil. La historia de los terópodos comenzó en el Triásico superior con formas de este tipo.

315 PTERODACTYLUS LONGIROSTRIS

Clasificación: Filum: Vertebrados. Cl.: Reptiles. O.: Pterosaurios. Fam.: Pterodáctilos. **Piso:** Jurásico a Cretácico superior. Aparición: –140 M. a. Extinción: –70 M. a. **Distribución mundial:** Principales yacimientos en Europa y África. **Tamaño del fósil:** 50 cm de envergadura.

Descripción: El tamaño de *Pterodactylus* era muy variable, oscilando entre el de un gorrión y un águila. Su cabeza, muy alargada, tenía unas mandíbulas prolongadas en forma de pico, con dientes únicamente en la mitad anterior. Carecía de cola. Como todos los pterosaurios, el pterodáctilo presenta una serie de caracteres adaptativos que lo acercan a las aves, como los huesos neumatizados (para aligerar peso) o el esternón con quilla. Las alas, sin embargo, son totalmente distintas a las de las aves y muestran cierta similitud con las del murciélago. El ala está formada por una membrana cutánea sostenida por el miembro anterior; esta membrana la sostiene un solo dedo, mientras que, en el murciélago, son cuatro los dedos que participan en la función de sostén.

Biología-Ecología: Los reptiles voladores representan el primer intento de conquista del medio aéreo. Sus restos han sido localizados tanto en facies marinas como lacustres; probablemente vivían cerca del agua y se alimentaban de los peces que capturaban en superficie. Se piensa que *Pterodactylus* no volaba bien y apenas se alejaba de la costa.

316 ARCHAEOPTERYX LITHOGRAPHICA

Clasificación: Filum: Vertebrados. Cl.: Aves. Subclase: Archeornites. Fam.: Arqueoptéridos. **Piso:** Kimmeridgiense (Jurásico superior). Aparición: –145 M. a. Extinción: –135 M. a. **Distribución mundial:** Principales yacimientos en Solnhofen (Alemania). **Tamaño del fósil:** El animal medía aproximadamente 50 cm.

Descripción: Descubierto en las calizas de Solnhofen (Alemania), Archaeopteryx presenta el tamaño de una gallina y características reptilianas muy marcadas. El cráneo, redondeado, está provisto de un largo pico puntiagudo en el que se insertan afilados dientes. La columna vertebral la componen vértebras anficélicas y termina en una larga cola. Los miembros anteriores, transformados en alas, presentan tres dedos libres provistos de garras. Archaeopteryx reúne características reptilianas (metacarpios y metatarsos libres, esternón sin quilla, etc.) y aviarias (plumas, clavículas soldadas, etc.). El esqueleto permite comprender que Archaeopteryx apenas podía practicar otras formas de vuelo más que el vuelo planeado.

Biología-Ecología: La importancia de estas primeras aves es considerable desde el punto de vista de la Paleontología evolutiva, ya que constituyen un puente entre las aves y los reptiles. Su modo de vida estaba bastante alejado de las aves actuales y, al ser malos voladores, llevaban una vida más bien arborícola.

317 ELEPHAS (MAMMUTHUS) PRIMIGENIUS

Clasificación: Filum: Vertebrados. Cl.: Mamíferos. O.: Proboscídeos. Fam.: Elefántidos. **Piso:** Holoceno (Cuaternario). **Distribución mundial:** Principales yacimientos en Europa occidental y Rusia. **Tamaño del fósil:** El molar medía 25 cm y el animal, 3,50 m en la cruz.

Descripción: Elephas primigenius, comúnmente llamado mamut, medía aproximadamente 3,5 metros en la cruz. Su cráneo era voluminoso y puntiagudo, con largas defensas (4 m) fuertemente arqueadas. Los molares presentan el aspecto de un rallador: son altos, anchos y con numerosas láminas de marfil estrechas y plegadas. El cuerpo del animal estaba recubierto de lana.

Biología-Ecología: Elephas primigenius era el más extendido de todos los proboscídeos. Este mamut lanudo vivió a finales del Pleistoceno soportando temperaturas muy bajas. Animal de tundra, es característico de la fauna glaciar. Es, sin duda, el más conocido de todos los elefantes extinguidos y en los suelos helados de Siberia se han encontrado abundantes esqueletos completos. Este excepcional modo de conservación ha permitido estudiar las partes blandas del animal, su pelaje y su dieta alimenticia a partir del contenido del estómago.

318 GOMPHOTHERIUM ANGUSTIDENS

Clasificación: Filum: Vertebrados. Cl.: Mamíferos. O.: Proboscídeos. Fam.: Gomphotéridos. **Piso:** Mioceno inferior y medio. Aparición: –23 M. a. Extinción: –10 M. a. **Distribución mundial:** Principales yacimientos en Estados Unidos. **Tamaño del fósil:** El diente medía 15 cm y el animal, 2,5 m en la cruz y 4,5 m de longitud.

Descripción: *Gomphotherium* (más conocido popularmente como mastodonte) angustidens tenía el tamaño de un elefante pequeño. El cráneo es relativamente alargado, con una larga sínfisis mandibular. Cada mandíbula presenta un par de defensas bien desarrolladas, horizontales y casi rectilíneas. Se observa una capa de esmalte que, originalmente, recubría el conjunto de las defensas y que en los elefantes actuales ha desaparecido por completo. Los molares presentan gruesos tubérculos redondeados dispuestos en cuatro o cinco hileras, con poco cemento.

Biología-Ecología: Los proboscídeos (animales con trompa) conforman un grupo destacado del Terciario y representan una de las fases más importantes de la evolución de los mamíferos. Son, probablemente, originarios de África, donde se descubrió *Moeritherium*, su ancestro más antiguo conocido, que tenía el tamaño de un cerdo. Enseguida se extendieron por toda Europa, Asia y, finalmente, América del Norte y del Sur. Actualmente sólo subsisten dos géneros: *Elephas indicus* (Asia) y *Loxodonta africana* (África).

319 PALAEOTHERIUM CRASSUM

Clasificación: Filum: Vertebrados. Cl.: Mamíferos. O.: Perisodáctilos. Fam.: Paleotéridos. **Piso:** Ludiense (Eoceno). Aparición: –45 M. a. Extinción: –35 M. a. **Distribución mundial:** Principales yacimientos en Europa occidental. **Tamaño del fósil:** De 1 a 1,5 m en la cruz.

Descripción: Animal de talla media, *Palaeotherium crassum* era una especie de caballo muy imperfecto con aspecto general de tapir. La cabeza está muy desarrollada, con huesos nasales cortos que permiten suponer la existencia de una corta trompa. Los miembros son tridáctilos, predominando el dedo central. La dentición es completa; los premolares recuerdan a los molares y están separados de los caninos por una barra. Este género es característico del Eoceno superior, y apareció bruscamente en el Luteciense de Europa. Durante el Oligoceno comienzan a ser más escasos y desaparecen rápidamente.

Biología-Ecología: El género *Palaeotherium* está representado por numerosas especies que fueron descritas por Cuvier a partir de los huesos encontrados en sedimentos yesíferos de París. Los posteriores descubrimientos de esqueletos completos han confirmado en parte las reconstrucciones de este célebre naturalista, a excepción quizá de la trompa, que sigue siendo una hipótesis. El tamaño de las diferentes especies conocidas varía entre el tamaño de un cerdo y el de un rinoceronte.

320 COLLENIA INDOSA

Clasificación: Filum: Criptógamas. Cl.: Talofitas. O.: Schizophyllales. Fam.: Cianofíceas. **Piso:** Precámbrico. Aparición: fecha incierta. Extinción: –430 M. a. **Distribución mundial:** Principales yacimientos en China, Rusia, América del Norte y África. **Tamaño del fósil:** Lentejas calcáreas de hasta 7 cm de diámetro.

Descripción: *Collenia indosa* forma incrustaciones calcáreas. La superficie de estas construcciones es plana y está interrumpida irregularmente por pequeños domos. Collenia está formada por láminas irregulares, más o menos onduladas, que encajan unas en otras. En sección transversal, *Collenia* presenta un aspecto acintado. No se observa ningún sistema de ramificaciones. El crecimiento se realiza por adiciones sucesivas de estratos sobre el lado externo. Tampoco se encuentra ninguna huella de las células, salvo algunas partículas carbonosas y filamentosas. Sí se admite, sin embargo, basándose en observaciones realizadas sobre algas actuales, que este tipo de construcción calcárea es resultado de la actividad de algas microscópicas, las cianofíceas.

Biología-Ecología: *Collenia* es una concreción producida por la actividad clorofílica de algas acuáticas que vivían en medios poco profundos. Estas algas debían de realizar la fotosíntesis al estar suficientemente protegidas de las radiaciones ultravioletas. Como todos los estramolitos, tuvieron un importante papel en la precipitación de las primeras calizas.

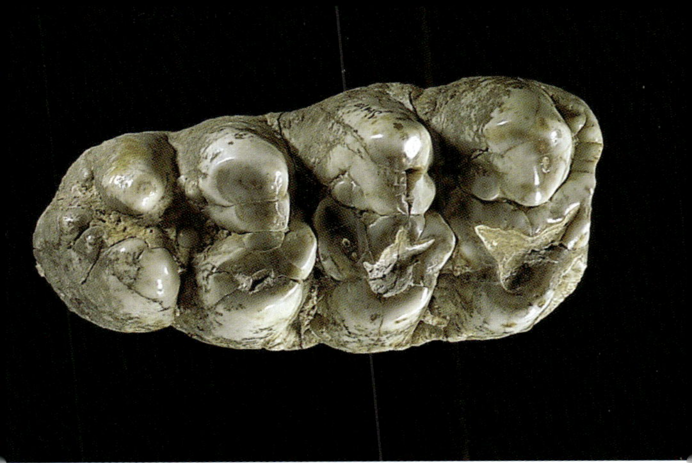

321 **CONOPHYTON**

Clasificación: Filum: Criptógamas. Cl.: Talofitas. O.: Schizophyllales. Fam.: Cianofíceas. **Piso:** Rifense (Precámbrico). Aparición: –1600 M. a. Extinción: –600 M. a. **Distribución mundial:** Principales yacimientos en Rusia, norte de África, China, India y América del Norte. **Tamaño del fósil:** La columna mide de 6 a 8 m de diámetro.

Descripción: *Conophyton* es el origen de la formación de los estromatolitos, es decir, de masas carbonatadas estratificadas que forman biohermos (bioconstrucciones con predominio de organismos in situ que produce un arrecife o montículo de origen orgánico). Estas masas están formadas por un conjunto de columnas subcilíndricas no ramificadas y muy próximas. La superficie lateral de estas columnas es muy irregular, y presenta anillos y puntas. La sección transversal de una columna deja ver formas redondeadas u ovaladas. Los estromatolitos debían de tener un crecimiento estacional y, tras una observación más minuciosa, quizá podríamos descubrir también un ritmo diario. Se cree que *Conophyton* era un organismo procarionte y que poseía clorofila. La precipitación de carbonato cálcico en la superficie de las algas dio lugar a estas formas incrustantes, a veces muy extensas.

Biología-Ecología: *Conophyton* vivía en asociación con otros estromatolitos en aguas poco profundas con un pH bastante elevado.

322 **LITHOTHAMNIUM**

Clasificación: Filum: Criptógamas. Cl.: Talofitas. O.: Rhodophyllales. Fam.: Corallináceas. **Piso:** Jurásico hasta la actualidad. Aparición: –140 M. a. **Distribución mundial:** Cosmopolita. **Tamaño del fósil:** Espesor de varias decenas de centímetros.

Descripción: *Lithothamnium* es un alga roja que podemos encontrar en la actualidad. Las paredes celulares de su talo están calcificadas. El talo está formado por una lámina horizontal de crecimiento periódico en las tres dimensiones. Se pueden observar filas de células que crecen de forma desordenada y en algunas zonas aparecen ramificaciones erectas. Su aspecto es similar al de ramitas de coral y se dividen de forma dicotómica. Estas masas calcificadas, más o menos gruesas, adheridas a las rocas o a las conchas, forman en ocasiones pequeños arrecifes: es lo que se conoce como maërl en las costas europeas.

Biología-Ecología: *Lithothamnium* ocupa actualmente determinados fondos marinos agitados por débiles corrientes, a una profundidad inferior a 100 metros. Esta alga puede vivir en asociación con arrecifes coralinos, pero también se encuentra en aguas frías.

323 **CAROFITAS**

Clasificación: Filum: Criptógamas. Cl.: Talofitas. O.: Charophyllales. Fam.: Caráceas. **Piso:** Devónico hasta la actualidad. Aparición: –395 M. a. **Distribución mundial:** Cosmopolita. **Tamaño del fósil:** El oogonio mide de 0,5 a 1,5 mm y la planta tiene tamaño desconocido.

Descripción: Las *carofitas* son un grupo que no ha evolucionado desde el Paleozoico. Los fósiles encontrados de *Chara* son tallos y fructificaciones. Estos tallos carecen de hojas y tienen una estructura helicoidal; su corteza está formada por largas células tubulares curvadas dispuestas en espiral. Los órganos reproductores se forman en la axila de los ramos y se denominan oogonios, muy resistentes y excelentes fósiles estratigráficos para el Terciario. Los oogonios son pequeñas estructuras ovoides con la superficie cubierta de surcos en espiral y con uno de sus extremos en forma de cuello de botella. Las carofitas son formas de transición entre talofitas y briofitas.

Biología-Ecología: Las *carofitas* viven en aguas estancadas, dulces o salobres. Crecen formando matas o tapices continuos en charcas temporales de salinidad variable situadas en zonas semiáridas. Su tallo puede incrustarse de caliza y su acumulación da lugar a rocas.

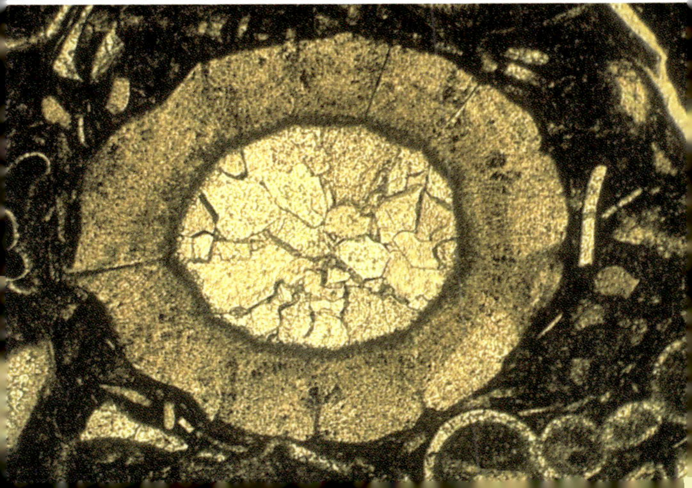

324 **EUSIGILLARIA**

Clasificación: Filum: Criptógamas. Cl.: Licofitas. O.: Lepidodendrales. Fam.: Sigillariáceas. **Piso:** Westfaliense a Estefaniense superior (Carbonífero). Aparición: –300 M. a. Extinción: –290 M. a. **Distribución mundial:** Principales yacimientos en Europa occidental y del norte. **Tamaño del fósil:** La planta medía 30 m.

Descripción: *Eusigillaria* es un árbol con porte de palmera que posee un tronco recto y en su extremo un penacho de hojas. La corteza del tronco presenta unas acanaladuras longitudinales entre las cuales se observan huellas foliares hexagonales, repartidas en verticilos, que dibujan una serie de líneas a lo largo del tronco. Estas huellas presentan cicatrices elípticas que corresponden a la inserción de hojas caducas. El penacho terminal, formado por hojas lanceoladas, está rodeado por un collar de espigas esporíferas de gran tamaño y forma alargada. Estas espigas, fijas al tronco por un largo pedicelo, están formadas por un eje al que se unen grandes escamas portadoras de esporangios. Las sigillarias son plantas heterosporas. **Biología-Ecología:** *Eusigillaria* era una forma muy extendida en las formaciones vegetales del Carbonífero superior, sobre los suelos pantanosos del bosque hullero. Junto con Lepidodendron, era uno de los dos géneros arborescentes principales de este bosque.

325 **LEPIDODENDRON**

Clasificación: Filum: Criptógamas. Cl.: Licofitas. O.: Lepidodendrales. Fam.: Lepidodendráceas. **Piso:** Carbonífero superior. Aparición: –325 M. a. Extinción: –280 M. a. **Distribución mundial:** Principales yacimientos en América del Sur (regiones polares) y Europa occidental y del norte (Groenlandia). **Tamaño del fósil:** De 25 a 30 m (planta).

Descripción: *Lepidodendron* es una licofita arborescente del Paleozoico. Se presenta como un árbol de tronco cilíndrico, de 25 a 30 metros de altura, que se ramifica dicotómicamente en la parte superior para formar penachos de ramas en forma de sombrilla. Las hojas, largas y estrechas, dejan sobre la corteza unas cicatrices foliares de contorno romboidal dispuestas de forma helicoidal. En estos cojinetes foliares se diferencian tres zonas: la superior, con la cicatriz de la lígula; media, donde se insertaba la hoja, con orificios de aireación; y una inferior, subfoliar con dos orificios de aireación. El tronco en sección muestra la médula central. Las espigas fructíferas cuelgan del extremo de las ramas y están formadas por hojas fértiles estrechamente imbricadas, con los esporangios en su base. *Lepidodendron* es una forma heterospora.

Biología-Ecología: *Lepidodendron* es un árbol característico del bosque hullero. Crecía en regiones pantanosas y lagunas, sobre los fondos fangosos y turbosos ocupados por una fauna de peces crosopterigios.

326 **STIGMARIA**

Clasificación: Filum: Criptógamas. Cl.: Licofitas. O.: Lepidodendrales. **Piso:** Carbonífero a Pérmico. Aparición: –345 M. a. Extinción: –225 M. a. **Distribución mundial:** Principales yacimientos en Europa. **Tamaño del fósil:** El rizoma, hasta 20 cm de diámetro y varias decenas de centímetros de longitud; la planta, tamaño desconocido.

Descripción: *Stigmaria* es un órgano subterráneo de algunas lepidodendrales. De forma cilíndrica, se ramifica regularmente dicotómicamente. Su aspecto es el de una raíz gruesa que compone una cruz en el plano horizontal, si bien algunas Stigmaria se sitúan más bien en un plano vertical. En la superficie se observan cicatrices de contorno circular dispuestas de forma helicoidal, cada una de las cuales corresponde a la inserción de una verdadera raíz que parte en ángulo recto. *Stigmaria* no es una raíz, sino un grueso rizoma subterráneo con numerosas raicillas. Se cree que los rizomas que se disponen horizontalmente están relacionados con Lepidodendron y Eusigillaria. Los rizomas verticales, sin embargo, se atribuyen a *Subsigillaria*. **Biología-Ecología:** *Stigmaria* es un órgano subterráneo que permitió a los grandes árboles del bosque hullero fijarse adecuadamente a los fondos cenagosos y turbosos poco estables. Encontramos numerosos fósiles de este tipo en el muro de las capas de carbón.

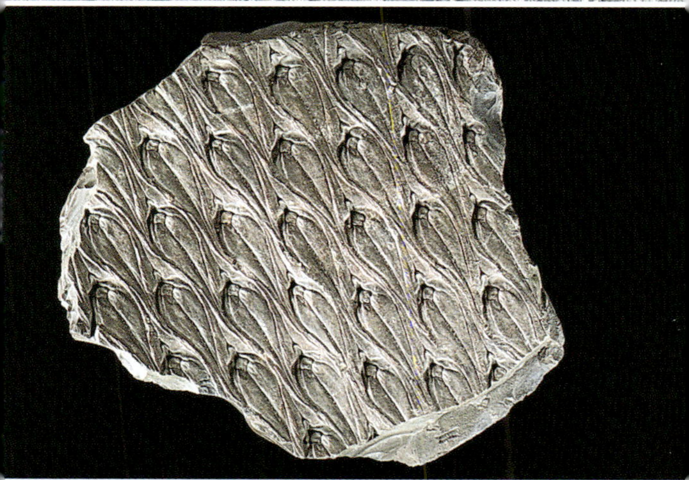

327 SYRINGODENDRON

Clasificación: Filum: Criptógamas. Cl.: Licofitas. O.: Lepidodendrales. Fam.: Sigillariáceas. **Piso:** Estefaniense (Carbonífero) a Pérmico. Aparición: –290 M. a. Extinción: –225 M. a. **Distribución mundial:** Principales yacimientos en Francia, Bélgica y Alemania. **Tamaño del fósil:** Hasta 30 m (planta).

Descripción: *Syringodendron* se presenta, como *Eusigillaria*, bajo la forma de una palmera de 20 a 30 m de altura. El tronco carece de costillas, pero su corteza puede engrosar y almacenar agua en su interior. Al igual que *Eusigillaria*, muestra unas cicatrices foliares verticiladas de forma hexagonal en las que se distinguen tres pequeñas cicatrices rematadas por la huella de la lígula. Las hojas son estrechas y terminan en punta, presentan sección hexagonal y miden entre 30 y 60 cm de longitud. Las espigas esporíferas forman una corona en la base del penacho de hojas que crecen en lo alto del tronco. En una sección transversal de la rama se observa una médula central rodeada de formaciones liberoleñosas que se han desarrollado de forma secundaria.

Biología-Ecología: Se cree que *Subsigillaria* crecía fuera de las zonas cenagosas y estaba adaptada a la sequía que poco a poco iba alcanzando las zonas continentales.

328 ANNULARIA

Clasificación: Filum: Criptógamas. Cl.: Esfenofitas. O.: Equisetales. Fam.: Calamitáceas. **Piso:** Carbonífero. Aparición: –345 M. a. Extinción: –280 M. a. **Distribución mundial:** Principales yacimientos en Europa occidental y América del Norte. **Tamaño del fósil:** Las hojas, 1,5 cm; la planta, tamaño desconocido.

Descripción: *Annularia* recuerda a un Equisetum (cola de caballo) arborescente; corresponde a las hojas de los calamites. Estas hojas, agrupadas en verticilos a modo de coronas horizontales, son estrechas y pueden tener forma ovalada, lanceolada o bien espatulada. Sus bases, ligeramente envainadoras (que abrazan al tallo) forman un manguito corto alrededor de éste; poseen un único nervio en posición central, con simetría dorsoventral. Cuando la hoja cae, deja sobre el tallo una cicatriz circular. Los tallos más viejos carecen de hojas.

Biología-Ecología: *Annularia* es el nombre que recibe el follaje de plantas de la familia de las calamitáceas. De hecho, en los yacimientos se ha encontrado Annularia asociada a fósiles de Calamites y formas próximas.

329 ASTEROPHYLLITES

Clasificación: Filum: Criptógamas. Cl.: Esfenofitas. O.: Equisetales. Fam.: Calamitáceas. **Piso:** Carbonífero superior. Aparición: –330 M. a. Extinción: –290 M. a. **Distribución mundial:** Principales yacimientos en Bélgica, Alemania (Ruhr), América del Norte y China. **Tamaño del fósil:** La hoja, hasta 2 cm; la planta, de 20 a 30 m.

Descripción: *Asterophyllites* es un órgano foliar cuyas impresiones se encuentran en sedimentos paleozoicos. Las ramitas pueden presentar una fina acanaladura y portan verticilos foliares a nivel de cada uno de sus nudos. Estos verticilos están formados por entre diez y treinta hojas estrechas, independientes en su base, y no se disponen en un plano sino que están dirigidas hacia arriba. Cada hoja posee una base envainadora, termina en punta y presenta simetría dorsoventral. Un único nervio en posición central ocupa entre una cuarta parte y la mitad del ancho de la hoja. Sobre ambas caras se observan estomas. Los ramos presentan en cada nudo dos ramitas opuestas, las cuales pueden modificarse en su extremo y formar órganos reproductores en forma de espigas.

Biología-Ecología: *Asterophyllites* corresponde al follaje de un calamites. Esta planta formaba parte del bosque hullero y ocupaba zonas pantanosas, al igual que los cordaites y los lepidodendron. Probablemente estaba adaptado a la vida en zonas sumergidas.

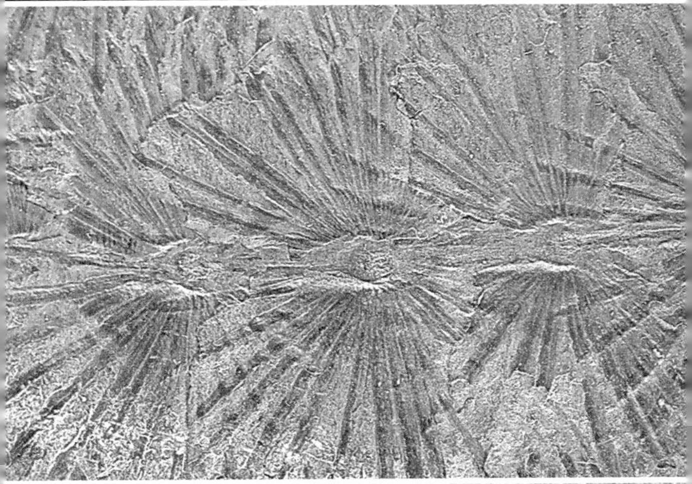

330 CALAMITES

CLASIFICACIÓN: Filum: Criptógamas. Cl.: Esfenofitas. O.: Equisetales. Fam.: Calamitáceas. **PISO:** Carbonífero medio a Pérmico inferior. Aparición: –325 M. a. Extinción: –280 M. a. **DISTRIBUCIÓN MUNDIAL:** Principales yacimientos en Francia, Bélgica, Países Bajos, Alemania y Gran Bretaña. **TAMAÑO DEL FÓSIL:** La planta, de 15 a 20 m.

DESCRIPCIÓN: *Calamites* agrupa una serie de plantas arborescentes de tronco hueco en su interior, con una sucesión de entrenudos alternante, semejante a la de los tallos de bambú actuales. Tras la muerte de la planta, estos tallos se llenaban de sedimentos, de manera que fosilizaba el molde de la cavidad medular, que mostraba unas estrías o acanaladuras. Cada nudo, marcado por una base transversal, llevaba una corona de hojas que, al caer, dejaban una cicatriz; en este nivel se distinguen además huellas de las ramas. En los entrenudos se observan costillas que alternan de un entrenudo al siguiente. Las raíces se disponen en verticilos sobre un rizoma que se hunde verticalmente en el suelo. Los órganos de reproducción se presentan en forma de espigas que recuerdan a las «colas de caballo». *Calamites* era una forma heterospora que, como todas las equisetales, carecía de flores.

BIOLOGÍA-ECOLOGÍA: *Calamites* vivía en un medio tropical o subtropical en zonas cenagosas y participó en la formación del bosque hullero.

331 SPHENOPHYLLUM

CLASIFICACIÓN: Filum: Criptógamas. Cl.: Esfenofitas. O.: Esfenofillales. Fam.: Esfenofilláceas. **PISO:** Devónico superior a Pérmico. Aparición: –360 M. a. Extinción: –225 M. a. **DISTRIBUCIÓN MUNDIAL:** Principales yacimientos en Europa. **TAMAÑO DEL FÓSIL:** La hoja, 1,5 cm de longitud; el tallo, de 1 a 2 cm de diámetro; la planta, hasta 30 m.

DESCRIPCIÓN: *Sphenophyllum* era una planta herbácea con porte de liana que probablemente se enganchaba a los arbustos como *Galium*. El tallo es macizo, articulado y con pocas costillas. Las hojas, sin peciolo, forman verticilos a lo largo del tallo y tienen forma más o menos triangular, más estrechas en la base, con el borde dentado y un nervio basal que se divide dicotómicamente. Sobre un mismo tallo, las hojas de la base pueden ser simples, mientras que más arriba pueden estar divididas. Se observan verticilos de ramas secundarias no alternados. Las espigas fructíferas están formadas por verticilos de escamas portadoras de esporangios que alternan con hojas estériles.

BIOLOGÍA-ECOLOGÍA: Es posible que algunas especies de *Sphenophyllum* con hojas recortadas en tiras finas tuviesen un modo de vida acuática. El resto de especies eran de tipo trepador y estaban asociadas a árboles de hoja caduca ligados a suelos secos.

332 LONCHOPTERIDIUM

CLASIFICACIÓN: Filum: Criptógamas. Cl.: Pteridospermafitas. O.: Pteridospermales. Fam.: Aletopteriáceas. **PISO:** Westfaliense (Carbonífero) a Pérmico. Aparición: –300 M. a. Extinción: –225 M. a. **DISTRIBUCIÓN MUNDIAL:** Principales yacimientos en Europa central, América del Norte y China. **TAMAÑO DEL FÓSIL:** La pínula, 2 cm; la planta, tamaño desconocido.

DESCRIPCIÓN: Los restos encontrados no nos permiten hacernos una idea de la morfología del vegetal completo. Los únicos órganos conocidos son frondes, de gran tamaño, que recuerdan mucho a los helechos actuales y se sostienen sobre tallos cortos; se cree que esta planta tenía porte arbustivo. El eje de los órganos foliares, o raquis, lleva pequeñas láminas verdes llamadas pínulas, de pequeño tamaño y forma ovalada, que carecen de peciolo y se adhieren al raquis por toda la base. En su superficie se distingue una nerviación fuertemente anastomosada: los nervios laterales dibujan hasta el borde de las pínulas una especie de retículo de malla poligonal.

BIOLOGÍA-ECOLOGÍA: *Lonchopteridium* formaba parte del bosque hullero y vivía en zonas próximas al mar. La hulla se formó precisamente en estos bosques hulleros, sobre suelos pantanosos.

333 NEUROPTERIS

Clasificación: Filum: Criptógamas. Cl.: Pteridospermafitas. O.: Pteridospermales. Fam.: Neuropteriáceas. **Piso:** Westfaliense a Estefaniense (Carbonífero superior). Aparición: –300 M. a. Extinción: –280 M. a. **Distribución mundial:** Principales yacimientos en Europa. **Tamaño del fósil:** La pínula, 1,8 cm; la planta, tamaño desconocido.
Descripción: *Neuropteris* es una planta grande de tallo leñoso, cuyo follaje recuerda al de un helecho. Los frondes son de gran tamaño y el raquis presenta estriaciones longitudinales, dividiéndose en su extremo. Sobre la parte no bifurcada del raquis se observan grandes pínulas de forma orbicular; su base es redondeada o en forma de corazón, sobre todo en el ápice de las pinnas secundarias, donde una pequeña pínula se suelda a la base de la pínula mayor. Las pínulas poseen un nervio central del que parten haces de nervios secundarios dispuestos en abanico. Sobre las ramificaciones del raquis podemos ver pínulas más alargadas; su nervio central no alcanza el extremo del lóbulo; los nervios secundarios son arqueados y se ramifican varias veces.
Biología-Ecología: *Neuropteris* podía producir semillas, pero también se multiplicaba vegetativamente mediante estolones. Formaba parte de los bosques hulleros, así como de los bosques-galería aparecidos en el Estefaniense.

334 PECOPTERIS

Clasificación: Filum: Criptógamas. Cl.: Fillcofitas. O.: Marattiales. Fam.: Pecopteridáceas. **Piso:** Westfaliense (Carbonífero) a Pérmico. Aparición: –300 M. a. Extinción: –225 M. a. **Distribución mundial:** Principales yacimientos en Europa, Rusia, Sumatra, China y América del Norte. **Tamaño del fósil:** La pínula, 1,2 cm de longitud; la planta, tamaño desconocido.
Descripción: *Pecopteris* tenía el aspecto de un helecho arborescente. Del eje principal partían ejes secundarios y presentaba un grueso nervio central. Las pínulas, de forma alargada y gran tamaño, redondeadas en su extremo distal, eran algunas veces lobadas o dentadas. La base de la pínula aparece totalmente unida al raquis y en ocasiones estas bases están soldadas entre sí. La nerviación está bien marcada, con un nervio central prominente del que parten finos nervios secundarios, ramificados, formando abanicos en cada lóbulo de la pínula. Las pequeñas semillas mostraban unas alas cortas, como las sámaras actuales.
Biología-Ecología: Los *Pecopteris* podían multiplicarse por estolones. Ocupaban las turberas de las zonas continentales y se encuentran asociados a Selaginella, Lepidodendron y helechos.

335 SPHENOPTERIS

Clasificación: Filum: Criptógamas. Cl.: Pteridospermafitas. O.: Pteridospermales. **Piso:** Namuriense a Westfaliense (Carbonífero). Aparición: –325 M. a. Extinción: –290 M. a. **Distribución mundial:** Principales yacimientos en Europa. **Tamaño del fósil:** La pínula, 1 cm; la planta, tamaño desconocido.
Descripción: Los restos encontrados de *Sphenopteris* tienen aspecto de helecho y en ellos se observa una clara tendencia a la dicotomía. Los frondes poseen un eje principal del que parten ejes secundarios provistos de pínulas más o menos recortadas en lóbulos redondeados, tanto más cuanto más próximas están a la base. En su base se estrechan y se insertan directamente sobre el eje. Los nervios parten en forma de abanico desde el punto de unión al tallo; no existe nervio principal central. Los tallos poseen una médula central. Se han hallado inflorescencias en conexión con los frondes. Cada semilla está situada en el centro de una cúpula de seis dientes. Los sacos polínicos estaban agrupados sobre un receptáculo que se fijaba sobre el ramo mediante un largo y fino pedicelo.
Biología-Ecología: *Sphenopteris* tenía un denso crecimiento en los sotobosques pantanosos próximos al mar. Además, formaba parte de la vegetación herbácea que cubría las inmediaciones de los lagos de agua dulce.

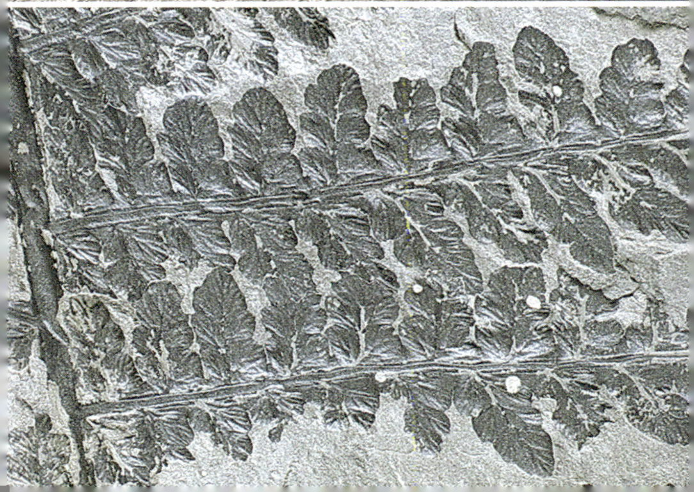

336 PTEROPHYLLUM

Clasificación: Filum: Prefanerógamas. Cl.: Cicadofitas. O.: Bennettitales. Fam.: posición taxonómica incierta. **Piso:** Estefaniense (Carbonífero) a Cretácico superior. Aparición: –285 M. a. Extinción: –112 M. a. **Distribución mundial:** Principales yacimientos en Francia (Jura), Austria, Escocia (norte) y Yorkshire. **Tamaño del fósil:** 30 cm (planta).

Descripción: *Pterophyllum* tenía el aspecto de un árbol de tronco corto y macizo, con un penacho de anchas hojas compuestas en su extremo. Los foliolos, contiguos y con múltiples nervios, son alargados, con la amplia base adherida al raquis. Las cicatrices foliares tienen forma rómbica. Se cree que la fructificación de Pterophyllum es el ancestro de la flor: la parte masculina, que rodea el receptáculo central, está formada por pequeñas hojas cuyas pínulas portan microesporangios, lo que de alguna manera serían estambres foliáceos. La parte femenina ocupa el receptáculo central y está formada por numerosas escamas, cada una de las cuales lleva un óvulo. El conjunto está rodeado por rosetas de escamas protectoras.

Biología-Ecología: *Pterophyllum* conoció su máximo apogeo en el Trías superior. Se ha comprobado que esta planta se fue adaptando progresivamente a un medio cálido y seco al observarse el engrosamiento de la cutícula que recubre las hojas.

337 LEBACHIA

Clasificación: Filum: Fanerógamas. Cl.: Coniferofitas. O.: Lebachiales. Fam.: Lebachiáceas. **Piso:** Estefaniense (Carbonífero) a Pérmico. Aparición: –285 M. a. Extinción: –225 M. a. **Distribución mundial:** Principales yacimientos en Europa occidental. **Tamaño del fósil:** Hasta 10 cm.

Descripción: *Lebachia* recuerda a las araucarias actuales. Son árboles de mediano tamaño, con esbelto tronco vertical. Las ramificaciones de primer orden se disponen en un plano horizontal y se dividen dicotómicamente para dar lugar a ramos de segundo orden, dispuestos en el mismo plano. Las hojas son de pequeño tamaño, muy alargadas, aciculares y carenadas. Los órganos de reproducción están formados por conos fructíferos; los conos femeninos son inflorescencias de forma cilíndrica que miden entre 20 y 30 cm de largo y están formadas por escamas en cuya base se aloja una verdadera semilla. Las Lebachia forman parte de las primeras fanerógamas conocidas.

Biología-Ecología: Las *Lebachia* aparecieron en el momento en que la vegetación hullera desaparecía. Se localizan en las extensas llanuras aluviales junto con helechos y equisetales.

338 ZAMITES

Clasificación: Filum: Fanerógamas. Cl.: Coniferofitas. O.: Bennettitales. Fam.: posición taxonómica incierta. **Piso:** Trías a Cretácico. Aparición: –225 M. a. Extinción: –120 M. a. **Distribución mundial:** Principales yacimientos en Austria, Yorkshire, Escocia (norte) y Francia (Jura). **Tamaño del fósil:** El foliolo, 8 cm; la planta, de 8 a 10 m.

Descripción: Se han encontrado impresiones de las hojas, las flores y las semillas. Las hojas son pinnadas, compuestas por una serie de foliolos alargados distribuidos a lo largo de un eje. Estos foliolos, en forma de hierro de lanza, presentan una serie de nervios ligeramente divergentes y se dividen de forma dicotómica; se insertan sobre el eje por la parte central de su base redondeada y su punto de unión está marcado por la presencia de una pequeña callosidad. La planta posee numerosas flores hermafroditas; estos órganos reproductores son, de hecho, hojas modificadas y constituyen pequeñas rosetas con un corto pedúnculo que se insertan entre las hojas. Las pocas semillas que se han encontrado presentaban un embrión con dos dicotiledones.

Biología-Ecología: Sobre las hojas de *Zamites* se pueden observar estomas bien protegidos contra la desecación, señal de que la planta se fue adaptando progresivamente a un clima seco y cálido.

15.501
Mus. Lyon

339

PALMERA SILICIFICADA

CLASIFICACIÓN: Filum: Fanerógamas. Cl.: Angiospermafitas. O.: Palmales. Fam.: Palmáceas. **PISO:** Cretácico superior hasta la actualidad. Aparición: –88 M. a. **DISTRIBUCIÓN MUNDIAL:** Principales yacimientos en Europa. **TAMAÑO DEL FÓSIL:** El tronco, 20 cm de diámetro; el árbol, hasta 20 m.

DESCRIPCIÓN: Las palmeras, según las especies, se encuentran aisladas o en grupos. Los troncos, de tamaño variable, presentan cicatrices foliares y están recubiertos por una vaina de fibras superpuestas que representan una expansión persistente del peciolo de cada hoja. Las hojas se disponen en penacho en lo alto del tronco; según las especies, se observa forma de abanico o bien son pinnadas, como en las datileras. Carecen de nerviación paralela. El árbol está fijo al suelo mediante raíces que nacen de la base del tronco. Las flores están agrupadas en inflorescencias que se localizan generalmente en la base de las hojas.

BIOLOGÍA-ECOLOGÍA: Las palmeras son plantas que crecen en regiones cálidas, cerca de ríos y en la selva tropical. Durante el Terciario, la zona de clima tropical propicio para su implantación se extendía mucho más al norte que en la actualidad.

340

MADERA SILICIFICADA

CLASIFICACIÓN: Filum: Fanerógamas. Cl.: Coniferofitas. O.: Arancariales. Fam.: Arancariáceas. **DISTRIBUCIÓN MUNDIAL:** Cosmopolita. **TAMAÑO DEL FÓSIL:** De 0,5 a 1,5 mm (oogonio).

DESCRIPCIÓN: El estudio de la madera silicificada resulta muy interesante, ya que en ella se ha conservado la estructura de las plantas petrificadas. Al microscopio se reconocen incluso las células y los vasos conductores de la savia. En el parque de Yellowstone, por ejemplo, se puede ver una sucesión de bosques petrificados que fueron destruidos por erupciones volcánicas de ceniza y quedaron enterrados en un medio rico en sílice. En el proceso de fosilización también intervinieron fenómenos de fumarola. Asimismo, se encuentran troncos silicificados en los sedimentos rojos del Pérmico, formados bajo un clima subtropical. Observaciones realizadas sobre rizomas de ninfeáceas en Madagascar han permitido explicar el proceso de fosilización. Durante la formación de una laterita, las aguas de lluvia que lixivian el suelo arrastran la sílice. Esta última puede llegar a impregnar localmente órganos subterráneos que pasan a ser, por tanto, susceptibles de conservarse. Hemos de apuntar que, a priori, todas las especies de árboles pueden dar lugar a fósiles salicificados, por lo que a veces es difícil atribuir estos fósiles a una especie concreta. En cualquier caso, lo que resulta interesante es el proceso de fosilización.

341

CAÑA

CLASIFICACIÓN: Filum: Fanerógamas. Cl.: Angiospermafitas. O.: Glumales. Fam.: Gramíneas. **PISO:** Terciario hasta la actualidad. Aparición: –70 M. a. **DISTRIBUCIÓN MUNDIAL:** Cosmopolita. **TAMAÑO DEL FÓSIL:** 5 cm de diámetro y hasta 3 m de altura.

DESCRIPCIÓN: La *caña* es una gramínea cuyos tallos y hojas se incrustan de sílice a nivel de la epidermis. Posee largos tallos subterráneos o rizomas que pueden ramificarse. Además, presenta nudos a cuya altura se distinguen numerosas raíces verdaderas. Los tallos aéreos son erguidos, huecos por dentro, y no se ramifican. La médula se reabsorbe por todas partes salvo por los nudos. En sección se observan numerosos haces de tejidos conductores dispuestos en círculos concéntricos. Las hojas, largas y estrechas, comprenden dos partes: una basal, cilíndrica, que envuelve el tallo en gran parte de su longitud; y una libre y lanceolada con numerosos nervios paralelos. La inflorescencia de la caña es un racimo compuesto.

BIOLOGÍA-ECOLOGÍA: La *caña* ocupa las zonas pantanosas de clima cálido o templado. Se reproduce gracias a una semilla con cotiledón. Su multiplicación se realiza sobre todo de forma vegetativa mediante un rizoma que se ramifica.

Glosario

AALENIENSE: Piso del Jurásico medio.

ABBEVILLIENSE: Periodo del Paleolítico.

ABISAL: Define los medios marinos profundos (por debajo de 3.000 m). Ej.: llanura abisal.

ACADIENSE: Piso del Cámbrico medio definido en Acadia (Nueva Escocia).

ACÉFALO: Que carece de cabeza. Acéfalos: antiguo nombre de los lamelibranquios.

ACHEULENSE: Conjunto cultural prehistórico que data de unos 500.000 años.

AGNATO: Que carece de mandíbulas. Agnatos: la clase de vertebrados más arcaica, aparecida en el Ordovícico.

ALBIENSE: Piso superior del Cretácico inferior.

ALVEOLO: Pequeña cavidad.

ÁMBAR: Resina fósil.

ANISÓTROPO: Sustancia cuyas propiedades físicas varían en función de la dirección de observación.

ANOFTALMIA: Ausencia de ojos.

ANTROPOIDES: Grupo que reúne a los monos y a los homínidos.

ANTROPOMORFOS: Grupo que comprende los monos del Viejo Mundo, excepto los cercopitecos.

ANTROPOZOICO: Era cuaternaria.

APTIENSE: Piso del Cretácico inferior.

APTYCHUS: Fósiles que representan las piezas operculares de los ammonites.

AQUITANIENSE: Piso del Terciario en la base del Mioceno.

ARAGONITO: Carbonato cálcico que en ocasiones entra en la composición mineralógica de las conchas o caparazones; C_aC_{O3}.

ÁREA CARDINAL: Área situada entre los dos umbos, a un lado y a otro de la charnela de los lamelibranquios.

ÁREA CARDINAL: Término que describe las estructuras que se encuentran en el extremo posterior del interior de la valva braquial de un braquiópodo.

ARENIG: Serie del Ordovícico inferior.

ARGÓN: Elemento utilizado en radiocronología.

ARGOVIENSE: Piso (ya en desuso) del Jurásico superior (ver Lusitaniense).

ARQUEOZOICO: Sinónimo de Precámbrico.

ARTEJOS: Piezas rígidas unidas por articulaciones. Ej.: artejos de los tallos de crinoideos (entronques).

ARTICULADOS: Ver braquiópodos.

ASHGILL: Serie del Ordovícico superior.
ASTIENSE: Piso del Plioceno superior (Terciario).
ATELOSTOMADOS: Grupos de erizos irregulares sin aparato masticador.
ATURIENSE: Senoniense superior (Cretácico superior).
AULODONTOS: Grupo de equinoideos regulares.
AURIÑACIENSE: Conjunto cultural prehistórico que data de uno 30.000 años.
AUSTRALOPITECOS: Primeros representantes de los homínidos
AUTUNIENSE: Piso del Pérmico inferior.
AUVERSIENSE: Piso del Eoceno superior.
AVES: Clase aparecida en el Jurásico superior.
AVIPELVIANOS: Reptiles fósiles pertenecientes a los dinosaurios
AZOICA: Capa sedimentaria o roca que no contiene ningún fósil
AZOICO: Término análogo a Proterozoico.

BAJOCIENSE: Piso del Jurásico medio.
BARREMIENSE: Piso del Cretácico inferior.
BARTONIENSE: Piso que agrupa al Auversiense y al Marinesiense (Eoceno medio).
BATHONIENSE: Piso del Jurásico medio.
BATIAL: Medio marino relativamente profundo que corresponde al talud continental, por encima del medio abisal.
BELEMNITES: Cefalópodos dibranquiales que sólo se encuentran desde el Carbonífero hasta el Cretácico.
BENETITALES: Plantas fósiles, próximas a las actuales gimnospermas, que contribuyeron a la formación de los bosques hulleros.
BENTÓNICO: Se aplica a un ser vivo (fijo o no) que vive sobre los fondos marinos o de agua dulce.
BENTOS: Conjunto de seres vivos bentónicos.
BERRIASIENSE: Piso del Cretácico inferior.
BIBER: Glaciación del Terciario que se extiende entre –5 M. a. y –2 M. a.
BIOESTRATIGRAFÍA: Estratigrafía basada en la observación de los fósiles en los estratos.
BIOHERMO: Bioconstrucción con predominio de organismos in situ que produce un arrecife o montículo de origen orgánico
BIOLITITA: Roca carbonática bioconstruida normalmente por organismos que generan un caparazón rígido.
BIOSTROMO: Cuerpo estratiforme formado por la actividad y acumulación in situ de restos de organismos. Se diferencia del biohermo por su geometría, pues carece de las formas típicas de montículo o construcción arrecifal de éstos.

BIOTITA: Mica negra. Mineral que contiene trazas de elementos radiactivos que permiten las mediciones radiocronológicas.
BIOZONA: División bioestratigráfica elemental basada en el contenido fosilífero de un estrato.
BISO: Producto de secreción de determinados moluscos lamelibranquios que en contacto con el agua toma forma de filamentos mediante los que el animal se fija a rocas u otros cuerpos.
BIVALVOS: Sinónimo de lamelibranquios.
BLASTOIDEOS: Clase de equinodermos fósiles representada en el Ordovícico y el Pérmico.
BRAQUIAL: Valva ventral de los braquiópodos que lleva el braquidio.
BRAQUIDIO: Aparato que porta el lofóforo.
BRAQUIÓPODOS: Animales marinos que pertenecen al subfilum de los lofoforados y que se dividen en articulados e inarticulados, según presenten o no dientes para articular las valvas.
BREVICONO: Ortocono o cirtocono ancho y corto.
BRIOZOOS: Filum perteneciente a los lofoforados que comprende especies generalmente coloniales.
BUNTSANDSTEIN: Piso del Triásico inferior en facies germánicas.
BURDIGALIENSE: Piso del Mioceno.

CALABRIENSE: Piso del Pleistoceno inferior.
CALCEDONIA: Variedad de sílice que a veces entra en la composición de los fósiles (conchas, moldes).
CALEDÓNICA: (orogenia): Episodio orogénico de gran importancia que tuvo lugar durante el Paleozoico inferior.
CALLOVIENSE: Piso del Jurásico medio.
CÁMBRICO: Primer sistema de la era primaria o Paleozoico.
CAMPANIENSE: Piso del Cretácico superior.
CARBONATADAS: Dícese de las rocas sedimentarias formadas mayoritariamente por minerales carbonatados (p. ej.: plataformas carbonatadas).
CARBONATOS: Minerales caracterizados por la presencia del ión CO_3 (p. ej.: calcita, aragonito, dolomita). La calcita y el aragonito forman frecuentemente las conchas y los moldes internos de los fósiles.
CEFALÓN: Región anterior o cabeza de un trilobites.
CEFALÓPODOS: Importante clase de moluscos que incluye ammonites, nautilus y belemnites.
CENOZONA: Conjunto de estratos caracterizados por una asociación particular de flora o fauna.
CHAPELLE-AUX-SAINTS: Localidad de Corrèze, Francia, donde fue descubierto un neandertal de 40.000 años.

CHARMOUTIENSE: Piso compuesto del Jurásico inferior.
CIDAROIDES: Erizos regulares cuyo fósil tipo es Cidaris.
CNIDARIOS: Filum que comprende anémonas de mar, medusa y corales. Se conoce desde el Precámbrico.
COBLENCIENSE: Nombre ya en desuso de un piso del Devónico
CONCRECIÓN: Depósito de material en torno a un núcleo o u organismo, de origen químico o bioquímico. Ej.: concreción d algas.
CONIACIENSE: Piso del Cretácico superior.
CONODONTOS: Pequeños dientes fósiles fosfáticos, comunes e las rocas del Cámbrico al Triásico.
COPROLITO: Excrementos fosilizados que presentan distintas for mas, capaces de proporcionar información relativa a la estructur del sistema digestivo del animal.
COUVINIENSE: Piso del Devónico.
CRETÁCICO: Último periodo de la era secundaria (Mesozoico) Se caracteriza por la sedimentación generalizada de los depó sitos de creta y por la extinción masiva de muchos grupos d animales.
CROMAÑÓN: Nombre con el que se designa al tipo humano co rrespondiente a ciertos fósiles de Homo sapiens y que data de uno 30.000 años.
CROMERIENSE: Piso del Cuaternario.
CROSOPTERIGIOS: Peces próximos a los anfibios, aparecidos e el Devónico y representados actualmente por Latimeria, el céle bre celacanto.
CRURA: Parte del soporte braquial calcificado (braquidio) en bra quiópodos que fijan las branquias al interior del ápice de la valv braquial.
CRUSTÁCEOS: Clase de artrópodos aparecidos en el Cámbrico
CUATERNARIO: Periodo más reciente de la historia de la Tierr marcada por el desarrollo del hombre y por las cuatro glaciacio nes: Günz, Mindel, Riss y Würm.
CUISIENSE: Piso de la era terciaria (Eoceno inferior).

DANIENSE: El piso más antiguo del Paleoceno.
DATACIÓN: Determinación de la edad de un fósil o de una capa sedimentaria.
DELTIDIUM: Estructura de los braquiópodos, formada por dos pla quitas, que limitan el orificio por donde sale el pedúnculo de fi jación.
DEVÓNICO: Cuarto de los seis periodos del Paleozoico.
DEXTRÓGIRO: Hace referencia al sentido del arrollamiento (en este caso hacia la derecha) de una concha helicoidal cuando se

orienta con el ápice dirigido hacia arriba y la abertura hacia el observador.

DIATOMEAS: Algas unicelulares protegidas por un caparazón silíceo.

DINANTIENSE: Piso del Carbonífero inferior.

DIPNOOS: Peces dotados de una doble respiración: branquial y pulmonar.

DOGGER: Sinónimo de Jurásico medio. Hace alusión al término que emplean en las canteras británicas para designar unas concreciones en forma de cabeza de perro (dog).

DOMERIENSE: Piso del Jurásico inferior.

DONAU: Glaciación de finales de la era terciaria (dos millones de años).

DOWTONIENSE: Límite entre el Silúrico y el Devónico.

DULCEACUÍCOLA: Ligado a las aguas dulces corrientes o estancadas.

ECTOPROCTOS: Designa a los briozoos. Este término significa que el ano se abre fuera del área del lofóforo.

EDAD ABSOLUTA: Edad dada por la radiocronología.

EDAD RELATIVA: Lugar que ocupa un acontecimiento con respecto a otro en la escala de los tiempos geológicos.

EDAD: Intervalo de tiempo geológico equivalente a la unidad cronoestratigráfica «piso».

EIFFELIENSE: Piso del Devónico.

ELASMOBRANQUIOS: Subclase de peces.

EMSIENSE: Piso del Devónico.

ENTRONQUE: Artejo fósil de los tallos de crinoideos que se encuentran en determinadas calizas (calizas con entronques).

EOCENO: División del Terciario que se extiende desde –55 M. a. hasta –35 M. a.

EQUÍNIDOS: Clase de Equinodermos que agrupa a todos los erizos de mar.

EQUISETALES: Pteridofitas aparecidas en el Devónico.

ERA: Principal división del tiempo en geología. Se distinguen la era primaria (340 M. a.), la secundaria (165 M. a.), la terciaria (65 M. a.) y el Cuaternario (en curso).

ESCAFÓPODOS: Clase de moluscos que aparecieron en el Ordovícico y cuyo género típico es Dentalium.

ESPÍCULAS: Órganos externos más o menos puntiagudos que se localizan en la superficie de las conchas o caparazones.

ESQUIZODONTO: Dícese de la charnela de las conchas de lamelibranquios con dientes cardinales prominentes.

ESTRATO: Sinónimo de capa.

ESTROMATOLITO: Estructura laminada, en montículo, construida a lo largo del tiempo por sucesivas capas de cianobacterias (sobre todo cianofíceas) que atrapaban material sedimentario.

FACIES: Conjunto total de las características (litológicas, faunísticas o sedimentológicas) que reflejan las condiciones ambientales específicas bajo las que una roca dada se formó o fue depositada.
FAMENIENSE: Piso del Devónico.
FANERÓGAMAS: Conjunto de plantas con flor.
FANEROZOICO: División empleada en ocasiones para designar al conjunto de los tiempos fosilíferos.
FORAMEN: Orificio por el que sale el pedúnculo de los braquiópodos.
FORAMINÍFEROS: Protozoos pertenecientes a los rizópodos y que proporcionan una gran variedad de fósiles.
FÓTICA: Califica a las zonas marinas en las que penetra la luz.
FRAGMOCONO: Parte de la concha de los cefalópodos.
FRASNIENSE: Piso del Devónico.
FRÚSTULA: Pared celular silícica de las diatomeas.

GASTERÓPODOS: Clase de moluscos que incluye caracoles y babosas.
GEDINIENSE: Piso del Devónico.
GEOCRONOLOGÍA: Método de datación de las capas sedimentarias basado en su contenido fosilífero (geocronología relativa) o en los elementos radiactivos (geocronología absoluta).
GIMNOSPERMAS: Plantas con semillas que presentan óvulos desnudos sobre las escamas del cono.
GIVETIENSE: Piso del Devónico.
GLABELA: Parte media abultada del cefalón de los trilobites.
GNATOSTOMADOS: Superclase que comprende a todos los vertebrados que poseen verdaderas mandíbulas.
GOTLANDIENSE: Nombre en desuso para designar al Silúrico.
GRAPTOLITOS: Clase extinguida de organismos marinos coloniales en forma de varilla.
GRIMALDI: Localidad del norte de Italia donde se han encontrado los restos de un neántropo próximo al hombre de Cromañón.
GÜNZ: Primera glaciación del Cuaternario que tuvo lugar hace un millón de años.

HAFNIO: Metal empleado en las dataciones radiocronológicas.
HEMIPELAGITA: Roca sedimentaria formada por acumulación de organismos y partículas detríticas.

HETERODONTOS: Grupos de lamelibranquios que poseen charnela con diferentes dientes.
HETTANGIENSE: Piso de la base del Jurásico.
HIALINO: Dícese del caparazón transparente de los foraminíferos, formado por calcita y con aspecto de cristal.
HOLOCENO: Último periodo de la era cuaternaria.
HOLOSTOMADO: Peristoma regular de los erizos de mar, desprovisto de escotadura.
HOMÍNIDOS: Término que agrupa todas las formas próximas al género humano (australopitecos, pitecántropos, neandertales…).

INCERTAE SEDIS: Se aplica a un fósil cuya posición sistemática no está claramente establecida.
INEQUIVALVO: Lamelibranquio cuyas dos valvas no son simétricas.
INSECTOS: Clase de artrópodos aparecidos en el Devónico.
INTEGRIPALEADO: Dícese de una concha cuyo interior presenta una impresión paleal no sinuosa.
INVOLUTA: Concha cuya última vuelta envuelve a las anteriores.
ISOBATA: Línea trazada en un mapa que une puntos a la misma profundidad bajo la superficie del agua.
ISOCRONA: Línea que une puntos de igual intervalo de tiempo o edades.
ISÓTOPO: Elementos químicos estables o inestables con el mismo número atómico pero de masa diferente. Ej.: O_{16} y O_{18}.
ISÓTROPO: Que presenta propiedades ópticas idénticas en cualquier dirección en que se observen.

JURÁSICO: Periodo de la era secundaria dividido en Lías, Dogger y Malm.

KEUPER: Una de las divisiones del Trías superior.
KIMMERIDGIENSE: Piso del Jurásico superior.

LADINIENSE: Piso del Trías.
LAMELIBRANQUIOS: Clase de moluscos de gran importancia desde el punto de vista estratigráfico. Sinónimo de bivalvos.
LANGHIENSE: Piso del Mioceno.
LEVÓGIRO: Indica el sentido (hacia la izquierda) en el que enrolla una concha helicoidal.
LÍAS: Jurásico inferior.
LIMNÍVORO: Que se alimenta de barro o fango.
LITOGRÁFICAS (calizas)**:** Calizas de grano muy fino, como las de Solnhofen.

LLANDEILIENSE: Piso del Ordovícico.
LLANDOVERIENSE: Piso del Silúrico.
LLANVIRNIENSE: Piso del Ordovícico.
LOFÓFORO: Órgano que sirve para la nutrición y la respiración. Define al grupo de los lofoforados y agrupa, entre otros, a braquiópodos y briozoos.
LUMAQUELA: Roca calcárea formada fundamentalmente por conchas más o menos fragmentadas de lamelibranquios.
LUTECIENSE: Piso del Terciario equivalente al Eoceno medio.
MAASTRICHTIENSE: Piso terminal del Cretácico.
MACROFÓSIL: Fósil lo suficientemente voluminoso para ser descrito y estudiado a simple vista.
MADREPORARIOS: Cnidarios recifales.
MAËRL: Término bretón con el que se designa la acumulación de restos de algas calcáreas en vías de sedimentación.
MAGDALENIENSE: Conjunto de elementos de la industria paleolítica superior que data de unos 10.000 años.
MALM: Jurásico superior. Este término designa una caliza de la región de Oxford.
MAMÍFEROS: Clase aparecida a finales del Trías.
MARGA: Roca de composición intermedia entre caliza y arcilla.
MARGEN CONTINENTAL: Zona que consta de la plataforma continental, el talud continental y la base del talud continental, y se extiende desde la línea de costa hasta el fondo oceánico, hasta una profundidad de 2.000 metros.
MESOGEA (O TETHYS): El mar que más o menos separaba los dos grandes supercontinentes (Laurasia y Gondwana) durante el Mesozoico.
MESOZOICO: Sinónimo de era secundaria.
MESSINIENSE: Piso del final del Mioceno.
MICROFÓSIL: Fósil cuyo estudio completo precisa del uso de la lupa binocular o el microscopio.
MICROPALEONTOLOGÍA: Ciencia que estudia los microfósiles.
MINDEL: Segunda glaciación del Cuaternario, que tuvo lugar hace aproximadamente 500.000 años.
MIOCENO: División del Terciario.
MISSISSIPPIENSE: División del Carbonífero inferior (en Estados Unidos).
MOLUSCOS: Filum de invertebrados que agrupa a lamelibranquios, escafópodos, gasterópodos y cefalópodos.
MUSCHELKALK: División del Trías. Término alemán que significa 'caliza de conchas'.
MÚSCULO ADUCTOR: Músculo que cierra la concha en los la-

melibranquios (un solo músculo en los monomiarios y dos en los dimiarios).
MUSTERIENSE: Cultura englobada en el Paleolítico medio y en la que domina el hombre de neandertal.

NAMURIENSE: Piso del Carbonífero.
NANOFÓSIL: Fósil de tamaño comprendido entre 2 y 20 micras.
NAUTILICONO: Tipo de concha en el que las vueltas más externas envuelven a las más internas de forma que éstas son casi o parcialmente invisibles.
NEANDERTALES: Rama de homínidos.
NEANTROPOS: Rama reciente de homínidos que se remonta a 30.000 años. El prototipo es el hombre de Cromañón.
NEOCOMIENSE: División del Cretácico que comprende el Berriasiense, el Valanginiense y el Hauteriviense.
NEÓGENO: División de la era terciaria que agrupa el Mioceno y el Plioceno.
NEOLÍTICO: Periodo muy reciente de la historia de los homínidos caracterizado por la fabricación y el uso de la piedra pulida. (De 7000 a 1500 a. C.).
NUMMULÍTICO: Sinónimo de Paleógeno, la división más antigua de la era terciaria; el término hace referencia a los fósiles característicos de esta época, los nummulites.

OLIGOCENO: División de la era terciaria.
OMBLIGO: Ligera depresión que marca el centro de enrollamiento de las conchas de moluscos y los caparazones de foraminíferos.
OOLITO: Pequeña esfera formada por un núcleo y envuelta de capas concéntricas.
OPISTOBRANQUIOS: Grupo de gasterópodos.
OPISTOGIRO: Dícese de una concha con el umbo dirigido hacia atrás.
ORDOVÍCICO: Periodo del Paleozoico.
OROGÉNESIS: Proceso de formación de las cadenas montañosas.
ORTOCONO: Dícese de la concha recta de ciertos nautiloideos.
OXFORDIENSE: Piso del Jurásico superior.
OXICONO: Concha comprimida lateralmente (en cefalópodos). Sinónimo de discoidal.

PALEOAMBIENTE: Conjunto de las condiciones de vida de un medio del pasado.
PALEOCENO: División de la base del Terciario que agrupa el Daniense, el Montiense y el Thanetiense.

PALEÓGENO: Base de la era terciaria que agrupa el Paleoceno, el Eoceno y el Oligoceno.
PALEOGEOGRAFÍA: Reconstrucción del conjunto de paleoambientes en diferentes épocas.
PALEOLÍTICO: División de la prehistoria.
PALEORRELIEVE: Antiguo relieve cubierto por sedimentos.
PALEOSUELO: Suelo formado en el pasado que puede aflorar tal cual o estar recubierto por sedimentos.
PALEOTEMPERATURAS: Temperaturas de épocas pasadas cuya medida puede ser estimada mediante análisis de relación isotópica.
PALEOZOICO: Sinónimo de la era primaria.
PALINOLOGÍA: Ciencia que estudia los pólenes fósiles.
PEBBLE (cultura): Cultura de guijarros. Es la industria lítica formada por los guijarros de aristas cortantes fabricados por los australopitecos u Homo habilis.
PECES: Superclase de vertebrados acuáticos.
PEDOLOGÍA: Ciencia que estudia los suelos. Sinónimo de edafología.
PELÁGICO: Animal o vegetal flotante o que nada entre dos aguas. Se opone a bentónico.
PELECÍPODOS: Término empleado en ocasiones para designar a los lamelibranquios.
PENILLANURA: Área extensa de escaso relieve dominada por vertientes convexas. Es el producto final de un ciclo de erosión, originado por la acción erosiva fluvial a lo largo de un periodo largo de tiempo que va ensanchando los valles y reduciendo las vertientes.
PERIODO: División estratigráfica. Tiempo necesario para la desintegración de la mitad de la masa de un elemento radiogénico.
PERIPROCTO: Zona que rodea al ano.
PERISTOMA: Zona que rodea a la boca.
PÉRMICO: Periodo terminal de la era primaria.
PIGIDIO: Parte posterior de los trilobites y de otros artrópodos.
PISO: Se refiere al cuerpo rocoso acumulado durante una unidad de edad.
PITECANTROPOS: Grupo de homínidos fósiles.
PLACODERMOS: Peces acorazados fósiles.
PLATICONO: Concha lenticular cuyo borde externo es redondeado (en los ammonites).
PLATIRRINOS: Monos del Viejo Mundo.
PLEISTOCENO: Base de la era cuaternaria.
PLIENSBACHIENSE: División del Jurásico inferior.
PLIOCENO: División de finales de la era terciaria.

POLÍPERO: Esqueleto calcáreo segregado por algunos pólipos de cnidarios.
PORTLANDIENSE: Piso del Jurásico superior.
PRECÁMBRICO: Periodo anterior al Cámbrico.
PRIMARIA (era): Era geológica, sinónimo de Paleozoico.
PRIMATES: Los mamíferos más evolucionados, divididos en prosimios y antropoides.
PROLÓCULO: Cámara inicial de la concha de un foraminífero.
PROSOBRANQUIOS: Grupo de gasterópodos.
PROSOGIRO: Dícese de una concha cuyo umbo está dirigido hacia delante.
PROSTRACO: Parte anterior de la concha de los belemnoideos.
PROTASPIS: Primer estadio de desarrollo post-embrionario en los trilobites (forma larvaria).
PROTEROZOICO: Parte más reciente del Precámbrico.
PROTOZOOS: Uno de los grupos de seres vivos más primitivos. Son unicelulares y se oponen a los metazoos.
PTERIDOFITAS: Plantas vasculares sin flores que agrupan a psilofitales, licopodiales, equisetales y filicales.
PTERIDOSPERMAS: «Helechos con semillas» aparecidos en el Devónico y desaparecidos en el Cretácico.

RADIOCRONOLOGÍA: Método de datación de las rocas basado en la radiactividad de los elementos que contienen.
RADIOLA: Púas del caparazón de los erizos de mar.
RÁDULA: Estructura quitinosa que se localiza en la base de la boca de los moluscos.
REPTILES: Clase de vertebrados tetrápodos con escamas y sangre fría que dominaron durante la era secundaria.
RETIENSE: Piso superior del Trías.
RHYNCHOLITE: Elemento en forma de hierro de lanza que, según se cree, formaba parte de las estructuras mandibulares de los cefalópodos fósiles.
RUDISTAS: Lamelibranquios fijos y recifales que presentan paquiostosis (hiperdesarrollo en espesor de la concha). Estuvieron bien representados en el Jurásico y el Cretácico.

SANTONIENSE: Piso del Cretácico superior.
SAURISCHIA: Orden de dinosaurios que incluye a los dinosaurios carnívoros bípedos y a los dinosaurios tetrápodos herbívoros.
SAURÓPODOS: Dinosaurios tetrápodos herbívoros que vivieron durante el Jurásico y el Cretácico.
SAUROPTERIGIOS: Grupo de reptiles marinos, todos ellos fósiles.

SAXONIENSE: Piso del Pérmico.
SECUNDARIA (era): Era geológica posterior a la primaria; se extiende desde –240 M. a. hasta –65 M. a.
SENONIENSE: División del Mesozoico que agrupa a Coniaciense, Santoniense, Campaniense y Maastrichtiense.
SEPTO: Tabique.
SERIE: Se refiere a los niveles de estratos formados durante una época y que pueden estar en superposición normal (las capas más jóvenes arriba y las más antiguas abajo) o en sucesión inversa (capas más antiguas arriba) tras sufrir movimientos tectónicos.
SERRAVALIENSE: Piso del Mioceno.
SÉSIL: Organismo fijo, sin pedúnculo (se opone a vágil).
SEYMOURIAMORFOS: Anfibios fósiles aparecidos en el Carbonífero.
SIEGENIENSE: Piso del Devónico.
SIFÓN: Tubo de los lamelibranquios u órgano que une al animal con la cámara inicial en los cefalópodos.
SILESIENSE: Serie del Carbonífero superior que agrupa al Namuriense, el Westfaliense y el Estefaniense.
SILLA: Elemento de las suturas de las conchas de ammonites.
SILÚRICO: Periodo de la era primaria.
SINANTROPO: Hombre fósil descubierto en China (ver capítulo sobre los homínidos).
SINEMURIENSE: Piso del Jurásico inferior.
SINUPALEADO: Dícese de una concha cuya impresión paleal presenta sinuosidades.
SOLUTRENSE: Cultura prehistórica caracterizada por las puntas y hojas de sílex talladas en hojas de laurel de forma muy sofisticada.
SUBSIDENCIA: Hundimiento de una cuenca sedimentaria a medida que se van depositando los sedimentos.

TABULADOS: Grupos de madreporarios fósiles que presentan tabiques horizontales. P. ej.: Halysites.
TALO: Aparato vegetativo de algas y hongos.
TALOFITAS: Plantas con tallo que agrupan a algas, hongos, líquenes y carofitas.
TAXODONTA: Término que se aplica a una charnela de lamelibranquios caracterizada por tener numerosos dientes, todos ellos similares.
TECA: Concha o caparazón.
TERCIARIA (era): Era que comenzó hace 65 M. a. y terminó hace 1,8 M. a.
TETHYS: Sinónimo de Mesogea.

TETRACORALARIOS: Cnidarios cuyos tabiques se desarrollan en número de cuatro o múltiplo de cuatro.
THANETIENSE: Piso del Terciario.
TIDAL: Relativo a las mareas (intertidal: entre la bajamar y la pleamar; supratidal: por encima de la zona de influencia de las mareas).
TOARCIENSE: Piso del Jurásico inferior.
TOBA: Sinónimo de travertino cuando se trata de una roca calcárea. Existen también tobas volcánicas, formadas por acumulación de proyecciones volcánicas.
TORTONIENSE: Piso del Mioceno superior.
TOURNAISIENSE: Piso de la base del Carbonífero.
TRAVERTINO: Caliza porosa formada por precipitación a partir de aguas muy saturadas en carbonato cálcico sobre restos vegetales que desaparecen y dejan huecos.
TREMADOC: Piso de la base del Ordovícico.
TRÍAS: Periodo correspondiente a la base del Mesozoico.
TRILOBITES: Clase de artrópodos fósiles que vivieron durante el Paleozoico.
TURBIDITA: Depósito sedimentario depositado por una corriente de turbidez.
TURONIENSE: Piso del Cretácico superior.

VALANGINIENSE: Piso del Cretácico inferior.
VALVA: Una de las dos mitades de las conchas de braquiópodos o de las conchas de moluscos de la clase Bivalvia.
VILLAFRANQUIENSE: División en el límite entre Terciario y Cuaternario.
VÍRGULA: Parte de los graptolitos.
VISEENSE: Piso del Carbonífero inferior.

WENLOCKIENSE: Piso del Silúrico.
WESTFALIENSE: Piso del Carbonífero superior.
WÜRM: Glaciación del Cuaternario que tuvo lugar entre 80000 y 10000 a. C.
YPRESIENSE: Piso del Terciario.

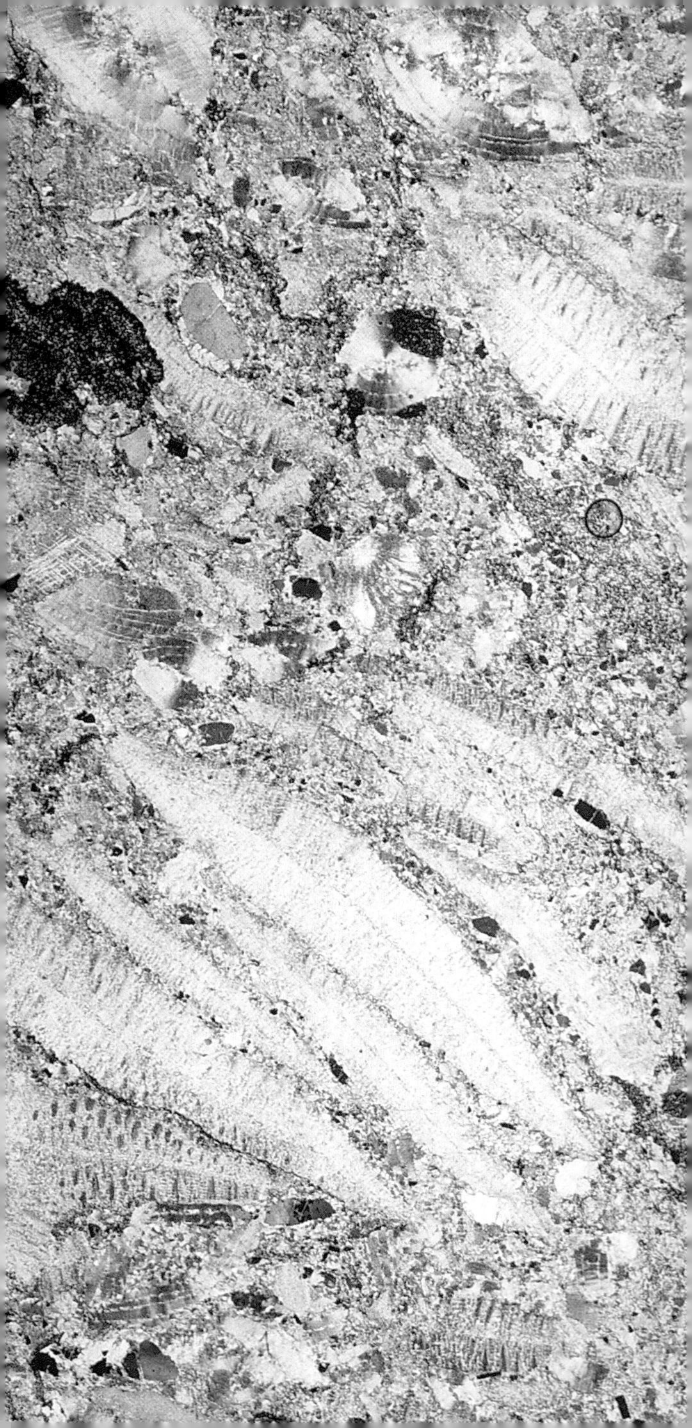

ÍNDICE ALFABÉTICO

El número remite al número de la ficha correspondiente.

Procedencia de las muestras

Los autores quieren agradecer a los distintos organismos el acceso a sus colecciones.

Museo de Historia Natural: 293, 294, 298, 305, 306 ; Département des Sciences de la Terre de l'Université Claude-Bernard de Lyon : 15, 38, 40, 41, 45, 48, 72, 128, 129, 131, 136, 141, 144, 150, 182, 183, 187, 205, 208, 211, 223, 225, 226, 227, 228, 231, 233, 236, 237, 238, 248, 329.

Colección de la Escuela Nacional Superior de Minas de París: 119, 132, 138, 147, 148, 156, 174, 175, 221, 244, 246, 247.

Museo Guimet de Historia Natural: 17, 20, 117, 139, 155, 253, 258, 263, 281, 296, 300, 304, 308, 309, 310, 311, 312, 313, 317, 318, 319, 338.

Escuela Superior de Geología Aplicada y de Prospección Minera de Nancy: 1, 2, 6, 8, 9, 11, 323.

Instituto de Ciencias de la Tierra de Dijon: 27, 28, 34, 47, 52, 53, 67, 69, 77, 78, 85, 87, 91,92,98,101,103,118,124,130,145,151,152,154,155, 175, 184, 186, 200, 202, 207, 212, 235, 267 ,269, 272, 277, 301, 302, 307, 332, 335.

Escuela Nacional Superior de Minas de Alès: 127, 299, 325.

Laboratorio de Geología de Clermond-Ferrand: 3, 4, 5, 7, 10, 11, 12, 13, 14, 16, 18, 19, 21, 22 ,23, 24, 25, 26, 29, 30, 31, 32, 33, 35, 36, 37, 39, 42, 43, 44, 46, 49, 50, 51, 54, 55, 56, 57, 58, 59, 60, 61, 62, 63, 64, 65, 66, 68, 70, 71, 73, 74, 75, 76, 79, 80, 81, 82, 83, 84, 86, 88, 89, 90, 93, 94, 95, 96, 97, 99, 100, 102, 104, 105, 106, 107, 108, 109, 110, 111, 112, 113, 114, 115, 116, 120, 121, 123, 125, 126, 133, 134, 135, 137, 140, 142, 143, 146, 149, 153, 157, 158, 159, 160, 161, 162, 163, 164, 165, 166, 167, 168, 169, 170, 171, 172, 173, 176, 177, 179, 180, 185, 188, 189, 190, 191, 192, 193, 194, 195, 196, 197, 198, 215, 216, 217, 218, 219, 220, 222, 224.

Grivotte, colección privada: 178.